高职高专教材

FANGHUO FANGBAO JISHU

防火防爆技术

刘景良　　董菲菲　　主编

化学工业出版社

·北京·

内 容 简 介

《防火防爆技术》以党的二十大报告中"坚持安全第一、预防为主""推动公共安全治理模式向事前预防转型"为指引，内容涵盖防火防爆技术的理论和装备，力求理论系统完整、实践贴近生产实际、反映最新法规标准要求，文字简明易懂，结合防火防爆技术岗位需求突出实践能力的培养。

本书系统阐述了工业企业和建筑的防火防爆技术。 主要内容包括燃烧、火灾与爆炸基础知识，防火技术，灭火机理与灭火装备，防爆技术及装备，化工生产中的防火防爆，典型危险场所的防火防爆等。 本书配套电子课件，可登录化学工业出版社教学资源网下载。

本书可作为高等职业教育安全类、化工类及其他相关大类专业教材，也可供从事消防、企业防火防爆管理以及化工生产工作的人员参考。

图书在版编目(CIP)数据

防火防爆技术 / 刘景良，董菲菲主编. — 北京：化学工业出版社，2021.7 (2025.1 重印)
ISBN 978-7-122-39151-3

Ⅰ.①防…　Ⅱ.①刘…②董…　Ⅲ.①防火②防爆　Ⅳ.①X932

中国版本图书馆 CIP 数据核字（2021）第 091949 号

责任编辑：张双进　王海燕　　　　　　　　文字编辑：陈立璞
责任校对：边　涛　　　　　　　　　　　　装帧设计：王晓宇

出版发行：化学工业出版社（北京市东城区青年湖南街 13 号　邮政编码 100011）
印　　装：河北鑫兆源印刷有限公司
787mm×1092mm　1/16　印张 12½　字数 307 千字　2025 年 1 月北京第 1 版第 6 次印刷

购书咨询：010-64518888　　　　　　　　　售后服务：010-64518899
网　　址：http://www.cip.com.cn
凡购买本书，如有缺损质量问题，本社销售中心负责调换。

定　　价：38.00 元

前言

火灾爆炸事故是造成重大人员伤亡、重大财产损失的主要事故类型，防范火灾爆炸事故是安全生产管理的重要组成部分。防火防爆技术是高职安全类专业一门不可或缺的专业课程。本书适应新时代高等职业教育教学改革要求，将防火防爆技术的最新发展、现行安全生产法规及标准对企业的新要求融入教材，反映新理论、新技术、新装备。许多现有同类教材没有或体现不充分的内容，如"火灾自动报警系统""自动喷水灭火系统""建筑物内灭火器配置""特殊作业防火防爆"等均在本书中有充分的体现。

本书立足于开发拓展学生的创造性思维、培养实践应用能力，满足新时代职业教育教学改革要求，设置有"事故案例""课堂讨论""知识巩固""能力训练""实训项目"等栏目，适应于不同教学模式。在编写过程中，将社会主义核心价值观融入字里行间，满足课程思政教学需求。教材每章均设置有知识目标、能力目标。

通过二维码可链接"微课"、动画等数字化教学资源，提升教材的实用性和亲和力，体现教材的时代性，同时增大教材的信息量。

本书由天津职业大学刘景良教授、董菲菲讲师主编。中海油安全技术服务公司技术负责人董建国高级工程师、埃恩斯工业技术（天津）有限公司国家一级注册消防工程师张悦承担了本书的编写任务。其中，刘景良编写绪论，第二章第二节，第三章第一节，第四章第四节，第五章第一、二、四节；刘景良、董菲菲合作编写第一章第三节，第二章第一节，第四章第三节；董菲菲编写第一章第一、二、四节，第二章第三节，第三章第三、五节，第四章第一、二节，第五章第三节；董建国编写第六章；张悦编写第三章第二、四、六节。全书由刘景良负责统稿。

在本书的编写过程中，参考了有关文献资料（见书后参考文献），在此向作者一并表示感谢。

由于编者水平有限，书中不足之处在所难免，敬请读者批评指正、不吝赐教。

编　者
2020 年 9 月

目录

第三章
灭火机理及灭火装备

058

第四章　防爆技术及装备 　　113

第五章
化工生产中的防火防爆

134

《防火防爆技术》二维码资源目录

序号	二维码编码	资源名称	资源类型	页码
1	M1-1	生产的火灾危险性分类说明	文字	014
2	M2-1	民用建筑剖面示意图	文字	039
3	M3-1	防患于未"燃"——探究湿式自动喷水灭火系统	微课	092
4	M4-1	厂房和仓库的防爆图示	文字	133
5	M5-1	重点监管的危险化学品名录	文字	137
6	M6-1	重型防护服的使用方法及注意事项	文字	170

绪 论

　　火灾与爆炸事故是当今社会生产生活中的重要灾害之一，严重威胁人民生命安全、生态环境以及生产经营单位的健康发展。随着我国社会经济的不断发展，企业数量不断增长，规模不断扩大，导致火灾爆炸事故的因素越来越多、情况越来越复杂，火灾爆炸事故造成的损害也越来越大。防火防爆是确保企业安全生产的重要工作任务，对于高职院校安全类、化工类及相关专业的学生而言，防火防爆技术是不可或缺的专业知识。

一、火灾与爆炸事故概述

　　在人类进化发展的历史长河中，火起到了巨大的推动作用。古人类因为学会了用火才吃上熟食，结束了"茹毛饮血"的生活。恩格斯曾言：摩擦生火第一次使人支配了一种自然力，从而最终把人和动物界分开。火的利用从生活到生产，促进了古代酿造、制陶、冶炼等技术的进步。

　　火在给人类带来福祉的同时，也无时无刻不在威胁人们的生命安全，不断地制造灾难。在时间上和空间上失去对火的控制，就意味着火灾的降临。1657年冬，日本江户就发生了历史上罕见的大火，几乎烧毁了半个江户城，死亡人数达107000多人。

　　世界上最早的消防活动及消防组织起源于我国历史上的周朝，周朝不仅设立了"火师"，而且颁布了"火禁"。

　　《中国安全生产年鉴》的统计数据显示，近年来我国每年发生的生产经营性火灾起数虽呈现下降趋势，但仍数以万计，如2015年为85810起，火灾事故造成249人死亡，分别比2014年下降13.5％和14.4％。

　　随着火药的发明与利用，人类步入工业化时代，特别是化学工业的发展，爆炸事故的数量及破坏力与日俱增。

　　2015年我国发生多起重特大火灾爆炸事故，如广东省惠州市惠东县"2·5"重大火灾事故、福建省漳州市腾龙芳烃（漳州）有限公司"4·6"爆炸着火重大事故、河南省平顶山老年公寓"5·25"特别重大火灾事故、天津港"8·12"瑞海公司危险品仓库特别重大火灾爆炸事故和山东省东营市滨源化学有限公司"8·31"重大爆炸事故。

二、常用相关法规标准简介

1.《中华人民共和国消防法》（以下简称《消防法》）

　　《消防法》于1998年4月29日第九届全国人民代表大会常务委员会第二次会议通过，

2008 年 10 月 28 日第十一届全国人民代表大会常务委员会第五次会议修订，2019 年 4 月 23 日第十三届全国人民代表大会常务委员会第十次会议通过修正案，并以中华人民共和国主席令第 29 号颁布施行。《消防法》是指导全国消防工作的根本大法，明确了预防为主、防消结合的消防工作方针，按照政府统一领导、部门依法监管、单位全面负责、公民积极参与的消防工作原则，实行消防安全责任制，建立健全社会化的消防工作网络。对火灾预防、消防组织、灭火救援、监督检查均以法律形式做了规定。

《消防法》明确国务院领导全国的消防工作。地方各级人民政府负责本行政区域内的消防工作。国务院应急管理部门对全国的消防工作实施监督管理。县级以上地方人民政府应急管理部门对本行政区域内的消防工作实施监督管理，并由本级人民政府消防救援机构负责实施。

《消防法》明确机关、团体、企业、事业等单位应当履行下列消防安全职责：

① 落实消防安全责任制，制定本单位的消防安全制度、消防安全操作规程，制定灭火和应急疏散预案；

② 按照国家标准、行业标准配置消防设施、器材，设置消防安全标志，并定期组织检验、维修，确保完好有效；

③ 对建筑消防设施每年至少进行一次全面检测，确保完好有效，检测记录应当完整准确，存档备查；

④ 保障疏散通道、安全出口、消防车通道畅通，保证防火防烟分区、防火间距符合消防技术标准；

⑤ 组织防火检查，及时消除火灾隐患；

⑥ 组织进行有针对性的消防演练；

⑦ 法律、法规规定的其他消防安全职责。

单位的主要负责人是本单位的消防安全责任人。

《消防法》对灭火救援提出了如下要求：

① 任何人发现火灾都应当立即报警。任何单位、个人都应当无偿为报警提供便利，不得阻拦报警。严禁谎报火警。

② 人员密集场所发生火灾，该场所的现场工作人员应当立即组织、引导在场人员疏散。

③ 任何单位发生火灾，都必须立即组织力量扑救。邻近单位应当给予支援。

④ 消防队接到火警，必须立即赶赴火灾现场，救助遇险人员，排除险情，扑灭火灾。

2.《危险化学品安全管理条例》(中华人民共和国国务院令第645 号)

《危险化学品安全管理条例》（以下简称《条例》）于 2002 年 1 月 26 日由中华人民共和国国务院公布，2011 年 2 月 16 日国务院第 144 次常务会议修订通过，根据 2013 年 12 月 7 日起施行的《国务院关于修改部分行政法规的决定》修订。

《条例》适用于危险化学品生产、储存、使用、经营和运输的安全管理。

《条例》中危险化学品是指具有毒害、腐蚀、爆炸、燃烧、助燃等性质，对人体、设施、环境具有危害的剧毒化学品和其他化学品。

依据该条例，为确保具备安全生产条件，生产、储存危险化学品的单位必须做到：

① 根据其生产、储存的危险化学品的种类和危险特性，在作业场所设置相应的监测、监控、通风、防晒、调温、防火、灭火、防爆、泄压、防毒、中和、防潮、防雷、防静电、

防腐、防泄漏以及防护围堤或者隔离操作等安全设施、设备，并按照国家标准、行业标准或者国家有关规定对安全设施、设备进行经常性维护、保养，保证安全设施、设备的正常使用。在其作业场所和安全设施、设备上设置明显的安全警示标志。

② 在其作业场所设置通信、报警装置，并保证处于适用状态。

③ 委托具备国家规定的资质条件的机构，对本企业的安全生产条件每3年进行一次安全评价，提出安全评价报告。将安全评价报告以及整改方案的落实情况报所在地县级人民政府安全生产监督管理部门备案。在港区内储存危险化学品的企业，应当将安全评价报告以及整改方案的落实情况报港口行政管理部门备案。

④ 危险化学品应当储存在专用仓库、专用场地或者专用储存室（以下统称专用仓库）内，并由专人负责管理；剧毒化学品以及储存数量构成重大危险源的其他危险化学品，应当在专用仓库内单独存放，并实行双人收发、双人保管制度。

⑤ 危险化学品专用仓库应当符合国家标准、行业标准的要求，并设置明显的标志。储存危险化学品的单位应当对其危险化学品专用仓库的安全设施、设备定期进行检测、检验。

3.《建筑设计防火规范（2018年版）》（GB 50016）

《建筑设计防火规范（2018年版）》（GB 50016）共分12章和3个附录。主要内容有生产和储存的火灾危险性分类、高层建筑的分类要求，厂房、仓库、住宅建筑和公共建筑类等工业与民用建筑的建筑耐火等级分级及其建筑构件的耐火极限、平面布置、防火分区、防火分隔、建筑防火构造、防火间距和消防设施设置的基本要求，工业建筑防爆的基本措施与要求；工业与民用建筑的疏散距离、疏散宽度、疏散楼梯设置形式、应急照明和疏散指示标志以及安全出口和疏散门设置的基本要求；甲、乙、丙类液体、气体储罐区和可燃材料堆场的防火间距、成组布置和储量的基本要求；木结构建筑和城市交通隧道工程防火设计的基本要求，满足灭火救援要求设置的救援场地、消防车道、消防电梯等设施的基本要求，建筑供暖、通风、空气调节和电气等方面的防火要求以及消防用电设备的电源与配电线路等基本要求。

4.《石油化工企业设计防火标准（2018年版）》（GB 50160）

该设计规范主要适用于石油化工企业新建、扩建或改建工程的防火设计。内容包括火灾危险性分类、总平面布置、工艺装置和系统单元、储运设施、管道布置、消防、电气安全、防火间距等内容。

5.《石油库设计规范》（GB 50074）

该规范总结了我国近几十年来在石油库设计建设、管理方面的经验，借鉴了发达国家的相关标准，共有16章和2个附录。主要内容包括总则、术语、基本规定、库址选择、库区布置、储罐区、易燃和可燃液体泵站、易燃和可燃液体装卸设施、工艺及热力管道、易燃和可燃液体罐桶设施、车间供油站、消防设施、给水排水及污水处理、电气、自动控制和电信、采暖通风等。

第一章

燃烧、火灾与爆炸基础知识

知识目标：1. 掌握燃烧的条件，熟悉燃烧的基本类型及火灾分类。
　　　　　2. 掌握生产及储存的火灾危险性分类。
　　　　　3. 掌握爆炸的分类，熟悉爆炸极限的计算方法。
能力目标：1. 能够正确判断生产及储存物品的火灾危险性类别。
　　　　　2. 能够制定粉尘爆炸的防治措施。
　　　　　3. 能够计算爆炸极限。

第一节　燃烧基础知识

一、燃烧的特征

　　燃烧俗称着火，是指可燃物与氧化剂作用发生的放热反应，通常伴有火焰、发光和（或）发烟现象。燃烧必须具备三个基本特征：氧化还原反应；放热；发光和（或）发烟。

　　氧化还原反应中，失掉电子的物质被氧化，得到电子的物质被还原，因此燃烧反应并不局限于同氧的反应。例如金属钠、氢气与氯气反应，都是同时伴有放热、发光的剧烈氧化还原反应，都属于燃烧现象。

　　燃烧过程中，由于燃烧区温度较高，其中某些物质分子会发生能级跃迁，从而发出各种波长的光。同时由于燃烧不完全等原因，产物中会产生一些小颗粒，由此形成了烟。放热、发光、发烟的基本特征表明燃烧不同于一般的氧化还原反应，据此可以区别燃烧现象和其他氧化现象。比如灯泡中的钨丝通电后，虽然同时放热、发光，但因为没有发生化学反应，因此并不属于燃烧现象；木炭、煤等点着后即发生碳、氢元素的氧化反应，同时放热、发光，这就是一种燃烧现象。

二、燃烧的要素和条件

1. 燃烧三角形

燃烧的发生和发展必须具备三个必要条件，即可燃物（还原剂）、助燃物（氧化剂）、点火源（温度）。上述三个条件同时具备时，燃烧发生，如果有一个条件不具备，燃烧就不会发生。可以用经典的燃烧三角形理论来解释燃烧三要素之间的关系，如图 1-1 所示。

（1）可燃物（还原剂）

凡是能与空气中的氧或其他氧化剂发生燃烧反应的物质，均称为可燃物，否则称为不燃物。可燃物按其化学组成可以分为无机可燃物（如钠、镁、铝、碳、磷、硫等）和有机可燃物（如甲烷、乙烯、汽油、丙酮、塑料等）两大类；按其所处状态又可以分为气体可燃物、液体可燃物和固体可燃物三大类。

图 1-1　燃烧三角形

（2）助燃物（氧化剂）

凡是与可燃物结合能导致和支持燃烧的物质，均称为助燃物。在燃烧这个氧化还原反应中，助燃物就是氧化剂，其易于分解并放出氧和热量；本身不一定可燃，但能导致可燃物燃烧。

可以作为助燃物的氧化剂很多，如广泛存在于空气中的氧气；常见的卤族元素氟、氯、溴、碘；硝酸盐、氯酸盐、重铬酸盐、高锰酸盐等化合物。本书所指的燃烧，除特别说明外均指在空气中进行的燃烧反应。不同可燃物发生燃烧反应需要具备的条件不同，但其本身均有固定的最低氧含量要求；如果氧含量过低，即使其他条件已经具备，燃烧仍不会发生。

（3）点火源

凡是能够引起可燃物与助燃物发生燃烧反应的能量来源，均称为点火源，有时也称着火源。可燃物与助燃物在点火源提供的初始能量激发下发生剧烈的氧化还原反应，引起燃烧。常见的点火源包括下列几种：

① 明火，包括生产和生活中的炉火、焊接用火、撞击或摩擦打火、机动车辆排气管火星、吸烟火等形式。

② 电火花，包括电气设备、电气线路、电器开关等的漏电打火以及静电火花等。

③ 高温及炽热物体，包括高温加热、烘烤、积热不散、机械设备故障发热、摩擦发热等。

④ 雷击，雷击瞬间导致的高压放电点火源。

⑤ 自燃点火源，在既无明火又无外来点火源的情况下，物质本身自行发热，燃烧起火，如白磷在空气中的自燃起火。

可燃物、助燃物和点火源是导致燃烧的三要素，缺一不可。但是，上述"三要素"即使同时存在，燃烧能否发生，也还要看是否满足数值上的要求。在燃烧过程中，当"三要素"的数值发生改变时，也会使燃烧速度改变甚至停止燃烧。例如，空气中氧的含量降到 16%～14% 时，木柴的燃烧立即停止。如果在可燃气体与空气的混合物中，减少可燃气体的比例，则燃烧速度会减慢，甚至停止燃烧。例如，氢气在空气中的含量小于 4% 时，就不能被点燃。点火源如果不具备一定的温度和足够的热量，燃烧也不会发生。例如飞溅的火星可以点燃油棉丝或刨花，但火星如果溅落在大块的木柴上，它会很快熄灭，不能引起木柴的燃烧。这是因为这种点火源虽然有超过木柴着火的温度，但却缺乏足够的热量。因此，对于已经进行着的燃烧，若消除"三要素"中的一个条件，或使其数量有足够的减少，燃烧便会终止，这就是灭火的基本原理。

2. 燃烧四面体

一般情况下，发生燃烧的条件和燃烧得以持续进行的原理可以用燃烧三角形来进行解释，但是根据链式反应理论，燃烧过程中还存在未受抑制的自由基作为"中间体"。因此燃烧三角形中加入第四维——"自由基中间体"，形成了燃烧四面体，如图 1-2 所示。

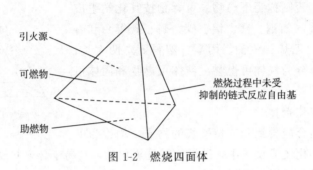

图 1-2　燃烧四面体

3. 燃烧极限

可燃气体与空气（或氧气）的比例在一定范围内可燃气体混合物才能够发生燃烧，高于或低于此范围都不会发生燃烧，此比例范围称为其燃烧极限。通常把混合气体能保证顺利点燃并传播火焰的最低体积浓度称为该可燃气体的燃烧下限，而将最高体积浓度称为燃烧上限。实际生产过程中，具体的操作条件不同，防控的重点就有所不同。比如在正压操作条件下，应该严防燃烧下限较低危险物质的泄漏；而在负压操作条件下，对于燃烧上限较低危险物质，应该严防空气的进入。

需要指出的是，在实际使用中人们往往认为"燃烧极限"和"爆炸极限"意思相同，将二者互换使用，实际上这是不准确的。有些物质其燃烧的最低体积浓度要求和爆炸的最低体积浓度要求是不一样的，而有些物质最高体积浓度要求的数值也是不一样的。表 1-1 列举出了一些燃烧极限数值和爆炸极限数值差别较大的可燃气体。

表 1-1　燃烧极限和爆炸极限差别较大的可燃气体

可燃性混合气体	下限（体积分数）/%		上限（体积分数）/%	
	燃烧	爆炸	燃烧	爆炸
H_2-空气	4.0	18.3	74	59
CO-O_2（潮湿）	15.5	38	93.9	90
C_2H_2-空气	2.5	4.2	80	50
$C_4H_{10}O$（乙醚）-空气	1.85	2.8	36.5	4.5

4. 最小引燃能（MIE）

依据燃烧三角形，点火源的热量作用于可燃物与助燃物，使其温度升高、反应加速，最终发展为剧烈的燃烧反应，即可燃物被引燃；从链式反应理论的角度，点火源的能量有助于激发自由基的产生，加速其增长速度，使可燃物引燃。因此，能够引起一定浓度可燃物质燃烧所需要的最小能量，称为最小引燃能（MIE）。低于此能量则不会引起燃烧或者爆炸反应。因此，最小引燃能是衡量可燃物质危险性的一项重要参数，该能量越小，其危险性就越大。表 1-2 列举了一些常见物质的最小引燃能。

表 1-2 部分可燃物的最小引燃能

可燃物质	最小引燃能/mJ		可燃物质	最小引燃能/mJ	
	空气中	氧气中		粉尘云	粉尘层
氢	0.019	0.0013	铝粉	15	1.6
二硫化碳	0.009	—	镁粉	80	0.24
甲烷	0.28	—	硫黄粉	15	1.6
乙烷	0.25	—	木粉	30	—
丙烷	0.25	—	乙酸纤维素粉	15	—
乙烯	0.09	0.001	聚乙烯粉	10	—
乙炔	0.019	0.0003	聚苯乙烯粉	40	—
丙烯	0.282	0.031	酚醛塑料粉	10	40
环氧乙烷	0.105	—	脲醛树脂粉	80	—
苯	0.20	—	乙烯基树脂粉	10	—

从表 1-2 可以发现，粉尘的引燃能比可燃气体的引燃能要高得多。另一方面不同点火源的引燃能量是不同的，不同点火源的引燃能量需要结合实际情况通过实验来测定，目前尚无十分标准的数据，但有些点火源的引燃能量范围有估算数据可供参考。例如，普通火花塞放出的能量约为 25mJ，人们在地毯上行走摩擦产生的静电能量可达 22mJ。依据表 1-2 中可燃物质的最小引燃能，这些能量足以引燃大多数碳氢化合物和个别粉尘云，十分危险。因此，预防和控制点火源始终是防火防爆极其重要的措施。然而，防火工作也不能不看可燃物的燃烧性能而限制一切点火源的存在。在日常管理工作中要依据可燃物的性质，对点火源进行科学分析，及时做出火势是否容易蔓延的清醒判断，不能一概而论。

5. 燃烧速度

一般情况下，单位面积上、单位时间内燃烧掉的可燃物的数量称为燃烧速度。可燃物质的燃烧都有一个过程，这个过程随着可燃物质的状态不同，其燃烧速度和过程也不同。

(1) 气体燃烧过程

由于可燃气体发生的燃烧属于均相燃烧，因此其燃烧速度较快。气体的燃烧速度随其组成不同而存在一定差异。简单气体，如氢气等单质气体的燃烧所需热量仅需要增加其分子活化能，所需能量较小，反应放出的热量又可以给周围分子提供活化能，如此循环就会形成持续燃烧。其他诸如甲烷、乙炔等小分子气体的燃烧速度也相对较快。复杂气体在燃烧过程中会发生裂解，由大分子裂解成小分子，此裂解过程所需热量较多，小分子吸收足够的活化能后再发生氧化还原反应，因此复杂气体的燃烧速度相对较慢。

(2) 液体燃烧过程

可燃液体的燃烧并不是液相与空气直接反应燃烧，而是先蒸发为蒸气，蒸气燃烧过程类似于气体的燃烧。由于燃烧过程中产生的热量有一部分要加热蒸发液体，燃烧区域温度上升较慢，燃烧速度也就比较慢。液体的燃烧速度与很多因素有关系，一般情况下，液体的初温越高，燃烧速度越快；容器中液位较低时比液位较高时燃烧速度要快；不含水的可燃液体比含水的可燃液体燃烧速度要快。

(3) 固体燃烧过程

固体的燃烧最为复杂，简单固体物质，如硫、磷及石蜡等，先受热熔化成液体然后蒸发燃烧，或如萘等直接升华为气体燃烧。其燃烧速度与熔化热、蒸发热有关。熔化热、蒸发热越大，其燃烧速度越慢。复杂固体物质，如煤、沥青、木材等燃烧时，先受热分解，析出一些可燃气体和蒸气，然后气态产物再进行氧化燃烧，所产生的热量一部分还要用于热分解固体物质，燃烧速度较慢。

各种可燃物质的燃烧过程如图 1-3 所示。

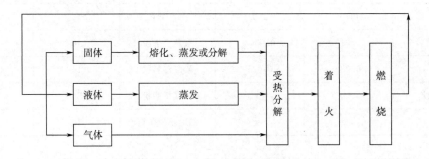

图 1-3　可燃物质的燃烧过程

由此可见，三种状态的可燃物质，气体燃烧速度最快，其次是液体，再次是固体。

三、燃烧类型

根据燃烧的起因及燃烧瞬间特点不同，燃烧可以分为闪燃、着火、自燃三种类型。

1. 闪燃

可燃液体表面的蒸气（包括可升华固体的蒸气）与空气混合后，与火源接近时引起的瞬间（延续时间少于 5s）燃烧现象称为闪燃。闪燃的最低温度称为闪点。闪燃往往是着火先兆，可燃液体的闪点越低，越易着火，火灾危险性越大；反之，火灾危险性则越小。某些常见可燃液体的闪点见表 1-3。

表 1-3 常见可燃液体的闪点

液体名称	闪点/℃	液体名称	闪点/℃	液体名称	闪点/℃
戊烷	<40	乙醚	−45	乙酸甲酯	−10
己烷	−21.7	苯	−11.1	乙酸乙酯	−4.4
庚烷	−4	甲苯	4.4	氯苯	28
甲醇	11	二甲苯	30	二氯苯	66
乙醇	11.1	丁醇	29	二硫化碳	−30
丙醇	15	乙酸	40	氰化氢	−17.8
乙酸丁酯	22	乙酸酐	49	汽油	−42.8
丙酮	−19	甲酸甲酯	<−20		

需要说明的是，可燃液体之所以会发生一闪即逝的闪燃现象，是因为它在闪点温度下蒸发速率较慢，所蒸发出来的蒸气仅能维持短时间的燃烧，而来不及提供足够的蒸气维持稳定的燃烧，因此闪燃很快就会熄灭。

除了可燃液体以外，某些可燃固体，如石蜡、樟脑、萘等，其表面上产生的蒸气可以达到一定的浓度，与空气混合而成为可燃气体混合物，若遇到火源也会出现闪燃现象。

2. 着火

可燃物质在有足够助燃物质（如充足的空气、氧气等）的情况下，达到一定温度，在火源的作用下产生有火焰的燃烧并在火源移去后能持续燃烧的现象，称为着火。使可燃物质发生着火现象的最低温度称为燃点或者着火点。燃点越低，越容易着火。常见典型可燃物质的燃点见表 1-4。

表 1-4 常见典型可燃物质的燃点

物质名称	燃点/℃	物质名称	燃点/℃	物质名称	燃点/℃
硫黄	255	聚乙烯	400	松香	216
石蜡	158~195	硝酸纤维	180	樟脑	70
赤磷	160	醋酸纤维	482	纸张	130
聚丙烯	400	聚氯乙烯	400	橡胶	120

控制可燃物质的温度在燃点以下是预防火灾发生的重要措施之一。在火场上，如果有两种燃点不同的物质处在相同条件下，受到火源作用时，燃点低的物质首先着火；用冷却法灭火，便停止燃烧其原理就是将燃烧物质的温度降到燃点以下。

在消防工作中，根据可燃物的燃点高低可以衡量其火灾危险程度，便于在防火和灭火工作中采取相应的措施。易燃液体的燃点比闪点高 1~5℃，因此，一般将闪点作为评定易燃液体火灾危险性的技术参数。

3. 自燃

可燃物质无需外界火源作用自行引发的燃烧称为自燃。可燃物质发生自燃的最低温度称为自燃点。自燃点越低,则火灾危险性越大。一些常见可燃物质的自燃点见表1-5。

表 1-5　常见可燃物质的自燃点

物质名称	自燃点/℃	物质名称	自燃点/℃	物质名称	自燃点/℃
二硫化碳	102	苯	555	甲烷	537
乙醚	170	甲苯	535	乙烷	515
甲醇	455	乙苯	430	丙烷	466
乙醇	422	二甲苯	465	丁烷	365
丙醇	405	氯苯	590	水煤气	550～650
丁醇	340	黄磷	30	天然气	550～650
乙酸	485	萘	540	一氧化碳	605
乙酸酐	315	汽油	280	硫化氢	260
乙酸甲酯	475	煤油	380～425	焦炉气	640
乙酸戊酯	375	重油	380～420	氨	630
丙酮	537	原油	380～530	半水煤气	700
甲胺	430	乌洛托品	685	煤	320

自燃是物质自发的着火燃烧,有受热自燃和自热自燃两种类型。

(1) 受热自燃

处于空气或氧气中的可燃物质,在外部热源的作用下,虽然未直接与明火接触,但由于传热而使其温度不断升高,最终达到自燃点而着火燃烧的现象称为受热自燃。可燃物质发生受热自燃需要满足两个基本条件:要有外部热源;存在热量积累。在工业生产中,如果可燃物质接触高温表面、加热或烘烤过度、熬炼油料或油浴温度过高、冲击摩擦等都有可能导致受热自燃现象的发生。

(2) 自热自燃

某些可燃物质在没有外部热源的作用下,由于其内部发生的物理、化学或生化过程而产生热量,这些热量在适当条件下逐渐积聚,使其温度上升达到自燃点而燃烧的现象称为自热自燃。典型容易发生自热自燃的物质包括黄磷、磷化氢、硫化铁等。

发生自热自燃需要满足三个基本条件:第一,必须是比较容易产生反应热的物质,此处的反应热包括氧化热、聚合热、分解热、发酵热等;第二,物质要具有较大的比表面积或呈现多孔状,如纤维、粉末或重复堆叠的片状物质等;第三,产热速率必须大于散热速率。容易发生自热自燃的物质主要包括如下几种类型:

① 在空气中引发自燃的物质。此类物质自燃点都比较低,暴露在空气中时会迅速氧化发热而自燃,最常见的如黄磷和磷化氢。黄磷的自燃点约为30℃,遇空气会强烈氧化,极

易自燃，因此黄磷需要液封于水中保存。

② 遇水引发自燃的物质。钾、钠等碱金属类物质及其氢化物、硼氢化物遇水会产生氢气，同时放出的反应热可以引发氢气的自行燃烧。常见反应如下：

$$2Na + 2H_2O \xmapsto{} 2NaOH + H_2\uparrow + Q(热量)$$
$$B_2H_6 + 6H_2O \xmapsto{} 2H_3BO_3 + 6H_2\uparrow + Q(热量)$$

③ 容易产生氧化热的物质。

a. 金属硫化物类。这类物质很危险，如硫化铁极易自燃。在硫化染料、二硫化碳、石油产品与某些气体燃料的生产中，由于硫化氢的存在，会使铁质设备或容器的内表面腐蚀而产生硫化铁，如接触空气便有可能引起自燃。

在化工生产中，由于硫化氢的存在，产生硫化铁的机会比较多，例如设备腐蚀，常温反应为：

$$2Fe_2(OH)_3 + 3H_2S \xmapsto{} Fe_2S_3 + 6H_2O$$

在310℃以上为：

$$Fe_2O_3 + 4H_2S \xmapsto{} 2FeS_2 + 3H_2O + H_2\uparrow$$
$$2H_2S + O_2 \xmapsto{} 2H_2O + 2S$$
$$4FeS + 2S \xmapsto{} 2Fe_2S_3$$

b. 油脂类。亚麻油、桐油、棉籽油等都属于含有大量不饱和脂肪酸的甘油酯，其分子结构中的双键在空气中易被氧化，释放出较高热量，最终导致自燃着火。此类不饱和油脂的自燃能力与其不饱和程度有关，油脂的不饱和程度即不饱和脂肪酸或不饱和键的含量，常用碘值（100g 油脂与碘完全反应所需要的碘的克数）表示；碘值越大表示油脂的不饱和程度越高，一般碘值小于 80mg/100g 的油脂通常不会自燃。常见油脂中亚麻油的碘值较高，所以其自燃能力较强；动物油次之，而矿物油若非其中掺有植物油一般不能自燃。

油脂类自燃与其所处的条件有关系，当油脂盛于容器或倒出呈薄膜状时不会自燃；但当棉纱、破布、碎木屑等物质浸渍其中时，由于存在很大的氧化表面就能引起自热自燃。

c. 煤。煤的自燃是氧化与吸附作用的结果，尤其以氧化为主。煤的粉碎程度越高，氧化与吸附表面积越大，越易自燃。煤中含有的挥发性物质越多越容易自燃，因此，烟煤比焦炭容易自燃。煤中所含的水分可促使其中的硫化铁氧化成体积疏松的硫酸盐，从而使煤松散且暴露的表面积增多，也容易自燃。

④ 容易产生分解热的物质。硝化棉是典型的积蓄分解热而导致自燃的物质之一，另外，此类物质还包括赛璐珞、有机过氧化物等。硝化棉由于自身的不稳定性，常温下就会产生微量的 NO 气体；NO 会在空气中氧化生成 NO_2，而 NO_2 又会使硝化棉分解产生自催化作用。硝化棉分解放热，热量不断积累，温度持续升高，当达到 180℃时就会自燃起火。

⑤ 容易产生聚合热的物质。环氧丙烷、丁二烯等物质具有很强的化学活泼性，如果在聚合反应过程中反应失控，或者储存时未加入阻聚剂或加入量不足从而使聚合反应自发进行，会发出大量聚合热，使温度升高、反应加剧，最终发生冲料遇空气自燃。

⑥ 容易产生发酵热的物质。某些植物类产品，如未经充分干燥的木屑、麦草等，由于存在水分，其内的植物细菌活动会加剧，不断产生热量；在散热条件不良的情况下，热量积累温度升高，当达到其自燃点后便会引发自燃。

第二节　火灾基础知识

一、火灾的分类

依据国家标准 GB/T 5907.1—2014，火灾是指在时间和空间上失去控制的燃烧。火灾是各种灾害中发生频率最高且极具毁灭性的灾害之一，其直接经济损失约为地震的 5 倍，仅次于干旱和洪涝。根据公安部消防局编撰的《中国火灾统计年鉴》，2008～2016 年我国共发生 204.23 万起火灾事故，人员伤亡达 20996 人，直接财产损失 261.39 亿元。

根据不同的需要，火灾可以按照不同的方式进行分类。

1. 按照燃烧物质的性质分类

依据国家标准 GB/T 4968—2008，火灾可以分为 A、B、C、D、E、F 六类。

A 类火灾：固体物质火灾。这种物质通常具有有机物性质，一般在燃烧时能产生灼热的余烬，例如木材、棉、毛、麻、纸张等。

B 类火灾：液体或可熔化固体物质火灾。例如汽油、煤油、原油、甲醇、乙醇、沥青、石蜡等。

C 类火灾：气体火灾。例如煤气、天然气、甲烷、氢气、乙炔等。

D 类火灾：金属火灾。例如钾、钠、镁、钛、锆、锂等。

E 类火灾：带电火灾。例如变压器等设备的电气火灾等。

F 类火灾：烹饪器具内的烹饪物火灾。例如动物油脂或植物油脂等。

2. 按照火灾发生的原因分类

(1) 电气火灾

近年来，我国发生的电气火灾数量一直居高不下，每年的电气火灾数量占全年火灾总数的 30% 左右，在各类火灾原因中居首位。

(2) 吸烟

烟蒂和点燃烟后未熄灭的火柴梗温度可达 800℃，它超过了棉麻、毛织物、纸张等可燃物的燃点，能引起许多可燃物质燃烧，在起火原因中占有相当的比例。

(3) 生活用火不慎

城乡居民家庭用火不慎主要包括炊具设置不当、安装不符合要求、炉灶使用中违反安全技术要求等。

(4) 生产作业不慎

主要指违反生产安全制度引发火灾。在易燃易爆的车间内动用明火、将性质相抵触的物品混放、焊割作业时未采取有效防火措施等都属于生产作业不慎。

(5) 玩火

未成年人缺乏看管，玩火取乐也是造成火灾发生的常见原因之一。

(6) 放火

主要指通过人为放火的方式引起火灾。此类火灾往往由于缺乏初期救助而发展迅速、后果严重。

(7) 雷击

雷击导致的火灾原因基本分为三种：

① 雷电直接作用于建筑物引发热效应、机械效应等；

② 雷电产生静电感应作用和电磁感应作用；

③ 高电位雷电波沿着电气线路或金属管道系统侵入建筑物内部。在容易发生雷击的地区，如果建筑物缺少可靠的防雷保护设施，就有可能发生雷击火灾。

3. 按照火灾事故后果的严重程度分类

依据《安全生产事故报告和调查处理条例》（中华人民共和国国务院令第 493 号），火灾事故可以分为特别重大火灾、重大火灾、较大火灾和一般火灾四个等级。

① 特别重大火灾是指造成 30 人以上死亡，或者 100 人以上重伤，或者 1 亿元以上直接财产损失的火灾事故。

② 重大火灾是指造成 10 人以上 30 人以下死亡，或者 50 人以上 100 人以下重伤，或者 5000 万元以上 1 亿元以下直接财产损失的火灾。

③ 较大火灾是指造成 3 人以上 10 人以下死亡，或者 10 人以上 50 人以下重伤，或者 1000 万元以上 5000 万元以下直接财产损失的火灾。

④ 一般火灾是指造成 3 人以下死亡，或者 10 人以下重伤，或者 1000 万元以下直接财产损失的火灾。

注："以上"包括本数，"以下"不包括本数。

二、火灾的发展过程

火灾的形成一般是由小到大，由阴到明，由阴燃、起火蔓延到扩大成灾的过程。经过研究分析大量火灾事故可以发现，一般火灾事故的发生发展过程可以分为以下四个阶段。

(1) 酝酿期

可燃物在火源的作用下分解出可燃气体，发生阴燃或冒烟现象。

(2) 发展期

出现明火，此阶段燃烧面积较小，只局限于点火源处的可燃物质燃烧，局部温度较高。

(3) 全盛期

所有可燃物质起火燃烧，燃烧范围不断扩大，温度持续升高，气流加剧，放出强大的辐射热，形成全面起火。

(4) 衰灭期

随着可燃物质数量减少，火灾燃烧速度减慢，燃烧强度减弱，火势逐渐衰弱至终止熄灭。

三、生产及储存物品的火灾危险性分类

1. 生产的火灾危险性分类

生产过程中的火灾危险性主要取决于物料及产品的理化性质、生产设备的缺陷、生产作业行为、工艺参数控制、生产环境条件等诸多要素。依据现行国家标准《建筑设计防火规范（2018 年版）》（GB 50016—2014），生产的火灾危险性分为五类，其分类情况见表 1-6。

表 1-6　生产的火灾危险性分类

生产的火灾危险性类别	火灾危险性特征	典型火灾危险性举例
甲	1. 闪点小于 28℃ 的液体 2. 爆炸下限小于 10% 的气体 3. 常温下能自行分解或者在空气中氧化能导致迅速自燃或爆炸的物质 4. 常温下受到水或空气中水蒸气的作用，能产生可燃气体并引起燃烧或爆炸的物质 5. 遇酸、受热、撞击、摩擦、催化以及遇有机物或硫黄等易燃的无机物，极易引起燃烧或爆炸的强氧化剂 6. 受撞击、摩擦或者与氧化剂、有机物接触时能引起燃烧或爆炸的物质 7. 在密闭设备内操作温度不小于物质本身自燃点的生产	1. 甲醇、乙醇等的合成厂房；植物油加工厂的浸出厂房 2. 乙炔站、氢气站 3. 硝化棉厂房、黄磷制备厂房 4. 钾、钠等碱金属加工厂房及其应用场所 5. 氯酸钠、氯酸钾厂房及其应用部位 6. 赤磷制备厂房及其应用部位 7. 冰醋酸裂解厂房
乙	1. 闪点不小于 28℃，但小于 60℃ 的液体 2. 爆炸下限不小于 10% 的气体 3. 不属于甲类的氧化剂 4. 不属于甲类的易燃固体 5. 助燃气体 6. 能与空气形成爆炸性混合物的浮游状态的粉尘、纤维、闪点不小于 60℃ 的液体雾滴	1. 松节油或松香蒸馏厂房及其应用部位 2. 一氧化碳压缩机室及净化部位 3. 高锰酸钾厂房 4. 樟脑或松香提炼厂房 5. 氧气站 6. 铝粉或镁粉厂房、镁铝制品抛光部位
丙	1. 闪点不小于 60℃ 的液体 2. 可燃固体	1. 甘油及桐油的制备厂房、油浸变压器室 2. 木工厂房
丁	1. 对不燃烧物质进行加工，并在高温或熔化状态下经常产生强辐射热、火花或火焰的生产 2. 利用气体、液体、固体作为燃料或将气体、液体进行燃烧作其他用的各种生产 3. 常温下使用或加工难燃烧物质的生产	1. 金属冶炼、锻造、铆焊、热轧、铸造、热处理厂房 2. 锅炉房 3. 酚醛泡沫塑料的加工厂房
戊	常温下使用或加工不燃烧物质的生产	制砖车间、石棉加工车间等

注：表中举例主要是指所用物质为生产的主要组成部分或原材料，用量相对较多或需对其进行加工等。

生产的火灾危险性分类说明详见二维码 M1-1。

2. 储存物品的火灾危险性分类

储存物品和生产的火灾危险性分类有相同之处，也有不同之处。储存物品的分类方法，主要是依据物品本身的火灾危险性，结合仓库存储的具体情况，并参考《危险货物道路运输规则》（JT/T 617—

M1-1　生产的火灾危险性分类说明

2018) 来分类的。依据现行国家标准《建筑设计防火规范（2018 年版）》 （GB 50016—2014），储存物品的火灾危险性分为五类，其分类情况见表 1-7。

表 1-7　储存物品的火灾危险性分类

储存物品的火灾危险性类别	火灾危险性特征	典型火灾危险性举例
甲	1. 闪点小于 28℃ 的液体 2. 爆炸下限小于 10% 的气体，受到水或空气中水蒸气的作用能产生爆炸下限小于 10% 气体的固体物质 3. 常温下能自行分解或者在空气中氧化能导致迅速自燃或爆炸的物质 4. 常温下受到水或空气中水蒸气的作用，能产生可燃气体并引起燃烧或爆炸的物质 5. 遇酸、受热、撞击、摩擦以及遇有机物或硫黄等易燃的无机物，极易引起燃烧或爆炸的强氧化剂 6. 受撞击、摩擦或者与氧化剂、有机物接触时能引起燃烧或爆炸的物质	1. 苯、甲苯、甲醇、乙醇、汽油、丙酮等 2. 乙炔、氢、甲烷、乙烯等 3. 硝化棉、赛璐珞棉、黄磷等 4. 钾、钠、锂、氢化钠等 5. 氯酸钾、氯酸钠、过氧化钠、过氧化钾等 6. 赤磷、五硫化二磷、三硫化二磷
乙	1. 闪点不小于 28℃，但小于 60℃ 的液体 2. 爆炸下限不小于 10% 的气体 3. 不属于甲类的氧化剂 4. 不属于甲类的易燃固体 5. 助燃气体 6. 常温下与空气接触能缓慢氧化，积热不散引起自燃的物品	1. 煤油、松节油、樟脑油等 2. 氨气、一氧化碳 3. 硝酸、铬酸、重铬酸钠、发烟硫酸等 4. 硫黄、镁粉、铝粉等 5. 氧气 6. 油布及其制品
丙	1. 闪点不小于 60℃ 的液体 2. 可燃固体	1. 动物油、植物油、闪点≥60℃ 的柴油等 2. 纸张、棉、毛、丝、麻等
丁	难燃烧物品	水泥刨花板
戊	不燃烧物品	钢材、铝材、玻璃及其制品、陶瓷制品等

生产和储存物品的火灾危险性分类是确定建（构）筑物耐火等级、布置工艺装置、选择电气设备类型以及采取防火防爆措施的重要依据。

第三节　爆炸基础知识

爆炸是物质在瞬间以机械功的形式释放大量气体和能量的现象。由于物质状态的急剧变化，爆炸发生时会使压力猛烈增高并产生巨大的声响。其主要特征是压力的急剧升高。

上述所谓的"瞬间"是指爆炸发生在极短的时间内。例如乙炔储罐里的乙炔与氧气混合发生爆炸时，大约会在 1/100s 的时间内完成下列化学反应：

$$2C_2H_2 + 5O_2 == 4CO_2 + 2H_2O + Q(热量)$$

反应同时会释放出大量的热和二氧化碳、水蒸气等气体物质，使储罐内的压力升高 10~13 倍，其爆炸威力可以使罐体升空 20~30m。这种克服地心引力将重物举高一段距离，就是所说的机械功。

一、爆炸及其分类

1. 按照发生爆炸的原因和性质分类

按照发生爆炸的原因和性质，通常将爆炸分为物理爆炸、化学爆炸和核爆炸三种。在涉及工业防火防爆技术的过程中，通常只谈及物理爆炸和化学爆炸。

(1) 物理爆炸

由于物理因素（如温度、压力、体积等）变化而导致压力突变形成的爆炸叫作物理爆炸。物理爆炸前后，爆炸物质的化学成分不改变。

锅炉爆炸属于典型的物理性爆炸，其原因是过热的水迅速蒸发出大量蒸汽，使蒸汽压力不断提高；当气压超过锅炉的极限强度时，就会发生爆炸。又如氧气钢瓶受热升温，引起气体压力升高，当气压超过钢瓶的极限强度时即发生爆炸。发生物理性爆炸时，气体或蒸汽等介质潜藏的能量在瞬间释放出来，会造成巨大的破坏和伤害。

(2) 化学爆炸

由于物质急剧氧化或分解反应产生温度、压力增加或者两者同时增加的现象，称为化学爆炸。化学爆炸前后，物质的性质和化学成分均发生了根本的变化。此种爆炸速度快，爆炸时会产生大量的热和很大的气体压力，并发出巨大声响。例如，用来制造炸药的硝化棉在爆炸时放出大量热量，同时产生大量气体（CO、CO_2、H_2 和水蒸气等），爆炸时的体积竟会突然增大 47 万倍，燃烧在万分之一秒内完成，会对周围物体产生毁灭性的破坏作用。

2. 按照爆炸速度的不同分类

(1) 轻爆

爆速为几十厘米每秒到几米每秒，爆炸时无多大破坏力，声响也不大。如无烟火药在空气中的快速燃烧，可燃气体混合物在接近爆炸浓度上限或下限时的爆炸即属于此类。

(2) 爆炸

爆速为十米每秒到数百米每秒，爆炸时在炸点引起压力激增，有较大的破坏力，有震耳的声响。可燃气体混合物在多数情况下的爆炸以及被压火药遇火源引起的爆炸即属于此类。

(3) 爆轰

爆速为一千米每秒到数千米每秒，爆轰时会突然引起极高压力，并产生超音速的"冲击波"。由于在极短时间内燃烧产物急剧膨胀，像活塞一样挤压其周围气体，反应产生的能量有一部分传给被压缩的气体层，于是形成的冲击波由它本身的能量支持，迅速传播并能远离爆轰发生地而独立存在，同时可引起该处的其他爆炸性气体混合物（火炸药）发生爆炸，从而发生一种"殉爆"现象。

二、化学物质爆炸

各种炸药爆炸，可燃气体或液体蒸气以及粉尘与空气混合后形成的爆炸都属于化学爆炸。

1. 炸药爆炸

炸药分子中含有不稳定的基团，是一种含能的亚稳性物质；且绝大多数炸药本身含有氧，不需要外界提供氧就能爆炸，但引起爆炸需要外界引火源的作用。不同于分散体系的气体或粉尘爆炸，炸药爆炸属于凝聚体系爆炸。其化学反应速率极快，可在万分之一秒甚至更短的时间内完成爆炸。此过程中炸药的势能迅速转变为热能、光能以及爆炸产物对周围介质的动能，温度可达数千摄氏度，体积成百倍增加，会对附近介质形成急剧的压力突跃和随后的复杂运动，表现出强烈的机械破坏效应。几种常见炸药的爆炸参数如表 1-8 所示。

表 1-8　几种常见炸药的爆炸参数

序号	名称	爆热/（kJ/kg）	爆温/℃	爆容/（L/kg）	爆压/GPa	爆速/（m/s）
1	2,4,6-三硝基甲苯（TNT）	4435	2587	730	19.08	7000
2	黑索金（RDX）	5816	3700	908	32.63	8200
3	太安（PENT）	6067	3816	790	30.05	8281
4	奥克托今（HMX）	5983	3038	782	33.4	9110
5	硝化甘油（NG）	6210	4000	715	26.79	7500

2. 可燃气体爆炸

可燃物质以气体、蒸气状态发生的爆炸称为可燃气体爆炸。按照爆炸时所发生的化学变化，气体爆炸分为气体单分解爆炸和气体混合物爆炸两种。

（1）气体单分解爆炸

单一气体在一定压力作用下发生分解，产生大量的热，使气态产物膨胀而引起的爆炸。工业生产中能够发生单分解爆炸的气体包括乙炔、乙烯、环氧乙烷、氮氧化物等。这些气体发生单分解爆炸需要达到临界压力并具有一定的分解热。所谓临界压力，是指能使单一气体发生爆炸的最低压力。例如，乙炔的临界压力是 1.3×10^5 Pa，其发生单分解爆炸时的反应方程式为：

$$C_2H_2 = 2C + H_2 + Q(热量)$$

在乙炔的生产、储存和使用过程中，如果操作压力或者储存压力超过其临界压力，乙炔就可能会发生单分解爆炸。如果不考虑热损失，其爆炸温度可达 3100℃；爆炸压力为初始压力的 9～10 倍，会对周围物体和环境造成很大的危害。

（2）气体混合物爆炸

可燃性气体或蒸气和空气等助燃气体的混合物在点火源的作用下发生的爆炸称为气体混合物爆炸。气体混合物遇到点火源能否爆炸，取决于混合气体中可燃气体的浓度。爆炸性气体混合物中可燃气体应处于一定的浓度范围（爆炸极限范围）内。在工业生产中，可燃性气体或蒸气与空气形成爆炸性气体混合物的情况很多，如常用原料中的氢气、天然气等气体在加工、储存过程中会不可避免地从管道及其连接处、反应器和储罐中泄漏逸出，与空气中的氧气混合后，可能形成爆炸性气体混合物，遇到火源就会造成爆炸事故。

3. 粉尘爆炸

粉尘爆炸是指悬浮于空气中的可燃粉尘接触到明火、电火花等点火源时发生的爆炸现象。人们很早就发现某些粉尘具有发生爆炸的危险性，如煤矿里的煤尘爆炸，磨粉厂、谷仓里的粉尘爆炸，镁粉、碳化钙粉尘等与水接触后引起的自燃或爆炸等。

世界上第一次有记录的粉尘爆炸事故发生在 1785 年 12 月，意大利都灵的一个面包作坊。20 世纪 50 年代以来，随着粉尘加工领域的扩大以及处理量的增多，粉尘爆炸源越来越多，粉尘爆炸的危险性和事故数量也有所增加。美国在 1980～2006 年间共发生了 280 起粉尘爆炸事故，导致 119 人死亡，700 人受伤。

几乎所有的工业都涉及粉尘爆炸危险，根据美国 CSB 的一份统计报告，可以得出各行业发生粉尘爆炸的事故比例（图 1-4）以及各类粉尘在粉尘爆炸事故中所占的比例（图 1-5）。

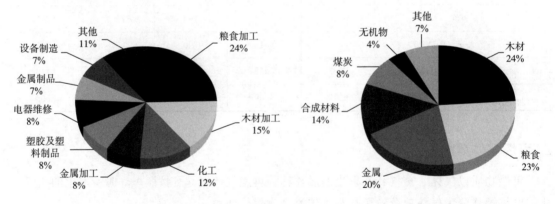

图 1-4　各领域粉尘爆炸事故比例　　　图 1-5　各类可燃性粉尘在粉尘爆炸事故中所占比例

1987 年 3 月 15 日哈尔滨亚麻厂发生的亚麻粉尘爆炸事故，导致 58 人死亡，65 人重伤，112 人轻伤；2014 年 8 月 2 日，江苏省昆山市中荣金属制品有限公司铝粉尘爆炸事故最终造成 146 人死亡；2015 年中国台湾某地在派对举办期间发生粉尘爆炸事故，造成 12 人死亡，500 余人受伤。

（1）粉尘爆炸的条件

只有具备了一定条件的粉尘才有可能发生爆炸，粉尘发生爆炸一般应同时具备以下五个条件。

① 可燃粉尘。可燃粉尘包括无机粉尘和有机粉尘两大类。常见的具有爆炸性的粉尘见表 1-9。

表 1-9　常见爆炸性粉尘

种类	举例	种类	举例
碳制品	煤、木炭、焦炭、活性炭等	合成制品类	染料中间体、各种塑料、橡胶、合成洗涤剂等
肥料	鱼粉、血粉等		
食品类	淀粉、砂糖、面粉、可可粉、奶粉、谷粉等	农产品加工类	胡椒、除虫菊粉、烟草等
		金属类	铝、镁、锌、铁、锰、钛等
木质类	木粉、木质素粉、纸粉等		

② 足够的氧含量。当空气中的氧含量降低到一定程度时，由于粉尘的氧化反应速率太低，放热速率将不足以维持火焰传播。

③ 点火源。存在点火源且点火能量需大于粉尘的最小引燃能。常见的点火源如下：明火、高温物体、电气火花、撞击摩擦、绝热压缩、静电放电等。

④ 扩散。粉尘必须与空气混合且处于悬浮粉尘云状态才能与氧气有足够的氧化反应接触面积。

⑤ 受限空间。粉尘云需处于相对封闭的空间，压力和温度才能急剧上升。

上述条件可以用粉尘爆炸五边形来表示，如图 1-6 所示。

(2) 粉尘爆炸的机理

一般认为，粉尘爆炸的发展过程如图 1-7 所示。粉尘粒子表面通过热传导和热辐射，从点火源处获得能量，使表面温度急剧升高；受热表面的粉尘粒子发生热分解或者干馏，产生粉尘蒸气；释放出的可燃气体与空气混合形成爆炸性气体混合物，被着火源点燃。此外，粉尘粒子从表面一直到内部（直到粒子中心），

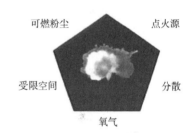

图 1-6　粉尘爆炸五边形

持续分解汽化，并迸发出微小火花，从而成为周围未燃烧粉尘的点火源，使其反应，进而导致了宏观上的粉尘爆炸。

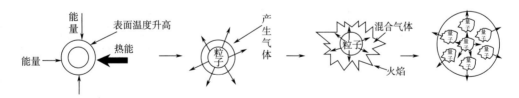

图 1-7　粉尘爆炸发展过程

从粉尘爆炸的过程来看，发生粉尘爆炸的粒子尽管很小，但比分子还是大得多。而且粉尘爆炸过程中不仅热传导使粉尘粒子表面温度上升，热辐射也起了很大作用，这一点不同于气体爆炸。归纳起来，粉尘爆炸呈现如下特点：

① 粉尘爆炸燃烧速率和爆炸压力均比气体爆炸小，但因燃烧时间长，产生能量大，其

造成的破坏程度要严重得多。

② 初始爆炸产生的冲击波会使堆积的粉尘扬起悬浮于空气中，而飞散的火花和辐射热可作为点火源引起二次爆炸，最后使整个粉尘存在场所受到爆炸破坏。

③ 粉尘爆炸过程中，如有燃烧粒子飞出溅落到人体或可燃物表面，会使人体严重烧伤或可燃物表面严重碳化。

④ 粉尘爆炸容易引起不完全燃烧，故燃烧气体中有大量 CO 存在，容易导致人员中毒。

(3) 粉尘爆炸的影响因素

影响粉尘爆炸的因素主要有以下几方面。

① 物理化学性质。燃烧热越大的粉尘越易引起爆炸，例如煤尘、碳、硫等；氧化速率越大的粉尘越易引起爆炸，如煤、燃料等；越易带静电的粉尘越易引起爆炸；粉尘所含的挥发分越大越易引起爆炸，如当煤粉中的挥发分低于 10％时不会发生爆炸。

② 粉尘颗粒大小。粉尘的颗粒越小，其比表面积越大（比表面积是指单位质量或单位体积的粉尘所具有的总表面积），化学活性越强，燃点越低，爆炸下限越小，爆炸的危险性越大。爆炸粉尘的粒径范围一般为 0.1～100μm。

③ 空气中粉尘的浓度。空气中粉尘只有达到一定的浓度，才可能会发生爆炸。在一定粒径条件下，粉尘浓度越高，其着火温度越低。

④ 可燃气体和惰性气体。当可燃粉尘和空气的混合物中混入了一定量可燃气体时，粉尘的最小点火能和爆炸下限会降低，其爆炸危险性会显著增大；相反，当混入一定量惰性气体时，由于混合物中氧气浓度的降低，使得粉尘爆炸的浓度范围变小，爆炸危险性降低。

⑤ 空气中含水量。水分会抑制粉尘的浮游性，对于疏水性粉尘来说，水对其浮游性的影响虽然不大，但是水分蒸发会降低点火有效能；同时蒸发出来的蒸汽能够起到惰化作用，降低粉尘的带电性。但铝、锰等金属粉尘会与水反应生成氢气，从而增加其爆炸危险性。

三、爆炸极限的计算及相关理论

1. 爆炸极限

可燃性气体、蒸气或粉尘与空气组成的混合物，并不是在任何浓度下都会发生燃烧或爆炸的，而是必须在一定的浓度比例范围内才能发生燃烧和爆炸。而且混合的比例不同，其爆炸的危险程度亦不同。例如，由 CO 与空气构成的混合物在火源作用下的燃爆试验情况如表1-10 所示。

表 1-10　CO 在空气中的燃爆试验

CO 在混合气体中所占体积/％	燃爆情况	CO 在混合气体中所占体积/％	燃爆情况
＜12.5	不燃不爆	30	燃爆最强烈
12.5	轻度燃爆	30～80	燃爆逐渐减弱
12.5～30	燃爆逐步加强	＞80	不燃不爆

上述试验情况说明，可燃性混合物有一个发生燃烧和爆炸的含量范围，即有一个最低含量和最高含量。混合物中的可燃物只有在这两个含量之间，才会有燃爆危险。通常，可燃气体或蒸气与空气（或氧）组成的混合物，遇火源发生爆炸的最高或最低浓度叫作爆炸极限。通常将最低含量称为爆炸下限，最高含量称为爆炸上限。可燃物含量低于爆炸下限时，由于可燃物含量不够及过量空气的冷却作用，阻止了火焰的蔓延；可燃物含量高于爆炸上限时，则由于氧气不足，使火焰不能蔓延。可燃性混合物的爆炸下限越低、爆炸极限范围越宽，其爆炸的危险性越大。

可燃气体或蒸气的爆炸极限通常用气体或蒸气在混合物中的体积分数来表示。必须指出，含量在爆炸上限以上的可燃性混合物绝不能认为是安全的，因为一旦补充进空气就具有危险性了。一些气体和液体蒸气的爆炸极限见表 1-11。

表 1-11　一些气体和液体蒸气的爆炸极限

物质名称	爆炸极限（体积分数）/%		物质名称	爆炸极限（体积分数）/%	
	下限	上限		下限	上限
天然气	4.5	13.5	丙醇	1.7	48.0
城市煤气	5.3	32	丁醇	1.4	10.0
氢气	4.0	75.6	甲烷	5.0	15.0
氨	15.0	28.0	乙烷	3.0	15.5
一氧化碳	12.5	74.0	丙烷	2.1	9.5
二硫化碳	1.0	60.0	丁烷	1.5	8.5
乙炔	1.5	82.0	甲醛	7.0	73.0
氰化氢	5.6	41.0	乙醚	1.7	48.0
乙烯	2.7	34.0	丙酮	2.5	13.0
苯	1.2	8.0	汽油	1.4	7.6
甲苯	1.2	7.0	煤油	0.7	5.0
邻二甲苯	1.0	7.6	乙酸	4.0	17.0
氯苯	1.3	11.0	乙酸乙酯	2.1	11.5
甲醇	5.5	36.0	乙酸丁酯	1.2	7.6
乙醇	3.5	19.0	硫化氢	4.3	45.0

粉尘的爆炸极限通常用单位体积中所含粉尘的质量（g/m^3）来表示。实验表明，大部分工业粉尘的爆炸下限在 $20\sim60g/m^3$ 之间，爆炸上限高达 $2000\sim6000g/m^3$。大多数情况下，很难达到粉尘的爆炸上限值，因此，爆炸上限对防止生产性粉尘爆炸不具有实用价值，通常只应用粉尘的爆炸下限。粉尘的爆炸下限越低，其危险性越大。一些常见粉尘的爆炸下限见表 1-12。

表 1-12   一些粉尘的爆炸下限

粉尘名称	云状粉尘的引燃温度/℃	云状粉尘的爆炸下限/（g/m³）	粉尘名称	云状粉尘的引燃温度/℃	云状粉尘的爆炸下限/（g/m³）
铝	590	37～50	聚丙烯酸酯	505	35～65
铁粉	430	153～240	聚氯乙烯	595	63～86
镁	470	44～59	酚醛树脂	520	36～49
炭黑	>690	36～45	硬质橡胶	360	36～49
锌	530	212～284	天然树脂	370	38～52
萘	575	28～38	砂糖粉	360	77～99
萘酚染料	415	133～184	褐煤粉	—	49～68
聚苯乙烯	475	27～37	有烟煤粉	595	41～57
聚乙烯醇	450	42～55	煤焦炭粉	>750	37～50

2. 可燃气体、蒸气爆炸极限的影响因素

爆炸极限受许多因素的影响，表 1-11 给出的爆炸极限数值对应的条件是常温常压；当温度、压力及其他条件发生变化时，爆炸极限也会发生变化。

（1）温度

一般情况下爆炸性混合物的原始温度越高，爆炸极限范围越大。因此，温度升高会使爆炸的危险性增大。

（2）压力

一般情况下压力越高，爆炸极限范围越大，尤其是爆炸上限显著提高。因此，减压操作有利于减小爆炸危险性。

（3）惰性介质及杂物

一般情况下惰性介质的加入可以缩小爆炸极限范围，当其浓度高到一定数值时可使混合物不发生爆炸。杂物的存在对爆炸极限的影响较为复杂，如少量硫化氢的存在会降低水煤气在空气混合物中的燃点，使其更易爆炸。

（4）容器

容器直径越小，火焰在其中越难蔓延，混合物的爆炸极限范围则越小。当容器直径或火焰通道小到一定数值时，火焰不能蔓延，可消除爆炸危险。这个直径称为临界直径或最大灭火间距。如甲烷的临界直径为 0.4～0.5mm，氢和乙炔为 0.1～0.2mm。

（5）氧含量

混合物中含氧量增加，爆炸极限范围扩大，尤其是爆炸上限显著提高。可燃气体在空气和纯氧中的爆炸极限范围比较见表 1-13。

（6）点火源

点火源的能量、热表面的面积、点火源与混合物的作用时间等均对爆炸极限有影响。各种爆炸性混合物都有一个最低引爆能量，即点火能量。它是混合物爆炸危险性的一项重要参数。爆炸性混合物的点火能量越小，其燃爆危险性就越大。

表 1-13　可燃气体在空气和纯氧中的爆炸极限范围

物质名称	在空气中的爆炸极限/%	在纯氧中的爆炸极限/%	物质名称	在空气中的爆炸极限/%	在纯氧中的爆炸极限/%
甲烷	5.0～15.0	5.0～61.0	乙炔	1.5～82.0	2.8～93.0
乙烷	3.0～15.5	3.0～66.0	氢	4.0～75.6	4.0～95.0
丙烷	2.1～9.5	2.3～55.0	氨	15.0～28.0	13.5～79.0
乙烯	2.7～34.0	3.0～80.0	一氧化碳	12.5～74.0	15.5～84.0

3. 爆炸极限的计算

(1) 单一可燃气体爆炸极限的计算

可燃性气体或蒸气在空气或氧气中的爆炸极限，一般通过查阅文献可以获得数据，也可以通过其他数据以及某些经验公式计算获得。下面介绍两种比较常用的方法。

① 依据化学计量浓度计算。理论上完全燃烧时，可燃物在混合物中的含量称为其化学计量浓度。许多烃类蒸气及其衍生物的爆炸极限，可依据其完全反应时的化学计量浓度来近似计算。单一烃类气体及其衍生物的爆炸极限，计算公式如下：

$$L_{下} = 0.55X_0 \tag{1-1}$$

$$L_{上} = 4.8\sqrt{X_0} \tag{1-2}$$

式中　$L_{下}$——爆炸下限，%；

　　　$L_{上}$——爆炸上限，%；

　　　X_0——可燃气体完全燃烧时的化学计量浓度，%。

依据化学反应方程式可以计算可燃气体或蒸气发生完全燃烧反应时的化学计量浓度。

可燃气体或蒸气的分子式一般用 $C_\alpha H_\beta O_\gamma$ 表示。假设 1mol 可燃气体完全燃烧所需氧气的物质的量为 n mol，则燃烧反应方程式如下：

$$C_\alpha H_\beta O_\gamma + nO_2 \Longrightarrow \alpha CO_2 + \frac{\beta}{2}H_2O + Q$$

依据化学计量学，$n = \alpha + \frac{\beta}{4} - \frac{\gamma}{2}$。

如果空气中氧气的取值为 20.9%，则可燃气体在空气中完全燃烧时的化学计量浓度为：

$$X_0 = \frac{1}{1 + \dfrac{n}{0.209}} \times 100\% = \frac{0.209}{0.209 + n} \times 100\% \tag{1-3}$$

【例 1-1】计算甲烷在空气中的化学计量浓度和爆炸极限。

解　写出甲烷在空气中燃烧的化学反应方程式：

$$CH_4 + 2O_2 \Longrightarrow CO_2 + 2H_2O$$

$$n = \alpha + \frac{\beta}{4} - \frac{\gamma}{2} = 1 + \frac{4}{4} = 2$$

$$X_0 = \frac{0.209}{0.209 + 2} \times 100\% = 9.46\%$$

$$L_{下} = 0.55X_0 = 0.55 \times 9.46\% = 5.20\%$$

$$L_{上}=4.8\sqrt{X_0}=4.8\times\sqrt{9.46\%}=14.76\%$$

因此，甲烷在空气中的爆炸极限范围为 $5.20\%\sim14.76\%$。

② 依据所消耗的氧原子数计算。依据可燃气体在空气中发生完全燃烧反应时消耗的氧原子数可以计算其爆炸极限，经验公式如下：

$$L_{下}=\frac{1}{4.76(n-1)+1}\times100\% \tag{1-4}$$

$$L_{上}=\frac{4}{4.76n+4}\times100\% \tag{1-5}$$

式中　n——1mol 可燃气体完全燃烧时消耗的氧原子数。

【例 1-2】利用经验公式计算丙烷在空气中的爆炸极限。

解　丙烷在空气中发生燃烧的化学反应方程式为：

$$C_3H_8+5O_2 \Longrightarrow 3CO_2+4H_2O$$

因此，1mol 丙烷在空气中发生完全燃烧时消耗的氧原子数 $n=10$。将 n 值代入式（1-4）和式（1-5），可得丙烷的爆炸极限：

$$L_{下}=\frac{1}{4.76(n-1)+1}\times100\%=\frac{1}{4.76\times(10-1)+1}\times100\%=2.28\%$$

$$L_{上}=\frac{4}{4.76n+4}\times100\%=\frac{4}{4.76\times10+4}\times100\%=7.75\%$$

(2) 多种可燃气体组成的混合物爆炸极限计算

由多种可燃组分组成的混合气体的爆炸极限，可以根据如下公式利用各组分的爆炸极限进行计算。

$$L=\frac{1}{\sum\limits_{i=1}^{n}\dfrac{y_i}{L_i}}\times100\% \tag{1-6}$$

式中　y_i——第 i 种可燃组分在所有可燃组分中的体积分数，%；

　　　L_i——第 i 种可燃组分的爆炸极限，%；

　　　n——可燃组分的数量。

【例 1-3】某混合气体的组成和爆炸极限数据如下：

组成	体积分数/%	爆炸下限/%	爆炸上限/%
甲烷	3.0	5.0	15.0
乙烷	1.2	1.1	7.5
乙烯	0.8	2.7	3.6
空气	95.0		

试计算该混合气体的爆炸极限。

解　甲烷、乙烷、乙烯在混合可燃组分中的体积分数分别为：

$$y_1=\frac{3.0}{3.0+1.2+0.8}\times100\%=60\%$$

同理，$y_2=24\%$，$y_3=16\%$

依据式（1-6），该混合气体的爆炸极限为：

$$L = \frac{1}{\sum\limits_{i=1}^{n} \frac{y_i}{L_i}} \times 100\% = \frac{1}{\frac{60}{5} + \frac{24}{1.1} + \frac{16}{2.7}} \times 100\% = 2.52\%$$

$$L = \frac{1}{\sum\limits_{i=1}^{n} \frac{y_i}{L_i}} \times 100\% = \frac{1}{\frac{60}{15} + \frac{24}{7.5} + \frac{16}{3.6}} \times 100\% = 8.59\%$$

所以，该混合气体的爆炸极限范围为 $2.52\% \sim 8.59\%$。

第四节　燃烧与爆炸

一、燃烧与爆炸的关系

当形成了燃烧三角形且满足一定条件时就会发生燃烧现象，爆炸属于一种特殊的燃烧形式，反应体系的能量释放速率是火灾和爆炸的主要区别。能量释放速率的大小对事故后果有明显影响，比如汽车轮胎中的压缩空气含有一定能量，如果能量通过喷嘴缓慢释放，轮胎只会无害缩小；如果轮胎突然爆裂，则其压缩空气的能量会迅速释放，就可能导致爆炸。火灾中的能量释放很慢，而爆炸的能量释放很快，通常是微秒级的。火灾可能导致爆炸，而爆炸也可能引起火灾。

燃烧和爆炸的不同之处在于：

(1) 是否需要助燃物

燃烧和爆炸都是迅速的氧化反应，燃烧需要外界供给的空气或氧气，缺少助燃物，燃烧反应将无法进行。某些含氧的化合物或混合物，虽然在缺氧的条件下也能燃烧，但由于其含氧不足，隔绝空气后燃烧就不完全或者熄灭。而某些爆炸性物质，比如炸药，由于其化学组成或者混合组分中含有较丰富的氧，发生爆炸时无需外界的氧参与反应。其实，炸药是能够发生自身燃烧反应的物质。

(2) 传播速度

燃烧的传播速度慢，一般是每秒几毫米到几百米；而爆炸的传播速度快，一般是每秒几百米到几千米。但是，对于可燃性气体、蒸气或粉尘与空气形成的爆炸性混合物，其燃烧与爆炸几乎是不可分的，往往是被点火后先燃烧，随着温度和压力急剧升高，燃烧速度会迅速加快，进而发生爆炸。瓦斯爆炸就是此类反应的典型代表。

(3) 传播方式

燃烧的传播是化学反应放出的能量通过热传导、热辐射和气体产物的传播传入下一层炸药，引起未反应的物质进行燃烧反应，从而使反应得以连续传播下去；炸药爆炸是借助冲击波的传播来实现的，化学反应放出的能量补充和维持冲击波的强度，在冲击波的冲击压缩作用下，激起下层炸药进行爆炸反应。

(4) 反应压力

燃烧反应产物的压力一般不高，不会对周围介质产生力的效应；而爆炸产物的压力很高，可达几万至几十万个大气压，会对周围介质产生强烈的冲击波效应。

此外，燃烧反应容易受到外界压力和温度的影响，当外界压力低时，燃烧速度慢，压力升高，燃烧速度加快；当外界压力过高时，燃烧变得不稳定，以致转变为爆炸。而爆炸基本上不受外界条件的影响。

二、可燃物质化学爆炸的条件

1. 放热性

反应的快速放热是物质发生爆炸的必要条件。爆炸本身是一个能量急剧转化的过程：化学能转化为热能，热能进一步转化为对周围介质所做的机械功。由此可见，热量是做功的能源，没有足够的热量，化学反应无法自行传播，也就不会发生爆炸。

有些化学物质，反应条件不同时其化学反应的放热或吸热情况也不同。例如，硝酸铵在低温加热作用时会发生缓慢分解的吸热反应：

$$NH_4NO_3 \Longrightarrow NH_3 + HNO_3 - 714.7J$$

而当其受到强起爆作用时就可以发生化学大爆炸，这就是一个放热分解反应：

$$NH_4NO_3 \Longrightarrow N_2 + 2H_2O + 0.5O_2 + 529.2J$$

由此可见，即便是同一个物质，反应是否具有爆炸性也取决于其反应过程是否放出热量，只有放热反应才可能具有爆炸性。

2. 快速性

反应的快速性是可燃物质发生爆炸的第二个必要条件，也是爆炸过程区别于一般化学反应最重要的标志。

反应速率慢的燃烧过程，其放出的热量和生成的气体都会扩散到反应体系周围的介质中，无法形成爆炸，比如1kg无烟煤在空气中燃烧可放出8900kJ的热量，但需要数分钟到数十分钟。而1kg TNT爆炸放出的热量仅为4222kJ，但它形成爆炸反应的时间只需百分之几秒至百万分之几秒，所以在爆炸完成的瞬间，气体尚未来得及膨胀就被反应热加热到2000～3000℃，从而致使气体产生高压，高温高压气体骤然膨胀就形成了爆炸。

3. 生成气体产物

爆炸对周围介质做功主要是通过高温高压气体的迅速膨胀实现的，因此，在反应过程中产生大量气体产物也是可燃物质发生化学爆炸的一个重要因素。比如1kg TNT爆炸时可生成1180L气态产物，体积膨胀1000余倍；由于反应的快速性和放热性，生成气体产物在爆炸瞬间被压缩在原来炸药体积空间内，于是高温高压气体急剧对外界膨胀做功，形成爆炸。

如果反应产物不是气体，而是液体或者固体，那么，即使是放热反应也不会形成爆炸现象。比如典型的铝热反应：

$$2Al + Fe_2O_3 \Longrightarrow Al_2O_3 + 2Fe + 829kJ$$

反应放出的热量可使生成物加热到3000℃左右，但由于生成物在3000℃时仍然处于液态，没有大量气体生成，因此不是爆炸反应。

综上所述，可燃物质发生化学爆炸的条件包括反应的放热性、快速性、生成气体产物三个条件。放热给爆炸提供了能源，且使化学反应速率大大增加，即增大了反应的快速性，而快速性则是使有限能量集中在较小容积内产生大功率的必要条件。同时，由于放热可以将产物加热到很高的温度，可以使更多产物处于气体状态。

 ## 事故案例

【案例1】"4·15"巴黎圣母院火灾事故

2019年4月15日，法国巴黎圣母院发生严重火灾事故，着火位置位于圣母院顶部塔楼，大火迅速将圣母院塔楼的尖顶吞噬，很快，尖顶如被拦腰折断一般倒下。这是巴黎圣母院有史以来遭遇的最严重的一次火灾。此次大火主要伤及的是巴黎圣母院主体顶层部分，包括建于19世纪的哥特式塔尖及其下面的木质框架。一同烧毁的还有尖顶上的铜公鸡和东边玫瑰花窗。主体结构幸存，但三分之二的屋顶被毁掉。一名消防人员在扑救大火时受重伤，无人死亡。大火造成300t铅材料熔化，导致铅散布到空气中，对周边土地造成"局部严重"污染。

【案例2】"3·21"江苏响水化工企业爆炸事故

2019年3月21日14时48分许，位于江苏省盐城市响水县生态化工园区的某有限公司发生特别重大爆炸事故，造成78人死亡，76人重伤，640人住院治疗，直接经济损失198635.07万元。该起事故的直接原因是该公司旧固废库内长期违法储存的硝化肥料持续积热升温导致自燃，燃烧引发硝化废料爆炸。

【案例3】"8·2"昆山工厂爆炸事故

2014年8月2日7时34分，位于江苏省苏州市昆山市昆山经济技术开发区（以下简称昆山开发区）的昆山某金属制品有限公司（台商独资企业）抛光二车间（即4号厂房，以下简称事故车间）发生特别重大铝粉尘爆炸事故，当天造成75人死亡，185人受伤。依照《生产安全事故报告和调查处理条例》（中华人民共和国国务院令第493号）规定的事故发生后30日报告期，共有97人死亡，163人受伤（事故报告期后，经全力抢救医治无效陆续死亡49人，尚有95名伤员在医院治疗，病情基本稳定），直接经济损失3.51亿元。

该公司成立于1998年8月，是由台湾中允工业股份有限公司通过子公司英属维京银鹰国际有限公司在昆山开发区投资设立的台商独资企业，位于昆山开发区南河路189号，法人代表吴某某（中国台湾人）、总经理林某某（中国台湾人），注册资本880万美元，总用地面积34974.8m²，规划总建筑面积33746.6m²，员工总数527人。该企业主要从事汽车零配件等五金件金属表面处理加工，主要生产工序是轮毂打磨、抛光、电镀等，设计年生产能力50万件，2013年主营业务收入1.65亿元。

2014年8月2日7时，事故车间员工上班。7时10分，除尘风机开启，员工开始作业。7时34分，1号除尘器发生爆炸。爆炸冲击波沿除尘管道向车间传播，扬起的除尘系统内和车间集聚的铝粉尘发生系列爆炸，当场造成47人死亡；当天经送医院抢救无效死亡28人，185人受伤，事故车间和车间内的生产设备被损毁。

该起事故发生的直接原因为：事故车间除尘系统较长时间未按规定清理，铝粉尘集聚。除尘系统风机开启后，打磨过程产生的高温颗粒在集尘桶上方形成粉尘云。1号除尘器集尘桶锈蚀破损，桶内铝粉受潮，发生氧化放热反应，达到粉尘云的引燃温度，引发除尘系统及车间的系列爆炸。

课堂讨论

1. 工业生产过程中如何避免火灾事故的发生？
2. 工业生产过程中如何避免爆炸事故的发生？
3. 燃烧与爆炸之间有什么关系？

知识巩固

1. 燃烧的三个基本特征是（　　　　　）、（　　　　　）、（　　　　　）。
2. 燃烧的三要素是（　　　　　）、（　　　　　）、（　　　　　）。
3. 常见的点火源包括（　　）、（　　　）、（　　　）、（　　　）等。
4. 根据燃烧的起因及燃烧瞬间特点不同，燃烧可以分为（　　）、（　　）、（　　）三种类型。
5. 生产过程中物质的火灾危险性分为（　　）、（　　）、（　　）、（　　）、（　　）五类。
6. 按照发生爆炸的性质和原因，通常将爆炸分为（　　）、（　　）、（　　）三种。
7. 发生粉尘爆炸需要具备（　　）、（　　）、（　　）、（　　）、（　　）五个条件。
8. 可燃物质发生化学爆炸的三个条件包括（　　）、（　　）、（　　）。

能力训练

1. 一造纸厂的草垛在阴雨天气发生火灾，试分析可能的起火原因。
2. 某混合气体的组成为甲烷3%，丙烷2%，其余为空气，该混合气体有无爆炸危险？

实训项目1：火灾事故案例分析

一、实训目的

在人类的各种灾害事件中，火灾是事故是最经常、最普遍地威胁公共安全和社会发展的主要灾害之一，火灾事故的发生常常导致严重的财产损失和人员伤亡。随着现今社会的持续发展进步、城镇化的快速推进、经济密度的不断增大，火灾事故在人类的日常生产活动中呈现出了频率攀升、后果日趋严重的特点。通过本次实训，使学生加深对燃烧、火灾基础理论知识的理解，能够实现以下目标：

1. 能够用"燃烧三角形"和"燃烧四面体"解释燃烧现象；
2. 能够准确进行火灾分类；
3. 能够依据火灾类别制定基本的扑救措施。

二、实施内容

1. 学生按学号进行分组，每组进行具体的任务划分，填写任务卡。

2. 通过查阅"中华人民共和国应急管理部"官方网站、中国知网数据库等网络资源，检索近两年内典型的火灾事故案例，进行归纳、整理、汇总，最终形成 PPT 文件进行展示讲解，至少应涵盖以下内容：

（1）事故基本情况介绍；

（2）事故中涉及的"三要素"，事故的发生发展过程；

（3）火灾事故类别划分及依据；

（4）事故教训；

（5）事故原因及防范措施。

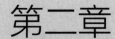

防火技术

知识目标：1. 掌握防火的基本技术措施。
2. 熟悉防火安全装置的基本原理。
3. 了解防火分隔的基本要求及安全疏散的有关规定。

能力目标：1. 具备制定防火基本技术措施的能力。
2. 具备防火安全设计的基本能力。
3. 能够进行防火安全检查。

第一节　防火基本技术措施

一、控制可燃物技术

根据燃烧四面体可知，可燃物是燃烧发生的最根本要素，因此消除或控制可燃物是防火的根本措施。然而一般情况下，完全消除可燃物是不可能的，更多的是采取一定的措施控制可燃物，以达到防火的目的。

1. 用不燃或难燃物质代替可燃物质

如果条件允许，可以通过改进生产工艺，选择不燃或难燃物质代替可燃物质来提升操作的安全性。比如在选择危险性较小的液体时，沸点及蒸气压很重要。沸点在110℃以上的液体，常温下（18～20℃）不能形成爆炸浓度。例如20℃时蒸气压为800Pa的乙酸戊酯，其质量浓度 ρ 为

$$\rho = \frac{MpV}{760RT} = \frac{130 \times 6 \times 1000}{760 \times 0.08 \times 293} = 44(\text{g}/\text{m}^3)$$

乙酸戊酯的爆炸浓度范围为119～541g/m³，常温下的质量浓度仅为爆炸下限的三分之一。

2. 根据物质的危险性采取措施

① 对本身具有自燃能力的油脂以及遇空气自燃、遇水燃烧爆炸的物质等，应采取隔绝空气、防水、防潮或通风、散热、降温等措施，以防止物质自燃或发生爆炸。

② 相互接触能引起燃烧爆炸的物质不能混存，遇酸、碱有分解爆炸的物质应防止与酸、碱接触，对机械作用比较敏感的物质要轻拿轻放。

③ 易燃、可燃气体和液体蒸气要根据它们的密度采取相应的排污方法。根据物质的沸点、饱和蒸气压考虑设备的耐压强度、储存温度、保温降温措施等。根据它们的闪点、爆炸范围、扩散性等采取相应的防火防爆措施。

④ 某些物质如乙醚等，受到阳光作用可生成危险的过氧化物，因此，这些物质应存放于金属桶或暗色的玻璃瓶中。

3. 通风措施

实际生产中完全依靠设备密闭，生产场所消除可燃物的存在是不大可能的，往往还要借助于通风措施来降低生产场所空气中可燃物的含量。

通风按动力来源可分为机械通风和自然通风，机械通风按换气方式又分为排风和送风两种。主要防火要求如下：

① 甲、乙类生产厂房中排出的空气不应循环使用，以防止排出的含有可燃物质的空气重新进入厂房，增加火灾危险性。

② 甲、乙类生产厂房用的送风和排风设备不应布置在同一通风机房内，且其排风设备也不应和其他房间的送、排风设备布置在一起。

③ 排风口设置的位置应根据可燃气体、蒸气的密度不同而有所区别。比空气轻者，应设在房间顶部；比空气重者，应设在房间的下部。

④ 空气中含有容易起火或爆炸物质的房间，其送、排风系统应采用防爆型的通风设备和不会产生火花的材料（如用有色金属制造的风机叶片和防爆电动机）。

⑤ 排出含燃烧、爆炸危险的气体、蒸气和粉尘的排风管道应采用易于导除静电的金属管道，应明装而不应暗设，不得穿越其他房间，且应直接通往室外安全处。

⑥ 通风管道不宜穿过防火墙和不燃性楼板等防火分隔物，如必须穿过，应在穿过处设置防火阀。

二、控制助燃物技术

控制可燃性气体、液体或固体不与空气、氧气或其他氧化性物质接触，或者将它们隔离开来，可以避免发生燃烧或者爆炸事故。

1. 密闭措施

① 为防止易燃气体、蒸气和可燃性粉尘与空气构成爆炸性混合物，应使设备密闭化。对于有正压设备更须保证其密闭性，以防气体或粉尘逸出。在负压下操作的设备，应防止进入空气。

② 为了保证设备的密闭性，在保证安装和检修方便的情况下，对危险设备或系统应尽

量减少法兰连接。输送危险气体、液体的管道应采用无缝管。盛装腐蚀性介质的容器底部尽可能不装开关和阀门，腐蚀性液体应从顶部抽吸排出。

③ 密闭隔绝时，密封条件非常重要，因此对密封垫圈的材料及压力设备的要求非常严格，不允许有漏气发生。常见的密封垫圈有石棉橡胶垫圈、聚四氟乙烯塑料垫圈、金属垫圈等。

④ 如设备本身不能密闭，可采用液封。负压操作可防止系统中有毒或爆炸危险性气体逸入生产场所。例如在焙烧炉、燃烧室及吸收装置中都是采用这种方法。

2. 惰性介质保护

惰性气体指的是那些化学活泼性差、没有燃爆危险性的气体，在高温、高压、易燃、易爆气体生产中，加入惰性气体可以冲淡可燃气体及氧气的浓度。例如采用氮气、二氧化碳、水蒸气等，它们的作用就是隔绝空气或者降低氧含量，减少可燃物质的燃烧浓度。这些气体常用于以下几个方面：

① 易燃固体物质的粉碎、研磨、筛分、混合以及粉状物料输送时，可用惰性介质保护；

② 可燃气体混合物在处理过程中可加入惰性介质保护；

③ 具有着火爆炸危险的工艺装置、储罐、管线等配备惰性介质，以备在发生危险时使用，可燃气体的排气系统尾部用氮封；

④ 采用惰性介质（氮气）压送易燃液体；

⑤ 爆炸性危险场所中，非防爆电气、仪表等的充氮保护以及防腐蚀等；

⑥ 有着火危险设备的停车检修处理；

⑦ 危险物料泄漏时用惰性介质稀释。

使用惰性介质时，要有固定储存输送装置。根据生产情况、物料危险特性，采用不同的惰性介质和不同的装置。例如，氢气的充填系统最好备有高压氮气，地下苯储罐周围应配有高压蒸气管线等。

3. 隔绝空气储存

与空气接触、受潮、受热易自燃的物品可以隔绝空气进行安全储存。如将黄磷液封于水中，钠液封在煤油中，二硫化碳用水封存，活性镍存于酒精中，烷基铝封存于氮气中。

三、控制点火源技术

虽然并不是所有可燃物质的燃烧都需要点火源，但绝大多数火灾都是由点火源引发的，因此点火源的控制是防止燃烧和爆炸技术的重要环节。根据能量来源的方式不同，点火源可以分为明火火源、高温火源、电火花与电弧、摩擦与撞击、绝热压缩、光线照射和聚焦、化学反应热七类。

1. 明火火源

实验表明，绝大多数的明火火焰温度超过 700℃，而绝大多数可燃物的自燃点低于700℃。因此，一般情况下当有助燃物存在时，明火火焰接触可燃物并加热一段时间便会将其点燃。常见的明火火焰包括火柴火焰、打火机火焰、蜡烛火焰、煤炉火焰、液化石油气灶具火焰、酒精喷灯火焰、工业蒸汽锅炉火焰、焊割火焰等。其中，工业生产中的明火主要是指生产过程中的加热用火和维修用火。

(1) 加热用火的控制

加热易燃液体时，应尽量避免采用明火，而采用蒸汽、过热水、中间载热体或电热等；如果必须采用明火，则设备应严格密闭，并定期检查，防止泄漏。工艺装置中明火设备的布置，应远离可能泄漏可燃气体或蒸汽（气）的工艺设备及储罐区；在积存有可燃气体、蒸气的地沟、深坑、下水道内及其附近，没有消除危险之前，不能进行明火作业。

在确定的禁火区内，要加强管理，杜绝明火的存在。

(2) 维修用火的控制

维修用火主要是指焊割、喷灯、熬炼用火等。在有火灾爆炸危险的厂房内，应尽量避免焊割作业，必须进行切割或焊接作业时，应严格执行动火安全规定；在有火灾爆炸危险场所使用喷灯进行维修作业时，应按动火制度进行并将可燃物清理干净；对熬炼设备要经常检查，防止烟道串火和熬锅破漏，同时要防止物料过满而溢出。在生产区熬炼时，应注意熬炼地点的选择。

此外，烟囱飞火，机动车的排气管喷火，都可以引起可燃气体、蒸气的燃烧爆炸，要加强对上述火源的监控与管理。

2. 高温火源

高温物体在一定环境中能够向可燃物传递热量并能导致可燃物着火。常见的高温物体包括高温表面、烟头、火星、焊割作业金属熔渣等。

(1) 高温表面

工业生产中，加热装置、高温物料输送管线及机泵等，其表面温度均较高，要防止可燃物落在上面，引燃着火。可燃物的排放要远离高温表面。如果高温管线及设备与可燃物装置较接近，高温表面应有隔热措施。加热温度高于物料自燃点的工艺过程，应严防物料外泄或空气进入系统。

照明灯具的外壳或者表面都有很高温度。白炽灯泡表面温度与功率有关系，见表 2-1。400W 的高压汞灯表面温度和白炽灯泡相差不多，为 150～200℃；1000W 的卤钨灯管表面温度可达 500～800℃。灯泡表面的高温可点燃附近的可燃物品，因此在易燃易爆场所，严禁使用这类灯具。

表 2-1 白炽灯泡表面温度

灯泡功率/W	灯泡表面温度/℃	灯泡功率/W	灯泡表面温度/℃
40	50～60	100	170～220
60	130～180	150	150～230
75	140～200	200	160～300

(2) 烟头

烟头是一种常见的点火源，烟头中心部位的温度约为 700℃，表面温度为 200～300℃。一般情况下，沉积状态的可燃粉尘、可燃纤维、纸张、某些可燃液体蒸气等均能被烟头点燃。因此，在生产、使用、储存易燃物品的场所，应该采取有效管理措施，设置"禁止吸烟"的安全标志，杜绝烟头点火源的产生。

(3) 火星

火星是一类常见的高温点火源，它是各种燃料在燃烧过程中产生的微小炭粒以及其他复杂的炭化物等。煤炉烟囱、船舶烟囱、汽车及拖拉机排气管等都可能产生火星。火星的温度高达350℃以上，棉、麻、纸张等可燃固体以及可燃气体、蒸气、粉尘等触及火星都可能被引燃。因此，汽车等机动车辆进入火灾爆炸危险性场所时，排气管上应该安装火星熄灭器；在码头和车站装卸易燃物品时，应注意严防来往船舶和机车烟囱飞出的火星接触易燃物品而引发火灾。

(4) 焊割作业金属熔渣

焊接切割作业时产生的熔渣，温度可达1500～2000℃。地面作业时熔渣水平飞散距离可达0.5～1m，高处作业时熔渣飞散距离会较远。一般情况下，熔渣粒径越大，飞散距离越近，环境温度越高，则熔渣越不容易冷却，其危险性就越大。

3. 电火花与电弧

电火花是电极间的击穿放电，电弧则是大量电火花汇集的结果。一般电火花的温度都很高，特别是电弧，其温度可达3600～6000℃。电火花和电弧不仅能引起绝缘材料燃烧，而且可以引起金属熔化飞溅，构成危险的火源。

电火花分为工作电火花和事故电火花。工作电火花是指电气设备正常工作时或正常操作过程中产生的火花。如直流电机电刷与整流片接触处的火花，开关或继电器分合时的火花，短路、熔丝熔断时产生的火花等。此外，电动机转子和定子发生摩擦或风扇叶轮与其他部件碰撞会产生机械性质的火花；灯泡破碎时露出温度高达2000～3000℃的灯丝，都可能成为引发电气火灾的火源。

通常，这些电火花的放电能量均大于可燃气体、可燃蒸气、可燃粉尘与空气混合物的最小引燃能，都有可能点燃这些混合物。在工业生产过程中，为了满足各种防爆要求，必须了解并正确选择防爆电气的结构类型。

除上述电火花外，静电放电火花、雷击电弧等也是常见的电火花。

静电能够引起火灾爆炸的根本原因，在于静电放电火花具有点火能量。许多爆炸性蒸气、气体和空气混合物点燃的最小能量为0.009～7mJ。当放电能量小于爆炸性混合物最小点燃能量的四分之一时，则认为是安全的。

静电防护主要是设法消除或控制静电的产生和积累条件，主要有工艺控制法、泄漏法和中和法。工艺控制法就是采取选用适当材料、改进设备和系统的结构、限制流体的速度以及净化输送物料、防止混入杂质等措施，控制静电产生和积累的条件，使其不会达到危险程度。泄漏法就是采取增湿、导体接地，使用抗静电添加剂和导电性地面等措施，促使静电电荷从绝缘体上自行消散。中和法是在静电电荷密集的地方设法产生带电离子，使该处静电电荷被中和，从而消除绝缘体上的静电。

4. 摩擦与撞击

在工业生产中，摩擦与撞击也是导致火灾爆炸的原因之一。如机器上轴承等转动部件因润滑不均或未及时润滑而引起的摩擦发热起火、金属之间的撞击而产生的火花等。因此在生产过程中，特别要注意以下几个方面的问题：

① 设备应保持良好的润滑，并严格保持一定的油位；

② 搬运盛装可燃气体或易燃液体的金属容器时，严禁抛掷、拖拉、震动，防止因摩擦与撞击而产生火花；

③ 防止铁器等落入粉碎机、反应器等设备内因撞击而产生火花；

④ 防爆生产场所禁止穿带铁钉的鞋；

⑤ 禁止使用铁制工具。维修时可采用铜合金材质的无火花维修工具。

5. 绝热压缩

绝热压缩是指气体和外界没有热交换情况下进行的压缩过程，该过程压缩做功全部转化为热能，会使气体温度骤然升高，当超过其自燃点时，就会引发燃烧。实验表明，若硝化甘油液滴中含有直径为 5×10^{-2} mm 的空气泡，在冲击能的作用下受到绝热压缩，瞬间升温，可使硝化甘油液滴的一部分被加热到着火点而爆炸。在化学纤维工业生产中也可能产生绝热压缩点火的实例，如大量黏胶纤维注入反应容器时，由于黏胶纤维胶液中含有气泡，胶液由高处向下投料便会使空气气泡受到绝热压缩而升高温度，从而使容器底部残留的二硫碳酸蒸气发生爆炸或燃烧。

防止绝热压缩成为点火源的根本方法是尽量避免或控制可能出现绝热压缩的操作。比如，限制流体在管道中的流速，关闭阀门及抽取物品时动作缓慢，处理液态爆炸性混合物及熔融态炸药等物质时应排除物料中夹杂的各类气泡等。

6. 光线照射和聚焦

太阳热辐射线对可燃物的照射，或者通过凸透镜等类似物体聚焦太阳辐射都可能引发可燃物的燃烧起火。国内已发生多起由于日光照射引起露天堆放的硝化棉发热起火现象。为避免此类事故发生，易燃易爆物品应严禁露天堆放，避免日光暴晒。此外，对某些易燃易爆容器还应采取洒水降温或加设防晒棚的措施。

日光聚焦点火也可引发火灾事故，盛水的球形玻璃鱼缸、塑料大棚积水、不锈钢圆底锅、道路反射镜的不锈钢球面镶板等都属于类似凸透镜和凹面镜的物体，均可能引发日光聚焦。因此，对可燃物品仓库和堆场，应注意日光聚集点火现象。易燃易爆化学品仓库的玻璃应涂白色或用毛玻璃。

7. 化学反应热

化学反应过程中放出的热量能够使参加反应的可燃物和反应后产生的可燃物温度升高，当超过可燃物自燃点时，就会使其发生自燃。能发生这种现象的物质包括自燃物品、遇湿易燃物品、氧化剂与可燃物的混合物等，反应举例如下：

$$P_4 + 5O_2 == P_4O_{10} + Q（热量）$$
$$2Na + 2H_2O == 2NaOH + H_2 + Q（热量）$$
$$CH_3OH + 3Na_2O_2 == 3Na_2O + CO_2 + 2H_2 + Q（热量）$$

此外，某些放热反应，参与反应的反应物和生成物均不是可燃物，反应产生的热量不能造成反应体系本身自燃，但是可以引燃与反应体系接触的其他可燃物。比如，生石灰与水反应放出的热量会点燃与之接触的木板、草袋等可燃物：

$$CaO + H_2O = Ca(OH)_2 + Q(热量)$$

当 56kg 氧化钙与 18kg 水反应时，放出的热量可以使生成物氢氧化钙的温度升高到 792.3℃。该温度已经超过了木材等可燃物的自燃点，因此可以引起木材燃烧造成火灾。

为避免化学反应热引发火灾，涉及以上物质的使用、储存和操作过程应注意采取如下措施：

① 生产加工和储运自燃物质的过程中应避免造成化学反应的条件，如隔绝空气储存等；

② 遇湿易燃物品应隔水储存并应注意防潮、防雨雪等；

③ 氧化剂和可燃物应避免同库储存；

④ 容易产生反应热的物质应避免使用可燃包装材料，且储运过程中应加强通风散热。

第二节 防火控制与隔绝装置

防火控制与隔绝装置的作用是防止外部火焰蹿入有火灾爆炸危险的设备、管道、容器、或阻止火焰在设备或管道间蔓延。主要的防火控制与隔绝装置包括阻火器、安全液封、阻火闸门、火星熄灭器等。

一、阻火器

阻火器的工作原理是使火焰在管中蔓延的速度随着管径的减小而减小，最后达到一个火焰不蔓延的临界直径。

阻火器常用在容易引起火灾爆炸的高热设备和输送可燃气体、易燃液体蒸气的管道之间，以及可燃气体、易燃液体蒸气的排气管上。阻火器有金属网阻火器、砾石阻火器、波纹金属片阻火器等多种形式。

① 金属网阻火器。其结构如图 2-1 所示。金属网阻火器用若干具有一定孔径的金属网把空间分割成许多小孔隙。对一般有机溶剂采用 4 层金属网即可阻止火焰蔓延，通常采用 6~12 层。

② 砾石阻火器。其结构如图 2-2 所示。砾石阻火器使用砂粒、卵石、玻璃球等作为填料，这些阻火介质将阻火器内的空间分隔成许多非直线性小孔隙；当可燃气体发生燃烧时，这些非直线性微孔能有效地阻止火焰蔓延，其阻火效果比金属网阻火器更好。阻火介质直径一般为 3~4mm。

③ 波纹金属片阻火器。其结构如图 2-3 所示。波纹金属片阻火器的壳体由铝合金铸造而成，阻火层由 0.1~0.2mm 厚的不锈钢带压制成波纹形。两波纹带之间加一层同厚度的平带缠绕成圆形阻火层，阻火层上形成许多三角形孔隙，孔隙尺寸为 0.45~1.5mm，其尺寸大小由火焰速度的大小决定。三角形空隙有利于阻止火焰通过，阻火厚度一般不大于 50mm。

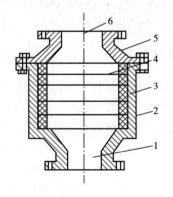

图 2-1　金属网阻火器

1—进口；2—壳体；3—垫圈；
4—金属网；5—上盖；6—出口

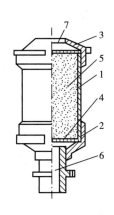

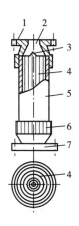

图 2-2　砾石阻火器

1—壳体；2—下盖；3—上盖；4—网格；

5—砂粒；6—进口；7—出口

图 2-3　波纹金属片阻火器

1—上盖；2—出口；3—轴芯；4—波纹金属片；

5—外壳；6—下盖；7—进口

二、安全液封

安全液封的阻火原理是液体封在进出口之间，一旦液封的一侧着火，火焰都将在液封处被熄灭，从而阻止火焰蔓延。安全液封一般安装在气体管道与生产设备或气柜之间。一般用水作为阻火介质。

安全液封的结构形式常用的有敞开式和封闭式两种，其结构如图 2-4 所示。

水封井是安全液封的一种，设置在有可燃气体、易燃液体蒸气或油污的污水管网上，以防止燃烧或爆炸沿管网蔓延。水封井的结构如图 2-5 所示。

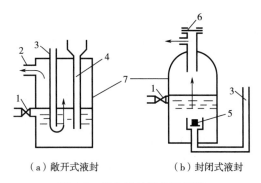

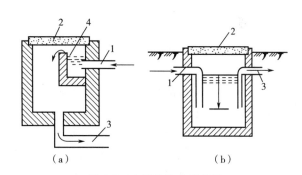

（a）敞开式液封　　　　（b）封闭式液封

图 2-4　安全液封结构示意图

1—验水栓；2—气体出口；3—进气管；

4—安全管；5—单向阀；6—爆破片；7—外壳

（a）　　　　　　　　　　（b）

图 2-5　水封井结构示意图

1—污水进口；2—井盖；

3—污水出口；4—溢水槽

安全水封使用的要求如下。

① 使用安全水封时，应随时注意水位不得低于水位阀门所标定的位置。但水位也不应过高，否则除了可燃气体通过困难外，水还可能随可燃气体一道进入出气管。每次发生火焰倒燃后，都应随时检查水位并补足。安全水封应保持垂直位置。

② 冬季使用安全水封时，在工作完毕后应把水全部排出、洗净，以免冻结。如发现冻

结现象，只能用热水或蒸汽加热解冻，严禁用明火烘烤。为了防冻，可在水中加少量食盐以降低冰点。

③ 使用封闭式安全水封时，由于可燃气体中可能带有黏性杂质，使用一段时间后容易黏附在阀和阀座等处，因此需要经常检查逆止阀的气密性。

三、阻火闸门

阻火闸门是为防止火焰沿通风管道蔓延而设置的阻火装置。如图 2-6 所示为跌落式自动阻火闸门。

正常情况下，阻火闸门受易熔合金元件控制处于开启状态；一旦着火，温度升高，会使易熔金属熔化，此时闸门失去控制，受重力作用自动关闭。也有的阻火闸门是手动的，在遇火警时由人迅速关闭。

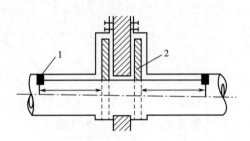

图 2-6　跌落式自动阻火闸门
1—易熔合金元件；2—阻火闸门

图 2-7　火星熄灭器

四、火星熄灭器

火星熄灭器（图 2-7）是一种安装在机动车内燃机排气管路后，允许排气流通过，且阻止排气流内的火焰和火星喷出的安全防火装置，又称防火罩或防火帽。其阻火原理及熄灭火星的方式如下：

① 将带有火星的烟气从小容积引至大容积，降低其流速，从而使火星颗粒沉降下来而不从排烟道飞出。

② 设置障碍，改变烟气流动方向，增加火星的流程，使其沉降或熄灭。

③ 设置格网或叶轮，将较大的火星挡住或分散，以加速火星的熄灭。

④ 在烟道内喷水或水蒸气，使火星熄灭。

第三节　建筑防火安全设计

据有关统计，建筑火灾数量占火灾总数量的 75%，经济损失几乎占总损失的 86%。因此，建筑火灾是火灾防范的重点内容。

《建筑防火通用规范》（GB 55037—2022）对建筑防火的目标与功能、消防救援设施做出了顶层设计。

一、建筑防火安全设计相关知识

1. 建筑分类

通常将供人们生活、学习、工作、居住以及从事生产、活动的房屋称为建筑物，如住宅、厂房等。按照使用性质可以将其分为民用建筑、工业建筑、农业建筑。

① 民用建筑。依据《建筑设计防火规范（2018 年版）》（GB 50016—2014），根据建筑高度和层数可分为单、多层民用建筑与高层民用建筑。高层民用建筑根据其建筑高度、使用功能和楼层的建筑面积可分为一类和二类。民用建筑的分类见表 2-2。

表 2-2　民用建筑分类

名称	高层民用建筑		单、多层民用建筑
	一类	二类	
住宅建筑	建筑高度大于 54m 的住宅建筑	建筑高度大于 27m，但不大于 54m 的住宅建筑	建筑高度不大于 27m 的住宅建筑
公共建筑	1. 建筑高度大于 50m 的公共建筑 2. 建筑高度 24m 以上部分任一楼层建筑面积大于 1000m² 的商店、展览、电信、邮政、财贸金融建筑和其他多种功能组合的建筑 3. 医疗建筑、重要公共建筑、独立建造的老年人照料设施 4. 省级以上的广播电视和防灾指挥调度建筑、网局级和省级电力调度建筑 5. 藏书超过 100 万册的图书馆、书库	除一类高层公共建筑外的其他高层公共建筑	1. 建筑高度大于 24m 的单层公共建筑 2. 建筑高度不大于 24m 的其他公共建筑

民用建筑剖面示意图见二维码 M2-1。

② 工业建筑。主要指生产性的建筑，如主要生产厂房、辅助生产厂房等。

③ 农业建筑。主要指农副产业生产建筑，如暖棚、牲畜饲养场、蚕房、粮仓等。

M2-1　民用建筑
剖面示意图

2. 建筑材料及构件的燃烧性能

燃烧性能是指材料燃烧或遇火时所发生的一切物理和化学变化。

（1）建筑材料燃烧性能

依据《建筑材料及制品燃烧性能分级》（GB 8624—2012），我国建筑材料及制品的燃烧性能分为 A、B_1、B_2、B_3 四个等级，见表 2-3。

表 2-3　建筑材料燃烧性能分级

燃烧性能分级	级别名称	燃烧性能分级	级别名称
A	不燃材料	B_2	可燃材料
B_1	难燃材料	B_3	易燃材料

（2）建筑构件燃烧性能

建筑构件的燃烧性能，是由组成建筑构件材料的燃烧性能决定的。通常，我国按照燃烧性能把建筑构件分为以下三类。

① 不燃性。不燃性构件是指用不燃烧材料做成的构件。这种构件在空气中受到火烧或高温作用时不起火、不微燃、不炭化，如钢屋架，砖墙，钢筋混凝土制成的梁、楼板和柱等构件。

② 难燃性。难燃性构件是指用难燃烧性材料做成的构件，或者用可燃性材料做成而用不燃性材料做保护层的构件。这种构件在空气中受到火烧或高温作用时难起火、难微燃、难炭化，当火源移走后燃烧或微燃立即停止，如经阻燃处理后的胶合板吊顶、木质防火门、木龙骨板条抹灰墙壁等构件。

③ 可燃性。可燃性构件是指用燃烧性材料做成的构件。这种构件在空气中受到火烧或高温作用时立即起火或微燃，且火源移走后仍然保持继续燃烧或微燃，如木柱、木楼板、木屋架、木梁等构件。

3. 建筑构件的耐火极限

对建筑构件按照时间-温度标准曲线进行耐火试验，从受到火的作用时起，到失去承载能力，或完整性，或隔火作用时的这段时间称为其耐火极限，用小时（h）表示。如240mm厚的砖墙，其耐火极限为5h。其中，承载能力是指在标准耐火试验条件下，承重或非承重建筑构件在一定时间内抵抗垮塌的能力；耐火完整性是指在标准耐火试验条件下，当建筑分隔构件某一面受火时，能在一定时间内防止火焰和热气穿透或在背火面出现火焰的能力；耐火隔热性是指在标准耐火试验条件下，当建筑分隔构件某一面受火时，能在一定时间内使其背火面温度不超过规定值的能力。

4. 建筑耐火等级

耐火等级是衡量建筑物耐火程度的分级标准，建筑构件的燃烧性能和耐火极限是确定建筑整体耐火性能的基础。建筑耐火等级是由组成建筑物的墙、柱、楼板、屋顶承重构件和吊顶等主要构件的燃烧性能和耐火极限决定的，共分为四级，一级耐火性能最高，四级最低。

（1）厂房和仓库的耐火等级

厂房和仓库的耐火等级分为一、二、三、四级，相应建筑构件的燃烧性能和耐火极限见表 2-4。

表 2-4　不同耐火等级厂房和仓库建筑构件的燃烧性能和耐火极限　　　单位：h

构件名称		燃烧性能和耐火极限			
		一级	二级	三级	四级
墙	防火墙	不燃性 3.00	不燃性 3.00	不燃性 3.00	难燃性 3.00
	承重墙	不燃性 3.00	不燃性 2.50	不燃性 2.00	难燃性 0.50
	楼梯间和前室的墙 电梯井的墙	不燃性 2.00	不燃性 2.00	不燃性 1.50	难燃性 0.50

构件名称		燃烧性能和耐火极限			
		一级	二级	三级	四级
墙	疏散走道两侧的隔墙	不燃性 1.00	不燃性 1.00	不燃性 0.50	难燃性 0.25
	非承重外墙 房间隔墙	不燃性 0.75	不燃性 0.50	难燃性 0.50	难燃性 0.25
柱		不燃性 3.00	不燃性 2.50	不燃性 2.00	难燃性 0.50
梁		不燃性 2.00	不燃性 1.50	不燃性 1.00	难燃性 0.50
模板		不燃性 1.50	不燃性 1.00	不燃性 0.75	难燃性 0.50
屋顶承重构件		不燃性 1.50	不燃性 1.00	难燃性 0.50	可燃性
疏散楼梯		不燃性 1.50	不燃性 1.00	不燃性 0.75	可燃性
吊顶（包括吊顶格栅）		不燃性 0.25	难燃性 0.25	难燃性 0.15	可燃性

（2）民用建筑的耐火等级

民用建筑的耐火等级也分为一、二、三、四级。不同耐火等级建筑相应构件的燃烧性能和耐火极限见表2-5。

表2-5　不同耐火等级建筑相应构件的燃烧性能和耐火极限　　　　单位：h

构件名称		燃烧性能和耐火极限			
		一级	二级	三级	四级
墙	防火墙	不燃性 3.00	不燃性 3.00	不燃性 3.00	不燃性 3.00
	承重墙	不燃性 3.00	不燃性 2.50	不燃性 2.00	难燃性 0.50
	非承重外墙	不燃性 1.00	不燃性 1.00	不燃性 0.50	可燃性
墙	楼梯间和前室的墙 电梯井的墙 住宅建筑单元之间的墙和 分户墙	不燃性 2.00	不燃性 2.00	不燃性 1.50	难燃性 0.50
	疏散走道两侧的隔墙	不燃性 1.00	不燃性 1.00	不燃性 0.50	难燃性 0.25
	房间隔墙	不燃性 0.75	不燃性 0.50	难燃性 0.50	难燃性 0.25

构件名称	燃烧性能和耐火极限			
	一级	二级	三级	四级
柱	不燃性 3.00	不燃性 2.50	不燃性 2.00	难燃性 0.50
梁	不燃性 2.00	不燃性 1.50	不燃性 1.00	难燃性 0.50
模板	不燃性 1.50	不燃性 1.00	不燃性 0.75	可燃性
屋顶承重构件	不燃性 1.50	不燃性 1.00	难燃性 0.50	可燃性
疏散楼梯	不燃性 1.50	不燃性 1.00	不燃性 0.50	可燃性
吊顶（包括吊顶隔板）	不燃性 0.25	难燃性 0.25	难燃性 0.15	可燃性

二、建筑总平面布局

为了防止火灾蔓延扩大，在区域规划和工厂总平面设计时，应该按照《建筑设计防火规范（2018 年版）》《石油化工企业设计防火标准（2018 年版）》等标准规范的规定慎重考虑，力求满足城市规划和消防安全的要求。

1. 区域规划的基本防火要求

在进行区域规划时，应该根据工业企业的特点，结合周边环境、地形条件以及区域主要风向等条件合理布局。

① 在建筑规划，尤其是工厂、仓库选址时，既要考虑本单位的安全，又要考虑周围临近企业和居民的安全。生产、储存和装卸易燃易爆危险物品的工厂、仓库等必须设置在城市的边缘或者相对独立的安全地带。

② 建筑选址时，要充分考虑地形条件。火灾危险性较大的石油、化工企业等，厂址不应该设在有滑坡、断层、泥石流、严重流沙、淤泥溶洞、地下水位过高以及地基土承载力过低的地域；乙炔站等遇水产生可燃气体、容易发生爆炸的企业，严禁布置在可能被水淹没的地方。

③ 散发可燃气体或蒸气、可燃粉尘的厂房、装置等，宜布置在明火或者散发火花地点全年主导风向的下风向或侧风向。液化石油气储罐区宜布置在本地区全年最小频率风向的上风向；易燃材料堆场宜布置在本地区全年最小频率风向的上风向。

2. 建筑总平面布局的基本防火要求

在进行建筑的总平面布局时，应根据工厂的生产流程及各组成部分的生产特点和火灾危险性，结合地形、风向等条件，按功能分区集中布置。一般规模较大的企业根据实际需要，可划分为生产区、储存区、生产辅助设施区、行政办公和生活福利区等。同一工厂内，应尽量将火灾危险性相同或相近的建筑集中布置，以便于采取措施、安全管理。

3. 建筑防火间距

防火间距是指一座建筑物着火后，火灾不会蔓延到相邻建筑物的空间间隔，即一座建筑物起火后，在一定时间内，相邻建筑物在辐射热的作用下，没有任何保护措施也不会起火的距离。设置防火间距可有效防止建筑物之间的火势蔓延，并可为人员疏散、消防救援及灭火提供有利条件。

(1) 确定防火间距的基本原则

① 考虑火灾热辐射的作用。火灾实例表明，一、二级耐火等级的低层建筑，保持6～10m的防火间距，在有消防队进行扑救的情况下，一般不会蔓延到相邻建筑物。

② 保障灭火救援场地的需要。防火间距需要满足消防车最大工作回转半径的要求，建筑物高度不同，使用的消防车不同，操作场地大小也就不同。低层建筑，普通消防车即可满足需求，而高层建筑还要使用曲臂、云梯等登高消防车。因此，为满足消防车同行、操作等要求，结合实践经验，规定耐火等级为一、二级的高层建筑之间防火间距不应小于13m。

③ 有利于节约土地。通俗来讲，建造高层建筑的目的之一是为了多利用空间、少占用土地，如果设置的防火间距过大，可能会造成土地资源浪费。

(2) 各类建筑物的防火间距

①厂房的防火间距。厂房之间及其与乙、丙、丁、戊类仓库和民用建筑之间的防火间距不应小于表2-6的规定。

表2-6 厂房之间及其与乙、丙、丁、戊类仓库和民用建筑等的防火间距　　单位：m

名称			甲类厂房 单、多层	乙类厂房（仓库） 单、多层		高层	丙、丁、戊类厂房（仓库） 单、多层			高层	民用建筑 裙房，单、多层			高层	
			一、二级	一、二级	三级	一、二级	一、二级	三级	四级	一、二级	一、二级	三级	四级	一类	二类
甲类厂房	单、多层	一、二级	12	12	14	13	12	14	16	13	25			50	
乙类厂房	单、多层	一、二级	12	10	12	13	10	12	14	13					
		三级	14	12	14	15	12	14	16	15					
	高层	一、二级	13	13	15	13	13	15	17	13					
丙类厂房	单、多层	一、二级	12	10	12	13	10	12	14	13	10	12	14	20	15
		三级	14	12	14	15	12	14	16	15	12	14	16	25	20
		四级	16	14	16	17	14	16	18	17	14	16	18		
	高层	一、二级	13	13	15	13	13	15	17	13	13	15	17	20	15

名称			甲类厂房	乙类厂房（仓库）			丙、丁、戊类厂房（仓库）				民用建筑			
			单、多层	单、多层		高层	单、多层			高层	裙房，单、多层			高层
			一、二级	一、二级	三级	一、二级	一、二级	三级	四级	一、二级	一、二级	三级	四级	一类	二类
丁、戊类厂房	单、多层	一、二级	12	10	12	13	10	12	14	13	10	12	14	15	13
		三级	14	12	14	15	12	14	16	15	12	14	16	18	15
		四级	16	14	16	17	14	16	18	17	14	16	18	18	15
	高层	一、二级	13	13	15	13	13	15	17	13	13	15	17	15	13
室外变、配电站	变压器总油量 m/t	$5 \leqslant m \leqslant 10$					12	15	20	12	15	20	25	20	
		$10 < m \leqslant 50$	25	25	25	25	15	20	25	15	20	25	30	25	
		$m > 50$					20	25	30	20	25	30	35	30	

② 仓库的防火间距。甲类仓库之间及其与其他建筑之间的防火间距不应小于表 2-7 的规定；乙、丙、丁、戊类仓库之间及其与民用建筑的防火间距不应小于表 2-8 的规定。

表 2-7 甲类仓库之间及其与其他建筑的防火间距　　　　　　　　单位：m

名称		甲类仓库（储量）			
		甲类储存物品第 3、4 项		甲类储存物品第 1、2、5、6 项	
		≤5t	>5t	≤10t	>10t
高层民用建筑、重要公共建筑		50			
甲类仓库		20	20	20	20
厂房和乙、丙、丁、戊类仓库	一、二级	15	20	12	15
	三级	20	25	15	20
	四级	25	30	20	25

表 2-8 乙、丙、丁、戊类仓库之间及其与民用建筑的防火间距

名称			乙类仓库			丙类仓库				丁、戊类仓库			
			单、多层		高层	单、多层			高层	单、多层			高层
			一、二级	三级	一、二级	一、二级	三级	四级	一、二级	一、二级	三级	四级	一、二级
乙、丙、丁、戊类类仓库	单、多层	一、二级	10	12	13	10	12	14	13	10	12	14	13
		三级	12	14	15	12	14	16	15	12	14	16	15
		四级	14	16	17	14	16	18	17	14	16	18	17
	高层	一、二级	13	15	13	13	15	17	13	13	15	17	13

续表

名称			乙类仓库		丙类仓库				丁、戊类仓库			
			单、多层	高层	单、多层			高层	单、多层			高层
			一、二级	三级	一、二级	一、二级	三级	四级	一、二级	一、二级	三级	四级	一、二级
民用建筑	裙房,单、多层	一、二级	25		10	12	14	13	10	12	14	13
		三级			12	14	16	15	12	14	16	15
		四级			14	16	18	17	14	16	18	17
	高层	一类	50		20	25	25	20	15	18	18	15
		二类			15	20	20	15	13	15	15	13

③ 民用建筑的防火间距。民用建筑之间的防火间距不应小于表 2-9 的规定。

表 2-9　民用建筑之间的防火间距　　　　　　　单位：m

建筑类别		高层民用建筑	裙房和其他民用建筑		
		一、二级	一、二级	三级	四级
高层民用建筑	一、二级	13	9	11	14
裙房和其他民用建筑	一、二级	9	6	7	9
	三级	11	7	8	10
	四级	14	9	10	12

三、防火分隔

在进行建筑总平面设计时，根据建筑物的火灾危险性，合理划分防火分区、防烟分区，设置防火分隔物是保障安全生产的重要措施。

1. 防火分区

采用防火墙、楼板、防火门和防火卷帘等分隔构件划分的，可以在一定时间内将火灾限制在一定的局部区域内从而阻止火势蔓延的局部区域称为防火分区。在建筑物内划分防火分区，可以在发生火灾时，有效地把火势控制在一定范围内，减少火灾损失，并且为人员疏散、消防救援提供有利条件。

（1）防火分区的分类

防火分区按其作用可以分为水平防火分区和竖向防火分区。其中，水平防火分区用以阻止火灾在水平方向的蔓延扩大，采用防火墙、防火门、防火卷帘等防火分隔物进行水平分隔；竖向防火分区用以阻止多层或高层建筑物层与层之间竖向火灾的蔓延，采用楼板、避难层、防火挑檐等防火分隔物进行竖向分隔。

（2）防火分区的划分

建筑物防火分区的划分既要保证其消防安全，也要保障建筑物的正常使用功能。应结合建筑物的使用性质、火灾危险性、建筑物高度、消防扑救能力、火势蔓延速度等因素确定防火分区的面积。不同建筑物防火分区的划分要求不同。

①厂房的防火分区。依据火灾危险性类别，合理确定厂房的层数和建筑面积，可以有效防止火灾蔓延扩大，减少损失。厂房的层数和每个防火分区的最大允许建筑面积应符合表2-10的规定。

表 2-10　厂房的层数和每个防火分区的最大允许建筑面积

火灾危险性类别	厂房耐火等级	最多允许层数	每个防火分区的最大允许建筑面积/m²			
			单层厂房	多层厂房	高层厂房	地下或半地下厂房（包括地下或半地下室）
甲	一级	宜采用单层	4000	3000	—	—
	二级		3000	2000	—	—
乙	一级	不限	5000	4000	2000	—
	二级	6	4000	3000	1500	—
丙	一级	不限	不限	6000	3000	500
	二级	不限	8000	4000	2000	500
	三级	2	3000	2000	—	—
丁	一、二级	不限	不限	不限	4000	1000
	三级	3	4000	2000	—	—
	四级	1	1000	—	—	—
戊	一、二级	不限	不限	不限	6000	1000
	三级	3	5000	3000	—	—
	四级	1	1500	—	—	—

注："—"表示不允许。

②仓库的防火分区。仓库内储存的物品种类和数量都比较大，一旦发生火灾，灭火救援的难度比较大，往往会造成严重的经济损失。因此，除了对仓库的占地面积和每个防火分区的建筑面积进行限制外，仓库防火分区之间的水平分隔必须采用防火墙分隔，不能采用其他分隔方式代替。每座仓库的最大允许占地面积和每个防火分区的最大允许建筑面积应符合表2-11的规定。

表 2-11　仓库的层数和面积

储存物品的火灾危险性类别	耐火等级	最多允许层数	每座仓库的最大允许占地面积和每个防火分区的最大允许建筑面积/m²						
			单层仓库		多层仓库		高层仓库		地下或半地下仓库（包括地下或半地下室）
			每座仓库	防火分区	每座仓库	防火分区	每座仓库	防火分区	防火分区
甲	3、4 项	一级	1	180	60	—	—	—	—	—
	1、2、5、6 项	一、二级	1	750	250	—	—	—	—	—

储存物品的火灾危险性类别		耐火等级	最多允许层数	每座仓库的最大允许占地面积和每个防火分区的最大允许建筑面积/m²						
				单层仓库		多层仓库		高层仓库		地下或半地下仓库（包括地下或半地下室）
				每座仓库	防火分区	每座仓库	防火分区	每座仓库	防火分区	防火分区
乙	1、3、4项	一、二级	3	2000	500	900	300	—	—	—
		三级	1	500	250	—	—	—	—	—
	2、5、6项	一、二级	5	2800	700	1500	500	—	—	—
		三级	1	900	300	—	—	—	—	—
丙	1项	一、二级	5	4000	1000	2800	700	—	—	150
		三级	1	1200	400	—	—	—	—	—
	2项	一、二级	不限	6000	1500	4800	1200	4000	1000	300
		三级	3	2100	700	1200	400	—	—	—
丁		一、二级	不限	不限	3000	不限	1500	4800	1200	500
		三级	3	3000	1000	1500	500	—	—	—
		四级	1	2100	700	—	—	—	—	—
戊		一、二级	不限	不限	不限	不限	2000	6000	1500	1000
		三级	3	3000	1000	2100	700	—	—	—
		四级	1	2100	700	—	—	—	—	—

注："—"表示不允许。

③民用建筑的防火分区。当建筑面积较大时，建筑物内容纳的人员和可燃物的数量也会相应增大，为了减少火灾损失，民用建筑防火分区的面积应该按照建筑物耐火等级的不同给予相应的限制。不同耐火等级民用建筑的防火分区最大允许建筑面积应符合表2-12的规定。

表2-12　不同耐火等级民用建筑的防火分区最大允许建筑面积

名称	耐火等级	防火分区的最大允许建筑面积/m²	备注
高层民用建筑	一、二级	1500	对于体育馆、剧场的观众厅，防火分区的最大允许建筑面积可适当增加
单、多层民用建筑	一、二级	2500	
	三级	1200	
	四级	600	
地下或半地下建筑（室）	一级	500	设备用房的防火分区最大允许建筑面积不应大于1000m²

2. 防烟分区

结合有关统计资料可知,火灾烟气是火灾现场人员死亡的主要原因之一。火灾烟气中含有的 CO、SO_2 等多种有毒成分以及高温缺氧等会对人体造成极大的伤害。同时烟气会导致光强度减弱,使火场人员的能见度下降,从而引起人员心理恐慌。因此,发生火灾时将高温烟气控制在一定区域之内,并迅速排出室外,对保证人员安全疏散、控制烟气蔓延、便于扑灭火灾具有重要作用。

防烟分区是指在设置排烟措施的区域内,用隔墙或其他措施分隔的区域。防烟分区面积的确定既要有利于安全疏散和火灾扑救,又要避免过高的工程造价造成经济浪费。依据《建筑防烟排烟系统技术标准》(GB 51251)等有关标准规范,防烟分区的设置应遵循下列原则。

① 不设排烟设施的房间和走道(包括地下室),不划分防烟分区。

② 设置排烟系统的场所或部位应采用挡烟垂壁、结构梁及隔墙等划分防烟分区。

③ 防烟分区不应跨越防火分区。

④ 当采用自然排烟方式时,储烟仓的厚度不应小于空间净高的 20%,且不应小于 500mm;当采用机械排烟方式时,不应小于空间净高的 10%,且不应小于 500mm。

⑤ 防烟分区一般不跨越楼层,如存在每层建筑面积等情况,可允许包括其他楼层,但以不超过 3 层为宜。

⑥ 对有特殊用途的场所,如地下室、防烟楼梯间、消防电梯等,应单独设置防烟分区。

3. 防火分隔物

具有阻止火势蔓延的作用,能把整个建筑空间划分成若干较小防火空间的建筑构件称为防火分隔物。建筑物防火分区的划分是通过防火分隔物来实现的。常见的防火分隔物包括防火墙、防火门、防火窗、防火卷帘、防火阀等。

(1) 防火墙

防火墙是防止火灾蔓延至相邻区域且耐火极限不低于 3h 的不燃性墙体。防火墙是分隔水平防火分区的主要建筑构件,它可以将火势有效限制在一定区域内,阻止火灾从防火墙的一侧蔓延到另一侧。依据《建筑设计防火规范(2018 年版)》(GB 50016),防火墙的设置应符合下列基本要求:

① 防火墙应直接设置在建筑的基础或框架、梁等承重结构上,框架、梁等承重结构的耐火极限不应低于防火墙的耐火极限。

② 防火墙应从楼地面基层隔断至梁、楼板或屋面板的底面基层。

③ 防火墙上不应开设门、窗、洞口,确需开设时,应设置不可开启或火灾时能自动关闭的甲级防火门、窗。

④ 可燃气体和甲、乙、丙类液体的管道严禁穿过防火墙。防火墙内不应设置排气道。

⑤ 防火墙的构造应能在防火墙任意一侧的屋架、梁、楼板等受到火灾的影响而破坏时,不会导致防火墙倒塌。

(2) 防火门

防火门是指具有一定耐火极限,且发生火灾时能自行关闭的门。按照材质,防火门可以分为木质防火门、钢质防火门、钢木质防火门以及其他材质防火门。按照门扇数量,防火门可以分为单扇防火门、双扇防火门、多扇防火门。按照耐火性能，防火门可以分为隔热防火门（A类）、部分隔热防火门（B类）、非隔热防火门（C类），其中耐火极限低于2h的隔热防火门分为甲级防火门、乙级防火门和丙级防火门三种。

① 甲级防火门，耐火极限不低于1.5h。主要安装于防火分区的防火墙上，此外变压器室、燃油燃气锅炉房等建筑物内附设的一些特殊房间的门也采用甲级防火门。

② 乙级防火门，耐火极限不低于1h。防烟楼梯间和通向前室的门、高层建筑封闭楼梯间的门、消防电梯前室或合用前室的门均应采用乙级防火门。

③ 丙级防火门，耐火极限不低于0.5h。建筑物中的管道井、电缆井等竖向井道的检查门应该采用丙级防火门。

防火门应该具有以下基本防火要求：疏散通道上的防火门应向疏散方向开启，并在关闭后应能从任一侧手动开启；除管井检修门和住宅户门外，防火门应能自动关闭；除允许设置常开防火门的位置外，其他位置的防火门均应采用常闭防火门；防火门关闭后应具有防烟性能。

（3）防火窗

防火窗是采用钢窗扇、钢窗框及防火玻璃制成的，能起到隔离和阻止火势蔓延作用的窗。建筑内的防火墙或防火隔墙上需要观察等部位以及需要防止火灾竖向蔓延的外墙开口部位可设置防火窗。

依据窗框和窗扇框架的主要材料，防火窗可命名为钢质防火窗、木质防火窗、钢木复合防火窗。按其使用功能，防火窗可分为固定式防火窗和活动式防火窗；按其耐火性能，防火窗可分为隔热防火窗（A类）和非隔热防火窗（C类）。其中，耐火极限低于2h的隔热防火窗可分为：甲级防火窗，耐火极限不低于1.5h；乙级防火窗，耐火极限不低于1.0h；丙级防火窗，耐火极限不低于0.5h。

设置在防火墙以及防火隔墙上的防火窗应采用不可开启的窗扇或具有发生火灾时能自行关闭的功能。

（4）防火卷帘

防火卷帘是指在一定时间内，连同框架能满足耐火稳定性和完整性要求的卷帘。防火卷帘一般由帘板、卷轴、电动机、导轨、支架、防护罩和控制机构等组成。它是一种活动的防火分隔物，平时卷起放置于门窗上部的转轴箱内，火灾时可将其放下展开，用以阻止火势从门、窗、洞口蔓延。

防火卷帘主要用于需要进行防火分隔的墙体上因生产、使用等需要开设较大开口而又无法设置防火门时的防火分隔，如中庭与楼梯走道的开口部位，电梯厅、自动扶梯厅周围，生产厂房中大面积工艺洞口以及设置防火墙有困难的部位等。

（5）防火阀

防火阀是在一定时间内能满足耐火稳定性和耐火完整性要求，用于管道内阻火的活动式封闭装置。在有通风、空调系统的建筑物内发生火灾时，通风、空调管道一旦蹿入烟火，将导致火灾大范围蔓延。因此，管道穿越防火墙的部位必须设置防火阀。

正常情况下，防火阀处于开启状态；当发生火灾，管道内烟气温度达到70℃时，易熔合金片熔断，防火阀就会自动关闭。

四、安全疏散

安全疏散是建筑防火中的一项重要内容，是建筑物发生火灾后确保人员生命财产安全的有效措施。安全疏散设计包括确定安全疏散基本参数，合理设置安全疏散和避难设施，如疏散门、疏散指示标志、避难层等，力求为人员的安全疏散创造有利条件。

1. 安全疏散基本参数

(1) 人员密度

人员密度是指每平方米容纳的人数，它是计算建筑物内疏散人数的重要依据。不同用途的建筑物中人员密度不同，比如：办公建筑中普通办公室每人使用面积为 $4m^2$，设计绘图室每人使用面积为 $6m^2$；普通商场建筑的人员密度依据楼层有所不同，地下一层为 0.60 人/m^2，地上一层为 0.43～0.60 人/m^2等；除录像厅外的歌舞娱乐放映游艺场所人口密度一般不小于 0.5 人/m^2等。

(2) 疏散宽度指标

① 百人宽度指标。安全出口的宽度设计不足会严重影响安全疏散效果，依据我国现行规范，安全出口的最小设计宽度可以通过百人宽度指标进行计算。

百人宽度指标是指每百人在允许疏散时间内，以单股人流形式疏散所需的疏散宽度，可以通过式（4-1）来计算。

$$百人宽度疏散指标=\frac{单股人流宽度\times100}{疏散时间\times单股人流通行能力} \tag{4-1}$$

其中，耐火等级为一、二级的建筑物疏散时间控制为 2min，耐火等级为三级的建筑物疏散时间控制为 1.5min；平、坡地面的单股人流通行能力为 43 人/min，阶梯地面为 37 人/min。

② 疏散宽度。为了确保顺利进行安全疏散，除了设置足够的安全出口和适当限制安全距离外，疏散门、疏散走道、疏散楼梯等的宽度必须满足一定要求。建筑物内疏散楼梯、走道、门的净宽度应依据百人宽度指标和其容纳人数经计算得出，并应满足相应最小净宽度的要求。比如，厂房内疏散出口的最小净宽度不宜小于 0.9m，疏散走道的净宽度不宜小于 1.4m，疏散楼梯的最小净宽度不宜小于 1.1m。首层外门的总净宽度应该按该层及以上疏散人数最多一层的人数确定，且该门的最小净宽度不应小于 1.2m。

厂房疏散楼梯、走道和门的净宽度指标见表 2-13。

表 2-13　厂房疏散楼梯、走道和门的净宽度指标

厂房层数	一、二层	三层	四层以上
宽度指标/（m/百人）	0.6	0.8	1.0

(3) 疏散距离指标

安全疏散距离一般是指房间内最远点到房门的疏散距离，或者建筑物内从房门到疏散楼梯间或外部出口的距离。我国规范采用限制安全疏散距离的办法来保证疏散行动时间。影响安全疏散距离的因素包括楼层的实际情况、建筑物的使用性质、耐火等级以及人口密集程度

等。厂房内任一点至最近安全出口的直线距离不应大于表2-14的规定。

表2-14　厂房安全疏散距离　　　　　　单位：m

生产的火灾危险性类别	耐火等级	单层厂房	多层厂房	高层厂房	地下或半地下厂房（包括地下或半地下室）
甲	一、二级	30	25	—	—
乙	一、二级	75	50	30	—
丙	二级	80	60	40	30
丙	三级	60	40	—	—
丁	二级	不限	不限	50	45
丁	三级	60	50	—	—
丁	四级	50	—	—	—
戊	一、二级	不限	不限	75	60
戊	三级	100	75	—	—
戊	四级	60	—	—	—

2. 安全出口

安全出口是供人员安全疏散用的楼梯间、室外楼梯的出入口或直通室内外安全区域的出口。在进行建筑物防火设计时必须设置足够的安全出口，以便能够在发生火灾时迅速、安全地疏散人员。当建筑物内的任一楼层或任一防火分区着火时，其中一个或多个安全出口被烟火阻挡的情况下，仍要保证有其他出口可供安全疏散和救援使用。

安全出口设置的基本要求为：每座建筑或每个防火分区的安全出口数目不应少于2个，且建筑物内每个防火分区或一个分区的每个楼层，每个住宅单元每层相邻2个安全出口以及每个房间相邻两个疏散门最近边缘之间的水平距离不应小于5m。

（1）厂房的安全出口

厂房的安全出口应分散布置。每个防火分区或一个防火分区的每个楼层，其相邻2个安全出口最近边缘之间的水平距离不应小于5m。

厂房内每个防火分区或一个防火分区内的每个楼层，其安全出口的数量应经计算确定，且不应少于2个；当符合下列条件时，可设置1个安全出口：

① 甲类厂房，每层建筑面积不大于100m²，且同一时间的作业人数不超过5人；

② 乙类厂房，每层建筑面积不大于150m²，且同一时间的作业人数不超过10人；

③ 丙类厂房，每层建筑面积不大于250m²，且同一时间的作业人数不超过20人；

④ 丁、戊类厂房，每层建筑面积不大于400m²，且同一时间的作业人数不超过30人；

⑤ 地下或半地下厂房（包括地下或半地下室），每层建筑面积不大于50m²，且同一时间的作业人数不超过15人。

对于地下或半地下厂房（包括地下或半地下室），当有多个防火分区相邻布置，并采用防火墙分隔时，每个防火分区都可利用防火墙上通向相邻防火分区的甲级防火门作为第二安全出口，但每个防火分区都必须至少有 1 个直通室外的独立安全出口。

(2) 仓库的安全出口

每座仓库的安全出口都不应少于 2 个，当一座仓库的占地面积不大于 300m² 时，可设置 1 个安全出口。仓库内每个防火分区通向疏散走道、楼梯或室外的出口都不宜少于 2 个，当防火分区的建筑面积不大于 100m² 时，可设置 1 个出口。通向疏散走道或楼梯的门应为乙级防火门。

地下或半地下仓库（包括地下或半地下室）的安全出口不应少于 2 个，当建筑面积不大于 100m² 时，可设置 1 个安全出口。地下或半地下仓库安全出口的设置要求和地下或半地下厂房要求一致。

3. 疏散出口

疏散出口包括安全出口和疏散门，疏散门是直接通向疏散走道的房间门、直接开向疏散楼梯间的门或室外的门，不包括套间内的隔间门或住宅套内的房间门。疏散门是人员安全疏散的主要出口，应满足以下设置要求：

① 疏散门应向疏散方向开启，但人数不超过 60 人的房间且每樘门的平均疏散人数不超过 30 人时，门的开启方向不限（除甲、乙类生产车间外）。

② 民用建筑及厂房的疏散门应采用向疏散方向开启的平开门，不应采用推拉门、卷帘门、吊门、转门和折叠门。但丙、丁、戊类仓库首层靠墙的外侧可采用推拉门或卷帘门。

③ 当开向疏散楼梯或疏散楼梯间的门完全开启时，不应减小楼梯平台的有效宽度。

④ 人员密集场所内平时需要控制人员随意出入的疏散门和设置门禁系统的住宅、宿舍、公寓建筑的外门，应保证火灾时不需使用钥匙等任何工具即能从内部易于打开，并应在显著位置设置具有使用提示的标志。

⑤ 人员密集的公共场所、观众厅的入场门、疏散出口不应设置门槛，且紧靠门口内外各 1.4m 范围内不应设置台阶，疏散门应为推闩式外开门。

⑥ 高层建筑直通室外的安全出口上方，应设置挑出宽度不小于 1.0m 的防护挑檐。

4. 其他疏散设施

(1) 疏散走道

疏散走道是指发生火灾时，建筑物内人员从火灾现场逃往安全场所的通道。疏散走道的设计应简捷明了、便于人员寻找和辨别，避免布置成 "S" 形、"U" 形或袋形，应保证逃离火场的人员进入疏散走道后能顺利继续通行至楼梯间，到达安全地带。

(2) 避难走道

避难走道是指采用防烟措施且两侧设置耐火极限不低于 3h 的防火隔墙，用于人员安全通行至室外的走道。

(3) 疏散楼梯与楼梯间

当建筑物发生火灾时，人员无法乘坐普通电梯，楼梯就成为了人员疏散、逃生的最主要垂直疏散设施。疏散楼梯间一般包括以下三种：

① 敞开楼梯间，它是低、多层建筑常用的基本形式，使用方便，但是安全可靠程度不大。

② 封闭楼梯间，有墙和门与走道分隔，可防止火灾烟气进入楼梯间，安全性能高于敞

开楼梯间，多用于多层公共建筑的疏散楼梯。

③ 防烟楼梯间，楼梯间入口处设有前室、阳台、凹廊，通向前室、阳台、凹廊、楼梯间的门均为防火门，且楼梯间内设有防排烟设施，可以有效防止火灾烟气进入，多用于高层建筑。

此外，甲、乙、丙类厂房以及建筑高度大于32m且任一层人数超过10人的厂房适宜采用室外疏散楼梯，即建筑外墙上设置全部敞开的室外楼梯，不宜受烟火威胁，放烟效果和经济性都比较好。

(4) 避难层（间）

避难层（间）一般用于超高层建筑（建筑高度超过100m），可作为火灾发生时人员临时避难使用的楼层或房间。

5. 应急照明及疏散指示标志

(1) 应急照明

因正常照明的电源失效而启用的照明称为应急照明，应急照明可以保证人员顺利疏散和消防人员的正常工作。除单、多层住宅外，民用建筑、厂房和丙类仓库的下列部位，都应设置应急照明灯具。

① 封闭楼梯间、防烟楼梯间及其前室、消防电梯间的前室或合用前室和避难层（间）。

② 消防控制室、消防水泵房、自备发电机房、配电室、防烟与排烟机房以及发生火灾时仍需正常工作的其他房间。

③ 观众厅、展览厅、多功能厅和建筑面积超过200m²的营业厅、餐厅、演播室等人员密集的场所。

④ 建筑面积超过100m²的地下、半地下公共活动场所。

⑤ 公共建筑中的疏散走道。

⑥ 人员密集厂房内的生产场所及疏散走道。

(2) 疏散指示标志

以显眼的文字、鲜明的箭头标志指明疏散方向，引导疏散的信号标志，称为疏散指示标志。公共建筑、建筑高度大于54m的住宅建筑，高层厂房（仓库）及甲、乙、丙类单、多层厂房，应沿疏散走道，并在安全出口、人员密集场所的疏散门正上方设置灯光疏散指示标志。此外，歌舞、娱乐、放映、游艺场所等建筑也应在其疏散走道和主要疏散路线的地面上增设能保持视觉连续的灯光疏散指示标志或蓄光疏散指示标志。

五、消防车道的布置

消防车道是供消防车灭火时通行的道路。设置消防车道的目的在于，一旦发生火灾，消防车可顺利到达现场，为及时扑灭火灾创造条件。在进行建筑物平面设计时，必须合理设置消防车道，为消防救援工作创造条件。

1. 消防车道的设置要求

① 街区内的道路应考虑消防车的通行，道路中心线间的距离不宜大于160m。当建筑物沿街道部分的长度大于150m或总长度大于220m时，应设置穿过建筑物的消防车道。确有

困难时，应设置环形消防车道。

②高层民用建筑，超过3000个座位的体育馆，超过2000个座位的会堂，占地面积大于3000m²的商店建筑、展览建筑等单、多层公共建筑应设置环形消防车道，确有困难时，可沿建筑的两个长边设置消防车道；对于高层住宅建筑和山坡地或河道边临空建造的高层民用建筑，可沿建筑的一个长边设置消防车道，但该长边所在建筑立面应为消防车登高操作面。

③工厂、仓库区内应设置消防车道。高层厂房，占地面积大于3000m²的甲、乙、丙类厂房和占地面积大于1500m²的乙、丙类仓库，应设置环形消防车道；确有困难时，应沿建筑物的两个长边设置消防车道。

④有封闭内院或天井的建筑物，当内院或天井的短边长度大于24m时，宜设置进入内院或天井的消防车道；当该建筑物沿街时，应设置连通街道和内院的人行通道（可利用楼梯间），其间距不宜大于80m。

⑤在穿过建筑物或进入建筑物内院的消防车道两侧，不应设置影响消防车通行或人员安全疏散的设施。

⑥可燃材料露天堆场区，液化石油气储罐区，甲、乙、丙类液体储罐区和可燃气体储罐区，应设置消防车道。

2. 消防车道的技术要求

(1) 消防车道的净宽和净高

为保障消防车顺利通行，消防车道的净宽度和净空高度均不应小于4m，消防车道的坡度不宜大于8%。

(2) 消防车道的转弯半径

为便于消防车顺利通行，转弯半径应满足消防车转弯的要求。当前在城市或某些区域内的消防车道，大多数需要利用城市道路或居住小区内的公共道路，而消防车的转弯半径一般均较大，通常为9~12m。因此，无论是专用消防车道还是兼作消防车道的其他道路或公路，均应满足消防车的转弯半径要求。

(3) 回车场

尽头式消防车道应设置回车道或回车场，回车场的面积不应小于12m×12m；对于高层建筑，不宜小于15m×15m；供重型消防车使用时，不宜小于18m×18m。

 事故案例

【案例1】

2017年4月2日，位于安徽省安庆市大观经济开发区的某油品有限公司厂区内发生一起爆燃事故，造成5人死亡，3人受伤，直接经济损失786.6万元。经调查，2016年10月，该油品有限公司将其停产闲置的厂房违法租赁给不具备安全生产条件的江苏省泰兴市某精细化工有限公司，该公司使用从网络查询的生产工艺，未经正规设计，私自改造装置生产医药中间体二羟基丙基茶碱（未烘干前含有25%的乙醇）。2017年4月2日，操作人员在密闭的烘房内粉碎未经干燥完全的二羟基丙基茶碱，开启非防爆粉碎机开关时，产生电火花，引爆二羟基丙基茶碱中挥发出的乙醇与空气形成的爆炸性气体，进一步引燃堆放在粉碎机周边的甲醇、乙醇等易燃危险化学品，导致事故发生。

【案例2】

2008年9月20日23时许，深圳市龙岗区龙岗街道龙东社区某部发生一起特大火灾，经龙岗区消防部门全力扑救，火灾很快被扑灭，事故共造成43人死亡，88人受伤。该俱乐部是一家歌舞厅，事发时，俱乐部内有数百人正在喝酒看歌舞表演。火灾是由于23时许舞台上燃放烟火造成的，起火点位于舞王俱乐部3楼，现场有一条大约10m长的狭窄过道。现场人员逃出时，过道上十分拥挤，造成惨剧。在这起事故中，大部分伤亡人员并不是由火灾造成的，而是没有及时地安全逃生，火灾现场没有疏散指示标志，应急照明灯也都不亮，逃生的人不能明确逃生方向，造成了心理上的恐慌，导致互相踩踏，伤亡惨重。

【案例3】

2000年12月25日晚21时35分，河南省洛阳市老城区东都商厦发生特大火灾事故，26日12时45分大火最终被扑灭。造成309人中毒窒息死亡，7人受伤，直接经济损失275万元。

2000年12月25日20时许，为封闭两个小方孔，东都分店负责人王某（台商）指使该店员工王某和宋某、丁某将一小型电焊机从东都商厦四层抬到地下一层大厅，并安排无焊工资质证书的王某进行电焊作业，未作任何安全防护方面的交代。王某施焊中也没有采取任何防护措施，电焊火花从方孔溅入地下二层可燃物上，引燃地下二层的绒布、海绵床垫、沙发和木质家具等可燃物品。王某等人发现后，用室内消火栓的水枪从方孔向地下二层射水灭火，在不能扑灭的情况下，既未报警也没有通知楼上人员便逃离现场，并订立攻守同盟。正在商厦办公的东都商厦总经理李某某以及为开业准备商品的东都分店员工见势迅速撤离，也未及时报警和通知四层娱乐城人员逃生。随后，火势迅速蔓延，产生的大量一氧化碳、二氧化碳、含氰化合物等有毒烟雾，顺着东北、西北角楼梯间向上蔓延（地下二层大厅东南角楼梯间的门关闭，西南、东北、西北角楼梯间为铁栅栏门，着火后，西南角的铁栅栏门进风，东北、西北角的铁栅栏门过烟不过人）。由于地下一层至三层东北、西北角楼梯与商场采用防火门、防火墙分隔，楼梯间形成烟囱效应，大量有毒高温烟雾以240m/min左右的速度通过楼梯间迅速扩散到四层娱乐城。着火后，东北角的楼梯被烟雾封堵，其余的3部楼梯被上锁的铁栅栏堵住，人员无法通行，仅有少数人员逃到靠外墙的窗户处获救，聚集的大量高温有毒气体导致309人中毒窒息死亡，其中男135人，女174人。

课堂讨论

1. 工业生产中常见的点火源有哪些？应该如何科学控制？
2. 当建筑物之间的防火间距不足时，可以采取哪些措施？
3. 设置防火墙、防火门、防火卷帘等防火分隔物时应该满足哪些要求？
4. 如何利用宽度指标计算建筑的疏散宽度？

1. 与空气接触、受潮、受热易自燃的物品可以隔绝空气储存，通常将黄磷液封于（   ）中，钠液封在（   ）中，二硫化碳用（   ）封存。

2. 根据能量来源方式的不同，点火源可以分为（   ）、（   ）、（   ）、（   ）、（   ）、（   ）、（   ）七种。

3. 主要的防火控制与隔绝装置包括（   ）、（   ）、（   ）、（   ）等。

4. 高层民用建筑根据其建筑高度、使用功能和楼层的建筑面积可分为一类和二类，其中建筑高度大于 27m，但不大于 54m 的住宅建筑属于（   ）高层民用建筑。

5. 建筑构件的耐火极限分为（   ）级，其中，（   ）级最高，（   ）级最低。

6. 防火分区按其作用可以分为（   ）防火分区和（   ）防火分区。

7. 散发可燃气体或蒸气的厂房，宜布置在明火或者散发火花地点全年最小频率风向的（   ）风向。

8. 建筑物防火分区的划分是通过防火分隔物来实现的，常见的防火分隔物包括（   ）、（   ）、（   ）、（   ）等。

9. 安全疏散的基本参数包括（   ）、（   ）、（   ）等。

10. 每座建筑或每个防火分区的安全出口数目不应少于（   ）个。

11. 疏散门应向（   ）方向开启。

12. 为保障消防车顺利通行，消防车道的净宽度和净空高度均不应小于（   ）m，消防车道的坡度不宜大于（   ）。

能力训练

1. 根据所学知识，分析说明发生火灾时为什么不能乘坐普通电梯逃生。

2. 消防技术人员对某企业进行安全检查，发现该企业一丙类生产厂房，每层建筑面积为 265m²，同一时间作业人数为 19 人，该厂房每层仅设置了一个安全出口，试判断其安全出口的设置是否符合要求？

 实训项目2：建筑安全疏散

一、实训目的

安全疏散是建筑防火设计的一项重要内容，对于确保火灾中人员的生命安全具有重要作用。当建筑物发生火灾时，安全疏散是避免室内人员因火烧、缺氧窒息、烟雾中毒和房屋倒塌造成伤亡的重要措施。此外，消防人员也需要借助建筑物内的安全疏散设施来进行灭火救援。通过本次实训，使学生加强对安全疏散有关知识的理解和应用，主要实现以下目标：

1. 掌握安全疏散的基本参数设置；

2. 掌握应急照明和疏散指示标志的设置要求；

3. 能够对建筑物进行基本安全疏散设计。

二、实施内容

1. 学生按学号进行分组，每组进行具体的任务划分，填写任务卡。

2. 以学生所在教学楼或者宿舍楼为例，对建筑物内的基本信息进行调研和考查。

3. 依据所学内容，结合《建筑防火通用规范》（GB 55037—2022）、《建筑设计防火规范（2018 年版）》（GB 50016—2014）有关要求，对选定建筑物的整体安全疏散情况进行检验，编制完成实训报告，并制作 PPT 文件进行讲解展示。实训报告至少应该涵盖以下内容：

（1）建筑物基本情况介绍；

（2）安全出口的设置情况；

（3）安全出口疏散宽度计算；

（4）安全疏散距离核验；

（5）应急照明和疏散指示标志的设置。

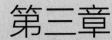第三章

灭火机理及灭火装备

知识目标： 1. 掌握灭火的基本原理。

2. 了解消防给水系统的构成，熟悉室内外消火栓系统的工作原理。

3. 了解火灾自动报警系统的组成、分类及火灾探测器的分类。

4. 掌握灭火器的分类及各类灭火器的适用范围。

5. 掌握自动喷水灭火系统的分类和工作原理，熟悉关键组件。

6. 了解泡沫和气体灭火系统的组成和分类。

能力目标： 1. 能够正确选择并使用灭火器。

2. 具备建筑物内灭火器的配置设计能力。

3. 初步具备启动和管理自动喷水灭火系统的能力。

第一节　灭火机理与灭火剂

一、灭火机理

灭火方法主要包括窒息灭火法、冷却灭火法、隔离灭火法和化学抑制灭火法，这些方法的根本原理是破坏燃烧条件。

1. 窒息灭火法

可燃物的燃烧是氧化作用，需要在最低氧浓度以上才能进行。窒息灭火法即阻止空气进入燃烧区或用惰性气体稀释空气，使燃烧因得不到足够的氧气而熄灭的灭火方法。

运用窒息法灭火时，可考虑选择以下措施：

① 用石棉布、浸湿的棉被、帆布、砂土等不燃或难燃材料覆盖燃烧物或封闭孔洞；

② 将水蒸气、惰性气体通入燃烧区域内；

③ 利用建筑物上原来的门、窗以及生产、储运设备上的盖、阀门等，封闭燃烧区；

④ 在万不得已且条件许可的情况下，采取用水淹没（灌注）的方法灭火。

采用窒息灭火法，必须注意以下几个问题：

① 此法适用于燃烧部位空间较小或容易堵塞封闭的房间、生产及储运设备内发生的火灾，而且燃烧区域内应没有氧化剂存在；

② 在采用水淹方法灭火时，必须考虑水与可燃物质接触后是否会产生不良后果，如会则不能采用；

③ 采用此法时，必须在确认火已熄灭后，方可打开孔洞进行检查，严防因过早打开封闭的房间或设备，导致"死灰复燃"。

2. 冷却灭火法

可燃物一旦达到着火点，即会燃烧或持续燃烧。冷却灭火法即将灭火剂直接喷洒在燃烧着的物体上，将可燃物质的温度降到燃点以下，终止燃烧的灭火方法。也可将灭火剂喷洒在火场附近未燃的易燃物上起冷却作用，防止其受辐射热作用而起火。用水扑灭一般固体火灾，主要是通过冷却作用来实现的。水具有较大的比热容和很高的汽化热，冷却性能很好，是一种常用的灭火剂。

3. 隔离灭火法

在燃烧三要素中，可燃物是燃烧的主要因素。隔离灭火法即将可燃物质与火焰隔离或疏散开，使燃烧因缺少可燃物质而停止。隔离灭火法也是一种常用的灭火方法。这种灭火方法适用于扑救各种固体、液体和气体火灾。

隔离灭火法常用的具体措施有：

① 将可燃、易燃、易爆物质和氧化剂从燃烧区移出至安全地点；

② 关闭阀门，阻止可燃气体、液体流入燃烧区；

③ 用泡沫覆盖已燃烧的易燃液体表面，把燃烧区与液面隔开，阻止可燃蒸气进入燃烧区；

④ 拆除与燃烧物相连的易燃、可燃建筑物；

⑤ 用水流或用爆炸等方法封闭井口，扑救油气井喷火灾。

4. 化学抑制灭火法

有焰燃烧是通过链式反应进行的，化学抑制灭火法是使灭火剂参与到燃烧反应中去，起到抑制反应的作用。具体而言就是使燃烧反应中产生的自由基与灭火剂中的卤素离子相结合，形成稳定分子或低活性的自由基，从而切断氢自由基与氧自由基的连锁反应链，使燃烧停止。

要指出的是，窒息、冷却、隔离灭火法，在灭火过程中，灭火剂不参与燃烧反应，因此属于物理灭火方法；而化学抑制灭火法则属于化学灭火方法。

此外上述四种灭火方法所对应的具体灭火措施是多种多样的，在灭火过程中，应根据可燃物的性质、燃烧特点、火灾大小、火场的具体条件以及消防技术装备性能等实际情况，选择一种或几种灭火方法。一般情况下，综合运用几种灭火法效果较好。

二、灭火剂

灭火剂是能够有效地破坏燃烧条件，终止燃烧的物质。选择灭火剂的基本要求是灭火效能高、使用方便、来源丰富、成本低廉、对人和物基本无害。灭火剂的种类很多，下面介绍常见的几种。

1. 水（水蒸气）

水的来源丰富、取用方便、价格便宜，是最常用的天然灭火剂。它可以单独使用，也可与不同的化学剂组成混合液使用。

(1) 灭火原理

① 冷却作用。水的比热容较大，蒸发潜热达 2257.2kJ/kg。当常温水与炽热的燃烧物接触时，在被加热和汽化过程中，就会大量吸收燃烧物的热量，使燃烧物的温度降低而灭火。

② 窒息作用。在密闭的房间或设备中，此作用比较明显。水汽化成水蒸气，体积能扩大 1700 倍，可稀释燃烧区中的可燃气与氧气，使它们的浓度下降，从而使可燃物因"缺氧"而停止燃烧。

③ 隔离作用。在密集水流的机械冲击作用下，将可燃物与火源分隔开而灭火。此外水对水溶性的可燃气体（蒸气）还有吸收作用，这对灭火也有意义。

(2) 灭火用水的几种形式

① 普通无压力水。用容器盛装，人工浇到燃烧物上。

② 加压密集水流。采用专用设备喷射，灭火效果比普通无压力水好。

③ 雾化水。采用专用设备喷射，因水成雾滴状，吸热量大，灭火效果更好。

④ 细水雾。采用特定压力装置将水分解成滴径为数微米的细水雾，是一种新型灭火技术。

(3) 水灭火剂的优缺点

优点：

① 与其他灭火剂相比，水的比热容及汽化潜热较大，冷却作用明显；

② 价格便宜；

③ 易于远距离输送；

④ 水在化学上呈中性，对人无毒、无害。

缺点：

① 水在 0℃ 会结冰，当泵暂时停止供水时会在管道中形成冰冻造成堵塞；

② 对很多物品如档案、图书、珍贵物品等，有破坏作用；

③ 用水扑救橡胶粉、煤粉等火灾时由于水不能或很难浸透燃烧介质，因而灭火效率很低，必须向水中添加润湿剂才能弥补以上不足。

(4) 水灭火剂的适用范围

除以下情况，都可以考虑用水灭火：

① 忌水性物质，如轻金属、电石等不能用水扑救。因为它们能与水发生化学反应，生成可燃性气体并放热，会扩大火势甚至导致爆炸。

② 不溶于水，且密度比水小的易燃液体。如汽油、煤油等着火时不能用水扑救。但原

油、重油等可用雾状水扑救。

③ 密集水流不能扑救带电设备火灾，也不能扑救可燃性粉尘聚集处的火灾。

④ 不能用密集水流扑救储存大量浓硫酸、浓硝酸场所的火灾，因为水流能引起酸的飞溅、流散，遇可燃物质后，又有引起燃烧的危险。

⑤ 高温设备着火不宜用水扑救，因为这会使金属机械强度受到影响。

⑥ 精密仪器设备、贵重文物档案、图书着火，不宜用水扑救。

2. 泡沫灭火剂

凡能与水相溶，并可通过化学反应或机械方法产生灭火泡沫的灭火药剂都称为泡沫灭火剂。

(1) 泡沫灭火剂分类

根据泡沫生成机理，泡沫灭火剂可以分为化学泡沫灭火剂和空气泡沫灭火剂。

① 化学泡沫是由酸性或碱性物质及泡沫稳定剂相互作用而生成的膜状气泡群，气泡内主要是二氧化碳。化学泡沫虽然具有良好的灭火性能，但由于其设备较为复杂、投资大、维护费用高，近年来多采用灭火简单、操作方便的空气泡沫。

② 空气泡沫又称机械泡沫，是由一定比例的泡沫液、水和空气在泡沫生成器中进行机械混合搅拌而生成的膜状气泡群，泡内一般为空气。

空气泡沫灭火剂按泡沫的发泡倍数，又可分为低倍数泡沫（发泡倍数≤20倍）、中倍数泡沫（发泡倍数为21～200倍）和高倍数泡沫（发泡倍数≥201倍）三类。

(2) 泡沫灭火原理

① 由于泡沫中充填大量气体，相对密度小（0.001～0.5），可漂浮于液体的表面或附着于一般可燃固体表面，形成一个泡沫覆盖层，使燃烧物表面与空气隔绝；同时阻断了火焰的热辐射，阻止燃烧物本身或附近可燃物质的蒸发，起到隔离和窒息作用。

② 泡沫析出的水和其他液体有冷却作用。

③ 泡沫受热蒸发产生的水蒸气可降低燃烧物附近的氧浓度。

(3) 泡沫灭火剂适用范围

泡沫灭火剂主要用于扑救不溶于水的可燃、易燃液体，如石油产品等的火灾；也可用于扑救木材、纤维、橡胶等固体物的火灾。高倍数泡沫可有特殊用途，如消除放射性污染等。因为泡沫灭火剂中含有一定量的水，所以不能用来扑救带电设备及忌水性物质引起的火灾。

3. 二氧化碳及惰性气体灭火剂

(1) 灭火原理

二氧化碳灭火剂在消防工作中有较广泛的应用。二氧化碳是以液态形式加压充装于钢瓶中的，当它从容器中喷出时，由于突然减压，一部分二氧化碳绝热膨胀、汽化，吸收大量的热量，另一部分二氧化碳迅速冷却成雪花状固体（即"干冰"）。"干冰"温度为 $-78.5℃$，喷向着火处时，立即汽化，起到稀释氧浓度的作用，同时又起到冷却作用；而且大量二氧化碳气笼罩在燃烧区域周围，还能起到隔离燃烧物与空气的作用。因此，二氧化碳的灭火效率也较高，当二氧化碳占空气浓度的30%～35%时，燃烧就会停止。

(2) 二氧化碳灭火剂的优点及适用范围

① 不导电、不含水，可用于扑救电气设备和部分忌水性物质的火灾。

② 灭火后不留痕迹，可用于扑救精密仪器、机械设备、图书、档案等火灾。

③ 价格低廉。

(3) 二氧化碳灭火剂的缺点

① 冷却作用较差，不能扑救阴燃火灾，且灭火后火焰有复燃的可能。

② 二氧化碳与碱金属（钾、钠）和碱土金属（镁）在高温下会起化学反应，引起爆炸，如 $2Mg + CO_2 \longrightarrow 2MgO + C$。

③ 二氧化碳膨胀时，能产生静电，可能成为点火源。

④ 二氧化碳能导致救火人员窒息。

⑤ 除二氧化碳外，其他惰性气体如氮气、水蒸气，也可用作灭火剂。

4. 七氟丙烷灭火剂

七氟丙烷灭火剂具有清洁、低毒、良好的电绝缘性、灭火效率高、不破坏大气臭氧层的特点，是用来替代对环境危害的哈龙1301和哈龙1211灭火剂的洁净气体，且效果良好。

(1) 灭火原理

① 七氟丙烷灭火剂是以液态的形式喷射到保护区域内，在喷出喷头时，液态灭火剂迅速转变为气态，需要吸收大量的热量，降低了保护区域及火焰周围的温度。

② 七氟丙烷灭火剂是由大分子组成的，灭火时分子中的键断裂也会吸收热量，起到冷却作用。

③ 七氟丙烷在接触到高温表面或火焰时，分解产生活性自由基，大量捕捉、消耗燃烧链式反应中产生的自由基，破坏和抑制燃烧的链式反应，起到迅速将火焰扑灭的作用。

(2) 七氟丙烷灭火剂的优点及适用范围

① 七氟丙烷灭火剂无色、无味、低毒，无毒性反应浓度为9%，有毒性反应浓度为10.5%。七氟丙烷的设计灭火浓度一般小于10%，对人体安全。

② 具有良好的清洁性，在大气中完全汽化不留残渣。

③ 良好的气相电绝缘性。

④ 适用于以全淹没灭火方式扑救电气火灾、液体火灾或可熔固体火灾、固体表面火灾、灭火前能切断气源的气体火灾。

⑤ 可用于保护计算机房、通信机房、变配电室、精密仪器室、发电机房、油库、化学易燃品库房及图书库、资料库、档案库、金库等场所。

⑥ 灭火速度极快，有利于抢救性保护精密电子设备及贵重物品。

5. 干粉灭火剂

干粉灭火剂是一种干燥的、易于流动的微细固体粉末，由能灭火的基料和防潮剂、流动促进剂、结块防止剂等添加剂组成。灭火时，干粉在气体压力的作用下从容器中喷出，以粉雾的形式灭火。

(1) 干粉灭火剂分类

干粉灭火剂依据其种类及适用范围，主要分为普通、多用途和专用三大类。

普通干粉灭火剂，又称BC干粉灭火剂，主要用于扑救可燃液体、可燃气体及带电设备的火灾。共包括：

① 以碳酸氢钠为基料的小苏打干粉（钠盐干粉）；

② 以碳酸氢钠为基料，又添加增效基料的改性钠盐干粉；

③ 以碳酸氢钾为基料的钾盐干粉；

④ 以硫酸钾为基料的钾盐干粉；

⑤ 以氯化钾为基料的钾盐干粉；

⑥ 以尿素和碳酸氢钾或以碳酸氢钠反应产物为基料的氨基干粉。

多用途干粉灭火剂，又称 ABC 干粉灭火剂，不仅适用于扑救可燃液体、可燃气体及带电设备的火灾，还适用于扑救一般固体火灾。共包括：

① 以磷酸盐为基料的干粉；

② 以硫酸铵与磷酸铵盐的混合物为基料的干粉；

③ 以聚磷酸铵为基料的干粉。

专用干粉灭火剂，又称 D 类专用干粉灭火剂，专门用于扑救钾、钠、镁等金属火灾。共包括：

① 以石墨为基料，添加流动促进剂的干粉；

② 以氯化钠为基料，添加专用添加剂以适用于金属火灾的干粉；

③ 以碳酸氢钠为基料，添加某些结壳物料以适用于金属火灾的干粉。

(2) 灭火原理

干粉灭火剂的灭火原理主要包括化学抑制作用、隔离作用、冷却与窒息作用。

① 化学抑制作用。当粉粒与火焰中产生的自由基接触时，自由基被瞬间吸附在粉粒表面，并发生如下反应：

$$M（粉粒）+OH \cdot \longrightarrow MOH$$
$$MOH+H \cdot \longrightarrow M+H_2O$$

由反应式可以看出，借助粉粒的作用，消耗了燃烧反应中的自由基（OH·和 H·），使自由基的数量急剧减少而导致燃烧反应中断，使火焰熄灭。

② 隔离作用。喷出的粉末覆盖在燃烧物表面上，能构成阻碍燃烧的隔离层。

③ 冷却与窒息作用。粉末在高温下，将放出结晶水或发生分解，这些都属于吸热反应；而分解生成的不活泼气体又可稀释燃烧区内的氧气浓度，起到冷却与窒息作用。

(3) 干粉灭火剂的优缺点与适用范围

优点：

① 干粉灭火剂综合了泡沫、二氧化碳、卤代烷等灭火剂的特点，灭火效率高；

② 化学干粉的物理化学性质稳定，无毒性，不腐蚀、不导电，易于长期储存；

③ 干粉适用温度范围广，能在 $-50 \sim 60℃$ 温度条件下储存与使用；

④ 干粉雾能防止热辐射，因而在大型火灾中，即使不穿隔热服也能进行灭火；

⑤ 干粉可用管道进行输送。

由于干粉具有上述优点，它除了适用于扑救可燃固体、易燃液体、忌水性物质火灾外，也适用于扑救油类、油漆、电气设备的火灾。

缺点：

① 在密闭房间中，使用干粉时会形成强烈的粉雾，且灭火后留有残渣，因而不适于扑救精密仪器设备、旋转电机等的火灾。

② 干粉的冷却作用较弱，不能扑救阴燃火灾，不能迅速降低燃烧物品的表面温度，容易发生复燃。因此，干粉若与泡沫或喷雾水配合使用，效果更佳。

6. 其他

用砂、土等作为覆盖物也可进行灭火，它们覆盖在燃烧物上，主要起到与空气隔离的作用；其次砂、土等也可从燃烧物吸收热量，起到一定的冷却作用。

第二节　消防给水系统

消防给水系统由消防给水水源（市政管网、消防水池、天然水源等）、消防给水设施、管路系统、室内外灭火设备及系统附件组成。消防给水设施可分为：自动给水设施（消防水箱）、主要给水设施（消防水泵）、临时给水设施（水泵接合器）、局部增压设施（消防增稳压设备）。消防给水系统的分类见表 3-1 所示。

表 3-1　消防给水系统分类

分类方式	系统名称	特点
按供水压力分类	高压消防给水系统	最不利消防用水点水压和流量始终能满足灭火要求，火灾时无须消防水泵加压的供水系统
	临时高压消防给水系统	平时最不利消防用水点水压和流量不能满足灭火要求，火灾时启动消防水泵以满足水灭火设施所需的工作压力和流量，如图 3-1 所示
	低压消防给水系统	平时最不利消防用水点水压和流量不能满足灭火要求，能满足车载或手抬移动消防水泵等取水所需的工作压力和流量的供水系统
按供水范围分类	独立消防给水系统	一栋建筑内消防给水系统自成体系、独立工作，即仅为一栋建筑中各类消防用水设施供水的消防给水系统
	区域（集中）消防给水系统	两栋及两栋以上的建筑共用消防给水系统
按供水用途分类	专用消防给水系统	各自独立、互不关联，即仅为消防用水设施供水的系统
	生活、消防共用	生活给水管网与消防给水管网共用
	生产、消防共用	生产给水管网与消防给水管网共用
	生活、生产、消防共用	生活、生产、消防共用系统
按供水位置分类	市政消防给水系统	在城镇范围由市政给水系统向水灭火系统供水，即为市政消火栓、消防水鹤等灭火设施供水的系统
	室外消防给水系统	在建筑物外部进行灭火并向室内消防给水系统供水的消防给水系统
	室内消防给水系统	建筑物内部进行灭火的消防给水系统
按用水设施分类	消火栓灭火系统	由给水设施、消火栓、配水管网和阀门等构成的水灭火系统
	自动喷水灭火系统	以自动喷水灭火系统的喷头等灭火设施构成的灭火系统
按管网形式分类	环状管网消防给水系统	消防给水管网构成闭合环形，双向供水
	枝状管网消防给水系统	消防给水管网似树枝状，单向供水

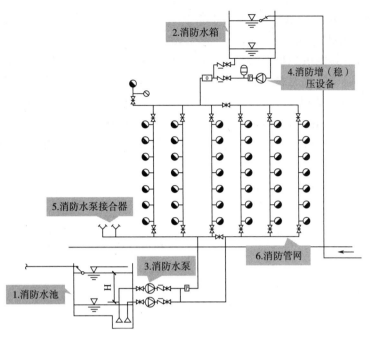

图 3-1　临时高压消防给水系统示意图

一、消防给水设施

1. 消防水池

消防水池是指人工建造的供固定或移动消防水泵吸水的储水设施。当符合下列条件之一时应设置消防水池：

① 当生产、生活用水量达到最大，市政给水管网或入户引入管不能满足室内、室外消防给水设计流量时；

② 当采用一路消防供水或只有一条入户引入管，且室外消火栓设计流量大于 20L/s 或建筑高度大于 50m 时；

③ 市政消防给水设计流量小于建筑室内外消防给水设计流量时。

(1) 设置要求

① 当市政给水管网能保证室外消防给水设计流量时，消防水池的有效容积应满足在火灾延续时间内室内消防用水量的要求；当市政给水管网不能保证室外消防给水设计流量时，消防水池的有效容积应满足火灾延续时间内室内消防用水量和室外消防用水量不足部分之和的要求。

② 消防水池的给水管应根据其有效容积和补水时间确定，补水时间不宜大于 48h，但当消防水池有效总容积大于 2000m³ 时，不应大于 96h。消防水池进水管管径应由计算确定，且不应小于 DN100。

③ 储存室外消防用水的消防水池或供消防车取水的消防水池，应设置取水口（井），且吸水高度不应大于 6m；取水口（井）与建筑物（水泵房除外）的距离不宜小于 15m，与

甲、乙、丙类液体储罐等构筑物的距离不宜小于40m，与液化石油气储罐的距离不宜小于60m（当采取防止辐射热保护措施时，可为40m）。

④ 消防用水与其他用水共用的水池，应采取确保消防用水量不作他用的技术措施。

⑤ 消防水池应设置就地水位显示装置，并应在消防控制中心或值班室等地点设置显示消防水池水位的装置，同时应有最高和最低报警水位；出水管应保证消防水池的有效容积能被全部利用；还应设置溢流水管和排水设施，并应采用间接排水。

⑥ 消防水池应设置通气管，并且通气管、呼吸管和溢流水管应采取防止虫鼠等进入消防水池的技术措施。

(2) 消防水池有效容积的计算

水池的容积分为有效容积（储水容积）和无效容积（附件容积），其总容积为有效容积与无效容积之和。

① 消防水池的有效容积。消防水池的有效容积可按下式进行计算。

$$V_a = (Q_p - Q_b)t$$

式中　V_a——消防水池的有效容积，m^3；

Q_p——消火栓、自动喷水灭火系统的设计流量，m^3/h；

Q_b——在火灾延续时间内可连续补充的流量，m^3/h；

t——火灾延续时间，h。

② 当消防水池采用两路消防供水且在火灾情况下连续补水能满足消防要求时，消防水池的有效容积应根据计算确定，但不应小于100m^3。当仅设有消火栓系统时不应小于50m^3。

③ 消防水池的总蓄水有效容积大于500m^3时，宜设两格能独立使用的消防水池，如图3-2所示；当大于1000m^3时，应设置能独立使用的两座消防水池，如图3-3所示。每格（或座）消防水池都应设置独立的出水管，并应设置满足最低有效水位的连通管，且其管径应能满足消防给水设计流量的要求。

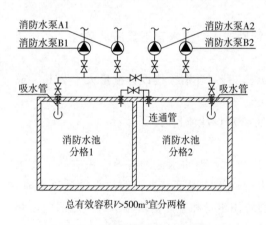

图 3-2　两格消防水池示意图

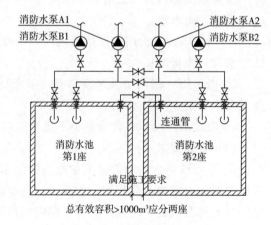

图 3-3　两座消防水池示意图

(3) 高位消防水池

高位消防水池是指设置在高处直接向水灭火设施重力供水的储水设施，通常应用在高压消防给水系统中。高位消防水池的最低有效水位应能满足所服务的水灭火设施所需的工作压力和流量，且其有效容积应能满足火灾延续时间内所需的消防用水量。

设置在建筑物内的消防水池应采用耐火极限不低于 2.00h 的防火隔墙和 1.50h 的楼板与建筑其他部位隔开，并应设置甲级防火门，且应采取防冻措施。

2. 高位消防水箱

高位消防水箱是指设置在高处直接向水灭火设施重力供应初期火灾消防用水量的储水设施，通常应用在采用临时高压消防给水系统的建筑物中。其目的是提供系统启动初期的消防用水量和压力，并利用高位差为系统提供准工作状态下所需的压力。设置高压消防给水系统或仅设置干式消防竖管的建筑物，可不设置消防水箱（图 3-4）。

高位消防水箱最小有效容积及最低静水压力需满足表 3-2 的要求。

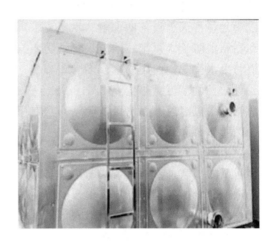

图 3-4　消防水箱示意图

表 3-2　高位消防水箱最小有效容积及最低静水压力

建筑性质		建筑高度 （建筑面积、设计流量）	最小有效容积/m³	最小静水压力/MPa
公共建筑	一类高层公共建筑	＞150m	100	0.15
		＞100m 且≤150m	50	
		≤100m	36	0.1
	多层、二类高层公共建筑	不适用	18	0.07
住宅建筑	高层住宅建筑	＞100m	36	0.07 （所有多层住宅都不宜低于 0.07）
		＞54m 且≤100m	18	
		＞27m 且≤54m	12	
	多层住宅建筑	＞21m 且≤27m	6	
工业建筑		室内消防给水设计流量＞25L/s	18	0.1 （当建筑体积＜20000m³时，不宜低于 0.07）
		室内消防给水设计流量≤25L/s	12	
商店建筑		总建筑面积≥30000m²	50	静水压力参考公共建筑
		总建筑面积＞10000m²且＜30000m²	36	
自动喷水灭火系统等自动水灭火系统应根据喷头灭火需求压力确定				0.1

注：1. 初期火灾消防用水量可不进行计算，直接选用表中值。

2. 商店建筑与公共建筑取消防水箱有效容积不一致时，取最大值。

3. 转输水箱兼作高位水箱时，其容积按转输水箱确定，转输水箱的有效容积不应小于 60m³。

4. 一类建筑由裙房公建和其上的住宅构成时，屋顶水箱容积可按公建部分确定。

3. 消防水泵

消防水泵是通过叶轮的旋转将能量传递给水，从而给水赋能，并将其输送到灭火设备处，以满足各种灭火设备的水量、水压要求，它是消防给水系统的心脏。临时高压消防给水系统和高压消防给水系统中均应设置消防水泵（如消火栓泵、喷淋泵、消防转输泵等）。目前，消防给水系统中使用的水泵多为离心泵，因为该类水泵具有适应范围广、型号多、供水连续、可随意调节流量等优点。

消防水泵机组通常由水泵、驱动器和专用控制柜等组成；一组消防水泵可由同一消防给水系统的工作泵和备用泵组成。

（1）消防泵的串联和并联

消防泵的串联是将一台泵的出水口与另一台泵的吸水管直接连接且两台泵同时运行。串联时流量不变，扬程增加。故当单台消防泵的扬程不能满足最不利点水压要求时，系统可用串联消防泵给水系统。消防泵的串联宜采用相同型号、相同规格的消防泵。在控制上，应先开启前面的消防泵，后开启后面（按水流方向）的消防泵。在有条件的情况下，应尽量选用多级泵。

消防泵的并联是指由两台或两台以上的消防泵同时向消防给水系统供水。并联时扬程不变，流量增加。但需要注意的是，并联时单台消防泵的流量较设计流量有所降低，故在选泵时应适当加大单台消防泵的流量。与串联消防泵一样，消防泵的并联宜采用相同型号和规格的消防泵，以使消防泵的出水压力相等、工作状态稳定。

（2）消防水泵的控制

消防水泵应能手动启停和自动启动，且应确保从接到启泵信号到水泵正常运转的自动启动时间不大于 2min。消防水泵不应设置自动停泵的控制功能，停泵应由具有管理权限的工作人员根据火灾扑救情况确定。

消防水泵应由消防水泵出水干管上设置的压力开关、高位消防水箱出水管上的流量开关，或报警阀压力开关等开关信号直接自动启动。消防水泵房内的压力开关宜引入消防水泵控制柜内。

消火栓按钮不宜作为直接启动消防泵的开关，但可作为发出报警信号的开关或启动干式消火栓系统的快速启闭装置等。可从消防控制柜或控制盘处按下手动启泵按钮启泵，当控制线路发生故障时，亦可从消防水泵控制柜处使用机械应急启泵功能启泵。

4. 增（稳）压设备

临时高压消防给水系统中，若消防水箱设置高度不足，不能满足系统最不利点所需的压力要求时，应设置增（稳）压设备。增（稳）压设备一般由稳压泵、气压罐、管道附件及控制装置等组成。

（1）稳压泵

稳压泵是在消防给水系统中用于稳定平时最不利点水压的给水泵，通常选用小流量、高扬程的水泵。稳压泵也应设置备用泵，通常可按"一用一备"原则选用。通常选用不锈钢材质的单吸单级离心泵或单吸多级离心泵。

稳压泵的工作原理为通过三个压力控制点（p_2、p_3、p_4）分别与压力继电器相连接，用来控制其工作。稳压泵向管网中持续充水时，管网内压力升高；当达到设定的压力值 p_4

（稳压上限）时，稳压泵停止工作。若管网存在渗漏或由于其他原因导致管网压力逐渐下降，当降到设定压力值 p_3（稳压下限）时，稳压泵再次启动。如此周而复始，从而使管网的压力始终保持在 $p_3 \sim p_4$ 之间。若稳压泵启动并持续给管网补水，但管网压力仍继续下降，则可认为有火灾发生，管网内的消防水正在被使用。因此，当压力继续降到设定压力值 p_2（消防主泵启动压力点）时，将联动启动消防主泵，同时稳压泵停止工作。

(2) 气压罐

稳压泵在实际运行中，由于各种原因往往频繁启动，不仅会造成泵的损坏，还会对给水系统管网和消防供电系统不利。因此，稳压泵常与小型气压罐结合使用。当采用气压罐时，其调节容积应根据稳压泵启动次数不大于 15 次/h 计算确定，且有效容积不宜小于 150L。

如图 3-5 所示，在气压罐内设定的 p_1、p_2、p_{s1}、p_{s2} 四个压力控制点中，p_1 为气压罐的最小设计工作压力，p_2 为消防水泵启动压力，p_{s1} 为稳压泵启动压力。当罐内压力为 p_{s2} 时，消防给水管网处于较高工作压力状态，稳压泵和消防水泵均处于停止状态；随着管网渗漏或由其他原因引起的泄压，当罐内压力从 p_{s2} 降至 p_{s1} 时，便自动启动稳压泵，向气压罐补水；直到罐内压力增加到 p_{s2} 时，稳压泵停止工作，从而保证了气压罐内消防储水的常备储存。若建筑发生火灾，随着灭火设备出水，气压罐内储水量减少，压力下降；当压力从 p_{s2} 降至 p_{s1} 时，稳压泵启动，但稳压泵流量较小，其供水全部用于灭火设备，气压罐内的水得不到补充；罐内压力继续下降到 p_2 时，消防泵启动并向管网供水，同时向控制中心报警。此时稳压泵停止运转，消防增（稳）压工作完成。

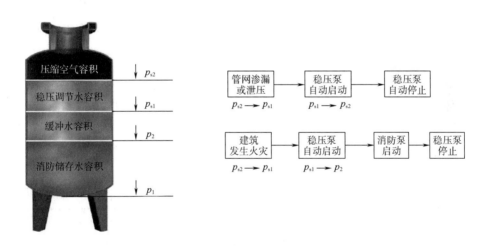

图 3-5　稳压泵与气压罐联合工作原理示意图

p_{s1}—稳压泵启泵压力；p_{s2}—稳压泵停泵压力；p_1—气压罐最小设计工作压力；p_2—消防泵启泵压力

5. 水泵接合器

消防水泵接合器是供消防水车向建筑室内消防给水管网输送消防用水的预留接口。在火灾情况下，当为室内消防给水管网供水的水泵发生故障或室内消防用水不足时，消防车从室外取水通过水泵接合器输送至室内消防给水管网，供灭火使用。它既可用以补充消防用水量，又可用于提高消防给水管网的压力。地上式和墙壁式水泵接合器分别如图 3-6 和图 3-7 所示。

图 3-6　地上式水泵接合器

图 3-7　墙壁式水泵接合器

下列场所的室内消火栓给水系统应设置消防水泵接合器：

① 高层民用建筑；

② 设有消防给水的住宅、超过五层的其他多层民用建筑；

③ 超过 2 层或者建筑面积大于 10000m² 的地下或半地下建筑（室）、室内消火栓设计流量大于 10L/s 平战结合的人防工程；

④ 高层工业建筑和超过四层的多层工业建筑；

⑤ 城市交通隧道。

设置自动喷水灭火系统、水喷雾灭火系统、泡沫灭火系统和固定消防炮灭火系统等水灭火系统的场所，均应设置消防水泵接合器。

6. 消防给水管道

消防给水管道按安装位置可分为室外消防给水管道和室内消防给水管道。室内外消防给水管网均应布置成环状管网，符合 GB 50974—2014 的要求时，可布置成枝状管网。

（1）管道材质

管道材质应根据管道安装类型及系统工作压力来确定，除另有规定外，可参考表 3-3 确定管道材质。

表 3-3　消防给水管道材质的选择

管道类型	系统工作压力	管材选择
埋地管道	$p \leqslant 1.20MPa$	球墨铸铁管、钢丝网骨架塑料复合管
	$1.20MPa < p \leqslant 1.60MPa$	钢丝网骨架塑料复合管、加厚钢管、无缝钢管
	$p > 1.60MPa$	无缝钢管
架空管道	$p \leqslant 1.20MPa$	热浸镀锌钢管
	$1.20MPa < p \leqslant 1.60MPa$	热浸镀锌加厚钢管、热浸镀锌无缝钢管
	$p > 1.60MPa$	热浸镀锌无缝钢管

（2）管道管径

管道的直径应根据系统流量、流速和压力要求计算确定。常见消防给水系统管径最低要求如下：

    ① 市政消火栓系统及市政给水管网不宜小于 $DN150$；

    ② 带有消防水鹤的市政给水管网不应小于 $DN200$；

    ③ 室外消防给水管道不应小于 $DN100$；

    ④ 室内消火栓竖管管径不应小于 $DN100$。

二、室外消火栓系统

室外消火栓是设置在建筑物外面消防给水管网上的供水设施，主要供消防车从市政给水管网或室外消防给水管网取水实施灭火，也可以直接连接水带、水枪出水灭火，是扑救火灾的重要消防设施之一。

1. 系统工作原理

（1）高压消防给水系统

高压消防给水系统管网能够一直保持足够的压力和消防用水量。当火灾发生后，现场人员可取用消防水带和水枪，并将其与消火栓栓口连接，打开消火栓的阀门即可出水灭火。

（2）临时高压消防给水系统

临时高压消防给水系统中设有消防泵，平时管网内压力较低。当火灾发生后，现场人员可取用消防水带和水枪，并将其与消火栓栓口连接，打开消火栓的阀门，通知消防水泵房启动消防水泵，使管网内的压力达到高压给水系统的水压要求，消火栓即可投入使用。当室外采用高压或临时高压给水系统时，宜与室内消防给水系统合用，独立的室外临时高压消防给水系统宜采用稳压泵维持系统的充水和压力。

（3）低压消防给水系统

低压消防给水系统管网内的压力较低，无法满足室外消火栓系统的工作压力要求。当火灾发生后，消防队员打开最近的室外消火栓，将消防车与室外消火栓连接，从室外管网内吸水加入消防车内，然后利用消防车直接加压实施灭火，或者由消防车通过水泵接合器向室内管网内加压供水。

2. 室外消火栓系统的设置场所

    ① 城镇（包括居住区、商业区、开发区、工业区等）应沿可通行消防车的街道设置市政消火栓系统。

    ② 民用建筑、厂房、仓库、储罐（区）和堆场周围应设置室外消火栓系统。但耐火等级不低于二级且建筑体积不大于 $3000m^3$ 的戊类厂房，居住区人数不超过 500 人且建筑层数不超过两层的居住区，可不设置室外消火栓系统。

    ③ 用于消防救援和消防车停靠的屋面上，应设置室外消火栓系统。

    ④ 对于汽车库、修车库、停车场应根据其分类和耐火等级，参考《汽车库、修车库、停车场设计防火规范》决定是否设置室外消火栓系统。

3. 室外消火栓的选型及布置间距

室外消火栓（含市政消火栓）宜采用地上式室外消火栓；在严寒、寒冷等冬季结冰地区宜采用干式地上式室外消火栓，严寒地区宜增置消防水鹤（图 3-8）。当采用地下式室外消火栓时，地下式消火栓井的直径不宜小于 1.5m（图 3-9）；且当地下式室外消火栓的取水口在冰冻线以上时，应采取保温措施。

市政消火栓的保护半径不应超过 150m，布置间距不应大于 120m，消防水鹤的布置间距宜为 1000m；建筑室外消火栓保护半径不应大于 150m，并宜沿建筑周围均匀布置，且不宜集中布置在建筑一侧，消防扑救面一侧的室外消火栓不应少于 2 个；工艺装置区室外消火栓的布置间距不宜大于 60m。

图 3-8　消防水鹤

直径不宜小于 1.5m

图 3-9　地下式消火栓

三、室内消火栓系统

室内消火栓系统是建筑物应用最广泛的一种消防设施，它可以供火灾现场人员使用消火栓箱内的消防水龙、水枪扑救初期火灾，也可供消防队员扑救建筑物的大火。室内消火栓实际上是室内消防给水管网向火场供水的带有专用接口的阀门，其进水端与消防管道相连，出水端与水带相连。

1. 系统工作原理

室内消火栓给水系统的工作原理与系统采用的给水方式有关，通常建筑物室内消防给水系统采用的是临时高压消防给水系统。在临时高压消防给水系统中，系统设有消防泵和高位消防水箱。当火灾发生后，现场人员可以打开消火栓箱，将水带与消火栓栓口连接，打开消火栓的阀门，消火栓即可投入使用。按下消火栓箱内的按钮向消防控制中心报警，同时设在高位水箱出水管上的流量开关和设在消防水泵出水干管上的压力开关，或报警阀压力开关等开关信号应能直接启动消防水泵。在供水的初期，由于消火栓泵的启动需要一定的时间，其初期供水由高位消防水箱来供给。对于消火栓泵的启动，还可由消防泵现场、消防控制中心控制。消火栓泵一旦启动便不得自动停泵，其停泵只能由现场手动控制。

室内消火栓工作流程及其联动控制流程见图 3-10、图 3-11。

2. 室内消火栓系统的设置场所

① 应设置室内消火栓系统的建筑或场所：

a. 建筑占地面积大于 300m² 的厂房和仓库；

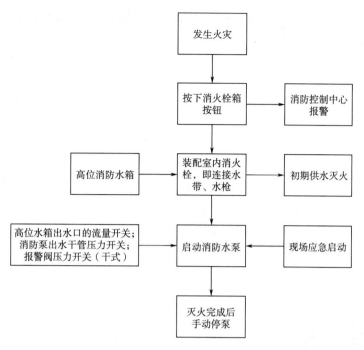

图 3-10　室内消火栓工作流程图

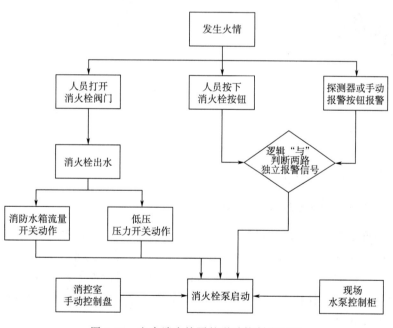

图 3-11　室内消火栓泵的联动控制流程图

b. 高层公共建筑和建筑高度大于 21m 的住宅建筑，但建筑高度不大于 27m 的住宅建筑，设置室内消火栓系统确有困难时，可只设置干式消防竖管和不带消火栓箱的 $DN65$ 室内消火栓；

c. 体积大于 5000m³ 的车站、码头、机场的候车（船、机）建筑、展览建筑、商店建筑、旅馆建筑、医疗建筑、老年人照料设施和图书馆建筑等单、多层建筑；

d. 特等、甲等剧场，超过 800 个座位的其他等级剧场和电影院等以及超过 1200 个座位的礼堂、体育馆等单、多层建筑；

e. 建筑高度大于 15m 或体积大于 10000m³ 的办公建筑、教学建筑和其他单、多层民用建筑。

② 可不设置室内消火栓系统，但宜设置消防软管卷盘（图 3-12）或轻便消防水龙（图 3-13）的建筑或场所：

a. 耐火等级为一、二级且可燃物较少的单、多层丁、戊类厂房（仓库）；

b. 耐火等级为三、四级且建筑体积不大于 3000m³ 的丁类厂房，耐火等级为三、四级且建筑体积不大于 5000m³ 的戊类厂房（仓库）；

c. 粮食仓库、金库、远离城镇且无人值班的独立建筑；

d. 存有与水接触能引起燃烧爆炸物品的建筑；

e. 室内无生产、生活给水管道，室外消防用水取自储水池且建筑体积不大于 5000m³ 的其他建筑。

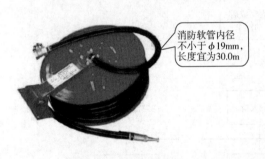

图 3-12　消防软管卷盘

图 3-13　轻便消防水龙

对于汽车库、修车库、停车场应根据其分类和耐火等级，参考《汽车库、修车库、停车场设计防火规范》决定是否设置室内消火栓系统。国家级文物保护单位的重点砖木或木结构的古建筑，宜设置室内消火栓系统。

3. 室内消火栓的系统选择及布置间距

室内环境温度不低于 4℃，且不高于 70℃ 的场所，应采用湿式室内消火栓系统；室内环境温度低于 4℃ 或高于 70℃ 的场所，宜采用干式消火栓系统。对于建筑高度不大于 27m 的多层住宅建筑，当设置湿式室内消火栓系统确有困难时，可设置干式消防竖管，但应在楼梯间、休息平台处设置消火栓栓口，并在建筑首层设置消防车供水接口、竖管顶端设置自动排气阀，以保障其供水能力。

室内消火栓的布置应满足同一平面有 2 支消防水枪的 2 股充实水柱同时达到任何部位的要求，此时室内消火栓的布置间距不应大于 30m；对于建筑高度不大于 24m 且体积不大于 5000m³ 的多层仓库、建筑高度不大于 54m 且每单元设置一部疏散楼梯的住宅，可采用 1 支消防水枪的 1 股充实水柱达到任何部位的布置，此时室内消火栓的布置间距不应大于 50m。

第三节　火灾自动报警系统

火灾探测报警与消防联动控制系统简称为火灾自动报警系统，用以实现火灾早期探测和报警，同时向各类消防设备发送信号和接收反馈信号，进而实现预定的消防功能。

一、火灾探测器

火灾探测器是火灾自动报警系统的基本组成部分之一，它利用有关传感器（热、烟或光等）向控制和指示设备传输信号。根据探测火灾参数的不同，火灾探测器可以分为感温、感烟、感光、气体（图 3-14）和复合五种基本类型。

① 感温火灾探测器。可以响应异常温度、温升速率和温差变化等参数。

② 感烟火灾探测器。可以响应悬浮在空气中的固体或液体微粒的探测器。

③ 感光火灾探测器。可以响应火焰发出的特定波段电磁辐射的探测器，又称火焰探测器。

④ 气体探测器。响应燃烧或热解产生气体的火灾探测器。

⑤ 复合火灾探测器。具有上述两种或两种以上探测功能的火灾探测器，比如烟温复合探测器、红外紫外复合探测器等。

图 3-14　感温、感烟、感光、气体探测器

此外，根据其监视范围的不同，可以分为点型火灾探测器和线型火灾探测器；根据其是否具有复位功能，可以分为复位探测器和不可复位探测器；根据其维修保养时是否拆卸，可以分为可拆卸火灾探测器和不可拆卸火灾探测器。

二、火灾自动报警系统分类

依据《火灾自动报警系统设计规范》（GB 50116—2013），火灾自动报警系统根据其保护对象以及消防安全目标的不同可以分为以下三类：

① 区域报警系统。由火灾探测器、手动火灾报警按钮、火灾声光警报器及火灾报警控制器组成。适用于仅需要报警，不需要联动自动消防设备的保护对象。

② 集中报警系统。由火灾探测器、手动火灾报警按钮、火灾声光警报器、消防应急广播、消防专用电话、消防控制室图形显示装置、火灾报警控制器、消防联动控制器等组成。

适用于不仅需要报警，而且同时需要联动自动消防设备，且只设置一台具有集中控制功能的火灾报警控制器和消防联动控制器的保护对象。

③ 控制中心报警系统。由火灾探测器、手动火灾报警按钮、火灾声光警报器、消防应急广播、消防专用电话、消防控制室图形显示装置、火灾报警控制器、消防联动控制器等组成。适用于设置两个及以上消防控制室或已设置两个及以上集中报警系统的保护对象。

三、火灾自动报警系统组成及工作原理

火灾自动报警系统由火灾探测报警系统、消防联动控制系统、可燃气体探测报警系统及电气火灾监控系统组成。具体组成示意图如图 3-15 所示。

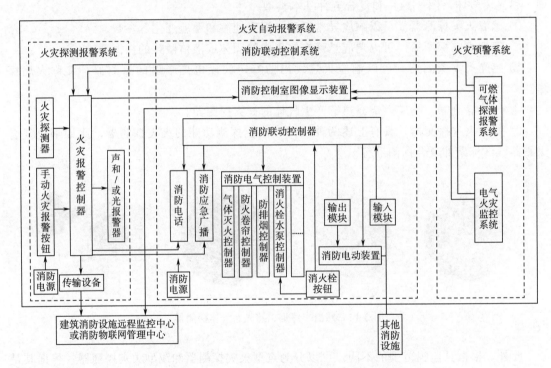

图 3-15　火灾自动报警系统组成示意图

1. 火灾探测报警系统

由火灾报警控制器、触发器件和火灾报警装置等组成，它能及时、准确地探测被保护对象的初起火灾，并做出报警响应。其中，触发器件包括可以自动或手动产生火灾报警信号的火灾探测器和手动火灾报警按钮。火灾报警装置用以发出区别于环境的声、光、音响等火灾报警信号，以警示人们迅速采取疏散和灭火措施。火灾报警控制器是一种最基本的火灾报警装置，它可以为火灾探测器提供稳定的工作电源，监视探测器及系统自身的工作状态，接收、转换、处理火灾探测器输出的报警信号，发出声光警报，指示报警的具体部位及时间等。火灾探测报警系统的工作原理如图 3-16 所示。

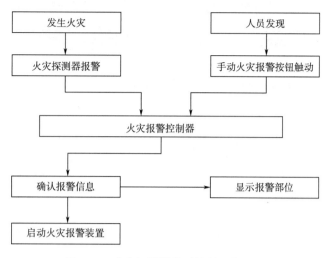

图 3-16　火灾探测报警系统的工作原理

2. 消防联动控制系统

由消防联动控制器、消防控制室图形显示装置、消防电气控制装置（消防水泵控制器、防火卷帘控制器等）、消防电动装置、消防联动模块、消火栓按钮、消防应急广播设备、消防电话等设备和组件组成。火灾发生时，消防联动控制器按照设定的控制逻辑准确发送联动信号给消防泵、防火门等消防设备，使其完成相应的控制功能。当消防设备动作后由联动控制器将动作信号反馈给消防控制室并显示，实现了对消防设施的状态监视功能。消防联动控制系统的工作原理如图 3-17 所示。

3. 可燃气体探测报警系统

该系统由可燃气体报警控制器和可燃气体探测器组成，它是一个独立的子系统，属于火灾预警系统，应独立组成。安装在保护区域现场的可燃气体探测器探测到泄漏可燃气体的浓度信号时，将其转变为电信号并传输至可燃气体报警控制器或直接将报警信息传输到可燃气体报警控制器。可燃气体报警控制器在接收到报警信号或报警信息后，经确认判断，显示泄漏报警探测器的部位并发出泄漏可燃气体浓度信息，记录探测器报警时间；同时驱动安装在保护区现场的声光警报装置，发出声光警报，警示人员采取相应措施。可燃气体探测报警系统的工作原理如图 3-18 所示。

4. 电气火灾监控系统

该系统由电气火灾监控器、电气火灾监控探测器和火灾声光警报器组成，它也是一个独立的子系统，属于火灾预警系统，应独立组成。当发生电气故障时，电气火灾监控探测器会做出报警判断，将报警信息传输至电气火灾监控器。电气火灾监控器接收报警信息后，经确认判断，显示电气故障报警探测器的部位信息，记录探测器报警时间；同时驱动安装在保护区现场的声光警报装置，发出声光警报，警示人员采取相应措施。电气火灾监控系统的工作原理如图 3-19 所示。

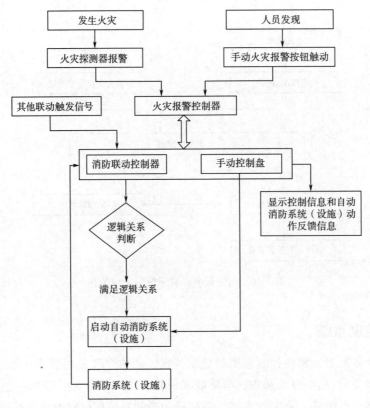

图 3-17　消防联动控制系统的工作原理

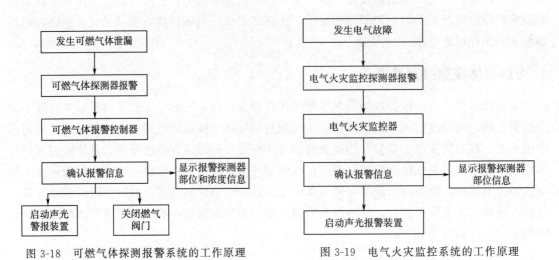

图 3-18　可燃气体探测报警系统的工作原理　　　图 3-19　电气火灾监控系统的工作原理

第四节　灭　火　器

灭火器是一种可携式灭火工具，它由筒体、器头、喷嘴、压力表保险销、虹吸管、密封阀等部件组成，内置灭火剂用于扑救初起火灾。灭火器结构简单、操作便捷、使用广泛，是最常见的消防器材之一。

一、灭火器分类及适用范围

1. 灭火器的分类

充装不同种类灭火剂的灭火器,适用于不同物质的火灾,其结构和使用方法也各不相同。灭火器的种类较多,现行使用的灭火器类型及其分类方式如表 3-4 所示。

表 3-4　灭火器的分类

分类方式	灭火器名称	说明
按其移动方式	手提式灭火器	能在其内部压力作用下,将所装的灭火剂喷出以扑救火灾,并可手提移动的灭火器具。一人独立操作即可实现灭火,是最为常见的灭火器
	推车式灭火器	指装有轮子的可由一人推(或拉)至火场,并能在其内部压力作用下,将所装的灭火剂喷出以扑救火灾的灭火器具。相较手提式灭火器而言,其灭火剂充装量更大,但往往需要两人操作才可喷射出灭火剂
	简易式灭火器	可任意移动的,灭火剂充装量小于 1000mL(或 g)由一只手指开启的,不可重复充装使用的一次性储压式灭火器
按驱动灭火剂的动力来源	储气瓶式灭火器	灭火剂由灭火器的储气瓶释放的压缩气体或液化气体的压力驱动,其特点是外挂一个小型气瓶
	储压式灭火器	灭火剂由储于灭火器同一容器内的压缩气体或灭火剂蒸气压力驱动,较储气瓶式灭火器而言,使用更便捷、安全
按所充装的灭火剂	水基型灭火器	是指内部充入的灭火剂是以水为基础的灭火器。水基型灭火剂一般由水、氟碳催渗剂、碳氢催渗剂、阻燃剂、稳定剂等多组分配合而成,以氮气(或二氧化碳)为驱动气体,是一种高效的灭火剂。常用的水基型灭火器有清水灭火器、水基型泡沫灭火器和水基型水雾灭火器三种
	干粉灭火器	是指利用氮气作为驱动动力,将筒内的干粉喷出灭火的灭火器。干粉灭火剂是用于灭火的干燥且易于流动的微细粉末,由具有灭火效能的无机盐和少量的添加剂经干燥、粉碎、混合而成。它是一种在消防中得到广泛应用的灭火剂,除扑救金属火灾的专用干粉化学灭火剂外,目前国内已经生产的产品有磷酸铵盐、碳酸氢钠、氯化钠、氯化钾干粉灭火剂等
	二氧化碳灭火器	是指充装高压液态二氧化碳,靠自身的压力驱动喷出进行灭火的灭火器
	洁净气体灭火器	是指将洁净气体灭火剂直接加压充装在容器中,使用时,灭火剂从灭火器中排出形成气雾射流射向燃烧物,通过一系列物理化学作用中断燃烧,达到灭火目的的灭火器。洁净气体灭火器主要包括 IG541、七氟丙烷、三氟甲烷等灭火器
按灭火类型	A、B、C、D、E、F	根据灭火器能够扑救的火灾类型进行分类:A 类固体火灾、B 类液体或可熔化固体、C 类气体火灾、D 类金属火灾、E 类带电火灾、F 类烹饪油脂火灾

2. 灭火器的命名

各类灭火器都有特定的型号与标识，我国灭火器的型号是按照《消防产品型号编制方法》（GN 11—82）编制的。它由类、组、特征代号及主要参数组成。例如，型号首位"M"是灭火器本身的类别代号；第二位组代号"F"为干粉灭火剂的代号；第三、四位均为特征代号，"Z"代表储压式，"L"代表磷酸铵盐干粉灭火剂；型号最末一位的阿拉伯数字代表灭火剂质量或容积。如图 3-20 所示，MFZ/L4 含义为 4kg 手提储压式磷酸铵盐干粉灭火器。

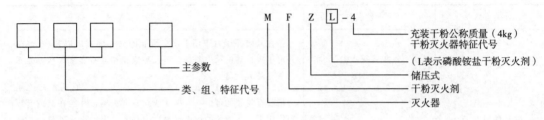

图 3-20　灭火器命名规则

3. 灭火器的适用范围

根据国家标准《火灾分类》（GB/T 4968—2008）按照可燃物的类型和燃烧特性将火灾分为 A、B、C、D、E、F 六类，各种类型的火灾所适用的灭火器依据灭火剂的种类有所不同，具体如表 3-5 所示。

表 3-5　灭火器的适用范围

火灾场所	水型灭火器 （清水 & 水雾）	干粉灭火器		泡沫灭火器	洁净 气体灭火器	二氧化碳 灭火器
		ABC 类	BC 类			
A 类场所	√	√	×	√	√	×
B 类场所	水雾√　清水×	√	√	√	√	√
C 类场所	×	√	√	×	√	√
D 类场所	应选用 D 类专用灭火器					
E 类场所	水雾√　清水×	√	√	√	√	√ （带有金属喇叭筒不适用于 E 类火灾、600V 以上带电火灾不适用）
F 类场所	√	√	√	√	√	×

注：√表示适用；×表示不适用。

二、灭火器配置场所的危险等级

1. 工业建筑

工业建筑灭火器配置场所的危险等级，应根据其生产、使用、储存物品的火灾危险性、可燃物数量，火灾蔓延速度，扑救难易程度等因素，划分为以下三级：

① 严重危险级：火灾危险性大，可燃物多，起火后蔓延迅速，扑救困难，容易造成重大财产损失的场所，一般为甲、乙类厂房或仓库；

② 中危险级：火灾危险性较大，可燃物较多，起火后蔓延较迅速，扑救较难的场所，一般为丙类厂房或仓库；

③ 轻危险级：火灾危险性较小，可燃物较少，起火后蔓延较缓慢，扑救较易的场所，一般为丁、戊类厂房或仓库。

工业建筑灭火器配置场所的危险等级举例见表 3-6。

表 3-6　工业建筑灭火器配置场所的危险等级举例

分类方式	举例	
	厂房和露天、半露天生产装置区	库房和露天、半露天堆场
严重危险级	①闪点＜60℃的油品和有机溶剂的提炼、回收、洗涤部位及其泵房、灌桶间	①化学危险物品库房
	②橡胶制品的涂胶和胶浆部位	②装卸原油或化学危险物品的车站、码头
	③二硫化碳的粗馏、精馏工段及其应用部位	③甲、乙类液体储罐区、桶装库房、堆场
	④甲醇、乙醇、丙酮、丁酮、异丙醇、醋酸乙酯、苯等的合成、精制厂房	④液化石油气储罐区、桶装库房、堆场
	⑤植物油加工厂的浸出厂房	⑤棉花库房及散装堆场
	⑥洗涤剂厂房石蜡裂解部位、冰醋酸裂解厂房	⑥稻草、芦苇、麦秸等堆场
	⑦环氧氯丙烷、苯乙烯厂房或装置区	⑦赛璐珞及其制品、漆布、油布、油纸及其制品、油绸及其制品库房
	⑧液化石油气灌瓶间	⑧酒精为 60 度以上的白酒库房
	⑨天然气、石油伴生气、水煤气或焦炉煤气的净化（如脱硫）厂房压缩机室及鼓风机室	
	⑩乙炔站、氢气站、煤气站、氧气站	
	⑪硝化棉、赛璐珞厂房及其应用部位	
	⑫黄磷、赤磷制备厂房及其应用部位	
	⑬樟脑或松香提炼厂房，焦化厂精萘厂房	
	⑭煤粉厂房和面粉厂房的碾磨部位	
	⑮谷物筒仓工作塔、亚麻厂的除尘器和过滤器室	

分类方式	举例	
	厂房和露天、半露天生产装置区	库房和露天、半露天堆场
严重危险级	⑯氯酸钾厂房及其应用部位	
	⑰发烟硫酸或发烟硝酸浓缩部位	
	⑱高锰酸钾、重铬酸钠厂房	
	⑲过氧化钠、过氧化钾、次氯酸钙厂房	
	⑳各工厂的总控制室、分控制室	
	㉑国家和省级重点工程的施工现场	
	㉒发电厂（站）和电网经营企业的控制室、设备间	
中危险级	①闪点≥60℃的油品和有机溶剂的提炼、回收工段及其抽送泵房	①丙类液体储罐区、桶装库房、堆场
	②柴油、机器油或变压器油灌桶间	②化学、人造纤维及其织物和棉、毛、丝、麻及其织物的库房、堆场
	③润滑油再生部位或沥青加工厂房	③纸、竹、木及其制品的库房、堆场
	④植物油加工精炼部位	④火柴、香烟、糖、茶叶库房
	⑤油浸变压器室和高、低压配电室	⑤中药材库房
	⑥工业用燃油、燃气锅炉房	⑥橡胶、塑料及其制品的库房
	⑦各种电缆廊道	⑦粮食、食品库房、堆场
	⑧油淬火处理车间	⑧电脑、电视机、收录机等电子产品及家用电器库房
	⑨橡胶制品压延、成型和硫化厂房	⑨汽车、大型拖拉机停车库
	⑩木工厂房和竹、藤加工厂房	⑩酒精度小于60度的白酒库房
	⑪针织品厂房和纺织、印染、化纤生产的干燥部位	⑪低温冷库
	⑫服装加工厂房、印染厂成品厂房	
	⑬麻纺厂粗加工厂房、毛涤厂选毛厂房	
	⑭谷物加工厂房	
	⑮卷烟厂的切丝、卷制、包装厂房	
	⑯印刷厂的印刷厂房	
	⑰电视机、收录机装配厂房	
	⑱显像管厂装配工段烧枪间	
	⑲磁带装配厂房	
	⑳泡沫塑料厂的发泡、成型、印片、压花部位	
	㉑饲料加工厂房	
	㉒地市级及以下重点工程的施工现场	

分类方式	举例	
	厂房和露天、半露天生产装置区	库房和露天、半露天堆场
轻危险级	①金属冶炼、铸造、铆焊、热轧、锻造、热处理厂房	①钢材库房、堆场
	②玻璃原料熔化厂房	②水泥库房、堆场
	③陶瓷制品的烘干、烧成厂房	③搪瓷、陶瓷制品库房、堆场
	④酚醛泡沫塑料的加工厂房	④难燃烧或非燃烧的建筑装饰材料库房、堆场
	⑤印染厂的漂炼部位	⑤原木库房、堆场
	⑥化纤厂后加工润湿部位	⑥丁、戊类液体储罐区、桶装库房、堆场
	⑦造纸厂或化纤厂的浆粕蒸煮工段	
	⑧仪表、器械或车辆装配车间	
	⑨不燃液体的泵房和阀门室	
	⑩金属（镁合金除外）冷加工车间	
	⑪氟利昂厂房	

2. 民用建筑

民用建筑灭火器配置场所的危险等级，应根据其使用性质、人员密集程度、用电用火情况、可燃物数量、火灾蔓延速度、扑救难易程度等因素，划分为以下三级：

① 严重危险级：使用性质重要，人员密集，用电用火多，可燃物多，起火后蔓延迅速，扑救困难，容易造成重大财产损失或人员群死群伤的场所；

② 中危险级：使用性质较重要，人员较密集，用电用火较多，可燃物较多，起火后蔓延较迅速，扑救较难的场所；

③ 轻危险级：使用性质一般，人员不密集，用电用火较少，可燃物较少，起火后蔓延较缓慢，扑救较易的场所。

民用建筑灭火器配置场所的危险等级举例见表3-7。

表 3-7　民用建筑灭火器配置场所的危险等级举例

分类方式	举例
严重危险级	①县级及以上文物保护单位、档案馆、博物馆的库房、展览室、阅览室
	②设备贵重或可燃物多的实验室
	③广播电台、电视台的演播室、道具间和发射塔楼
	④专用电子计算机房
	⑤城镇及以上的邮政信函和包裹分拣房、邮袋库、通信枢纽及其电信机房
	⑥客房数在50间以上旅馆、饭店的公共活动用房、多功能厅、厨房
	⑦体育场（馆）、电影院、剧院、会堂、礼堂的舞台及后台部位
	⑧住院床位在50张及以上医院的手术室、理疗室、透视室、心电图室、药房、住院部、门诊部、病历室

分类方式	举例
严重危险级	⑨建筑面积在 2000m² 及以上图书馆、展览馆的珍藏室、阅览室、书库、展览厅
	⑩民用机场的候机厅、安检厅及空管中心、雷达机房
	⑪超高层建筑和一类高层建筑的写字楼、公寓楼
	⑫电影、电视摄影棚
	⑬建筑面积在 1000m² 及以上经营易燃易爆化学物品的商场、商店的库房及铺面
	⑭建筑面积在 200m² 及以上的公共娱乐场所
	⑮老人住宿床位在 50 张及以上的养老院
	⑯幼儿住宿床位在 50 张及以上的托儿所、幼儿园
	⑰学生住宿床位在 100 张及以上的学校集体宿舍
	⑱县级及以上党政机关办公大楼的会议室
	⑲建筑面积在 500m² 及以上车站和码头的候车（船）室、行李房
	⑳城市地下铁道、地下观光隧道
	㉑汽车加油站、加气站
	㉒机动车交易市场（包括旧机动车交易市场）及其展销厅
	㉓民用液化气、天然气灌装站、换瓶站、调压站
中危险级	①县级以下文物保护单位、档案馆、博物馆的库房、展览室、阅览室
	②一般的实验室
	③广播电台、电视台的会议室、资料室
	④设有集中空调、电子计算机、复印机等设备的办公室
	⑤城镇以下的邮政信函和包裹分拣房、邮袋库、通信枢纽及其电信机房
	⑥客房数在 50 间以下旅馆、饭店的公共活动用房、多功能厅和厨房
	⑦体育场（馆）、电影院、剧院、会堂、礼堂的观众厅
	⑧住院床位在 50 张以下医院的手术室、理疗室、透视室、心电图室、药房、住院部、门诊部、病历室
	⑨建筑面积在 2000m² 以下图书馆、展览馆的珍藏室、阅览室、书库、展览厅
	⑩民用机场的检票厅、行李厅
	⑪二类高层建筑的写字楼、公寓楼
	⑫高级住宅、别墅
	⑬建筑面积在 1000m² 以下经营易燃易爆化学物品的商场、商店的库房及铺面
	⑭建筑面积在 200m² 以下的公共娱乐场所
	⑮老人住宿床位在 50 张以下的养老院
	⑯幼儿住宿床位在 50 张以下的托儿所、幼儿园
	⑰学生住宿床位在 100 张以下的学校集体宿舍
	⑱县级以下党政机关办公大楼的会议室
	⑲学校教室、教研室

续表

分类方式	举例
中危险级	⑳建筑面积在 500m² 以下车站和码头的候车（船）室、行李房
	㉑百货楼、超市、综合商场的库房、铺面
	㉒民用燃油、燃气锅炉房
	㉓民用的油浸变压器室和高、低压配电室
轻危险级	①日常用品小卖店及经营难燃烧或非燃烧的建筑装饰材料商店
	②未设集中空调、电子计算机、复印机等设备的普通办公室
	③旅馆、饭店的客房
	④普通住宅
	⑤各类建筑物中以难燃烧或非燃烧的建筑构件分隔的并主要储存难燃烧或非燃烧材料的辅助房间

三、建筑物内灭火器的配置设计

为了合理配置建筑灭火器，有效地扑救工业与民用建筑初起火灾，减少火灾损失，保护人身和财产的安全，国家颁布了《建筑灭火器配置设计规范》（GB 50140—2005），对灭火器的类型选择和配置设计等做出了明确规定。

1. 灭火器的配置要求

① 灭火器应设置在位置明显和便于取用的地点，且不得影响安全疏散。

② 对有视线障碍的灭火器设置点，应设置指示其位置的发光标志。

③ 灭火器的摆放应稳固，其铭牌应朝外。手提式灭火器宜设置在灭火器箱内或挂钩、托架上，其顶部离地面高度不应大于 1.50m；底部离地面高度不宜小于 0.08m。灭火器箱不得上锁。

④ 灭火器不宜设置在潮湿或强腐蚀性的地点。当必须设置时，应有相应的保护措施。灭火器设置在室外时，应有相应的保护措施。

⑤ 灭火器不得设置在超出其使用温度范围的地点。

⑥ 一个计算单元内配置的灭火器数量不得少于 2 具；每个设置点的灭火器数量不宜多于 5 具。

2. 灭火器的选择

灭火器的选择应考虑下列因素：

① 灭火器配置场所的火灾种类。例如，金属（钾、钠）火灾，不能选用水型灭火器扑救；A 类火灾场所不能配置 B、C 类干粉灭火器。

② 灭火器配置场所的危险等级。即根据灭火器配置场所的危险等级和火灾种类等因素，可确定灭火器的保护距离和配置基准，这是着手建筑灭火器配置设计和计算的首要步骤。

③ 灭火器的灭火效能和通用性。例如，对于同一等级为 55B 的标准油盘火灾，需用 7kg 的二氧化碳灭火器才能灭火，且速度较慢；而改用 4kg 的干粉灭火器，不但也能成功灭

火，且其灭火时间较短，灭火速度也快得多。

④ 灭火剂对保护物品的污损程度。例如，对于机房火灾，干粉灭火器灭火后对电子元器件就有污损、腐蚀等作用，而选用气体灭火器则可以避免灭火后对设备的污损、腐蚀。

⑤ 灭火器设置点的环境温度。例如，环境温度过低，则灭火器喷射性能明显降低；环境温度过高，则灭火器内压力剧增，有爆炸伤人的危险。

⑥ 使用灭火器人员的体能。例如，学校、幼儿园、养老院的教室、活动室等民用建筑场所内，中、小规格的手提式灭火器应用较广；而在工业建筑场所的大车间和古建筑场所的大殿内，则可考虑选用大、中规格的手提式灭火器或推车式灭火器。

⑦ 在同一灭火器配置场所，宜选用相同类型和操作方法的灭火器。当同一灭火器配置场所存在不同火灾种类时，应选用通用型灭火器。例如，当在同一灭火器配置场所内存在不同种类的火灾时，通常应选择配置可扑灭 A、B、C、E 多类火灾的磷酸铵盐干粉（俗称 ABC 干粉）灭火器等通用型灭火器。

⑧ 在同一灭火器配置场所，当选用两种或两种以上类型灭火器时，应采用灭火剂相容的灭火器。例如，当同时配置不相容的磷酸铵盐干粉灭火器与碳酸氢钠干粉灭火器时，遇火情两种灭火剂间相互作用，导致灭火效力降低，初期火灾扑救失败。

3. 灭火器的配置设计计算

灭火器配置的计算涉及许多方面，形式多样，但一般可按下列步骤和要求进行设计。

① 确定各灭火器配置场所的火灾种类和危险等级。

② 划分计算单元，计算各单元的保护面积。计算单元应按下列规定划分：

a. 当一个楼层或一个水平防火分区内各场所的危险等级和火灾种类相同时，可将其作为一个计算单元。

b. 当一个楼层或一个水平防火分区内各场所的危险等级和火灾种类不相同时，应将其分别作为不同的计算单元。

c. 同一计算单元不得跨越防火分区和楼层。

③ 计算各单元的最小需配灭火级别。可按下式进行计算：

$$Q = K \frac{S}{U}$$

式中　Q——计算单元的最小需配灭火级别，A 或 B；

　　　S——计算单元的保护面积，m^2；

　　　U——A 类或 B 类火灾场所单位灭火级别最大保护面积，m^2/A 或 m^2/B；

　　　K——修正系数。

火灾场所单位灭火级别的最大保护面积 U 依据火灾危险等级和火灾种类从表 3-8 或表 3-9 中选取。

表 3-8　A 类火灾场所灭火器的最低配置基准

危险等级	严重危险级	中危险级	轻危险级
单具灭火器最小配置灭火级别	3A	2A	1A
单位灭火级别最大保护面积/（m^2/A）	50	75	100

表 3-9　B、C 类火灾场所灭火器的最低配置基准

危险等级	严重危险级	中危险级	轻危险级
单具灭火器最小配置灭火级别	89B	55B	21B
单位灭火级别最大保护面积/（m²/B）	0.5	1	1.5

D 类火灾场所的灭火器最低配置基准应根据金属的种类、物态及其特性等研究确定。

E 类火灾场所的灭火器最低配置基准不应低于该场所内 A 类（或 B 类）火灾的规定。

表 3-8、表 3-9 两个表格在建筑灭火器的配置计算中十分重要，主要有下面 2 个作用：

a. 在计算单元需配灭火级别的时候，A 类或 B 类火灾场所单位灭火级别最大保护面积需要根据火灾场所种类，在对应的表格中选取。

b. 在灭火器具体配置的时候，单具灭火器最小配置灭火级别需要根据火灾场所危险等级，满足表 3-8、表 3-9 的要求。

修正系数 K 应根据表 3-10 的规定来取值。其中灭火系统包括自动喷水灭火系统、水喷雾灭火系统、气体灭火系统等，但不包括水幕系统。

表 3-10　修正系数 K 的取值

计算单元	K	计算单元	K
未设室内消火栓系统和灭火系统	1.0	可燃物露天堆场 甲、乙、丙类液体储罐区 可燃气体储罐区	0.3
设有室内消火栓系统	0.9		
设有灭火系统	0.7		
设有室内消火栓系统和灭火系统	0.5		

歌舞娱乐放映游艺场所、网吧、商场、寺庙以及地下场所等计算单元的最小需配灭火级别应按下式计算：

$$Q = 1.3K \frac{S}{U}$$

④ 确定各单元内灭火器设置点的位置和数量。计算单元中的灭火器设置点数依据火灾的危险等级、灭火器类型（手提式或推车式）按不大于表 3-11 或表 3-12 规定的最大保护距离合理设置，且应保证最不利点至少在 1 具灭火器的保护范围内。

表 3-11　A 类火灾场所的灭火器最大保护距离
单位：m

危险等级	灭火器型式	
	手提式灭火器	推车式灭火器
严重危险级	15	30
中危险级	20	40
轻危险级	25	50

表 3-12　B、C 类火灾场所的灭火器最大保护距离
单位：m

危险等级	灭火器型式	
	手提式灭火器	推车式灭火器
严重危险级	9	18
中危险级	12	24
轻危险级	15	30

D 类火灾场所的灭火器，其最大保护距离应根据具体情况研究确定；E 类火灾场所的灭

火器，其最大保护距离不应低于该场所内 A 类或 B 类火灾的规定。

⑤ 计算每个灭火器设置点的最小需配灭火剂级别。可按下式进行计算：

$$Q_e = \frac{Q}{N}$$

式中　Q_e——计算单元中每个灭火器设置点的最小需配灭火级别，A 或 B；

　　　N——计算单元中的灭火器设置点数，个。

⑥ 确定各单元和每个设置点的灭火器规格与数量。不同充装量的灭火器其灭火级别有所不同（表 3-13、表 3-14），在第⑤步的基础上，查表确定每一设置点的灭火器数量。

表 3-13　手提式灭火器类型、规格和灭火级别

灭火器类型	灭火剂充装量（规格）		灭火器类型规格代码（型号）	灭火级别	
	L	kg		A 类	B 类
水型	3	—	MS/Q3	1A	—
			MS/T3		55B
	6	—	MS/Q6	1A	—
			MS/T6		55B
	9		MS/Q9	2A	—
			MS/T9		89B
泡沫	3	—	MP3、MP/AR3	1A	55B
	4	—	MP4、MP/AR4	1A	55B
	6	—	MP6、MP/AR6	1A	55B
	9	—	MP9、MP/AR9	2A	89B
干粉（BC 类）	—	1	MF1	—	21B
	—	2	MF2	—	21B
	—	3	MF3	—	34B
	—	4	MF4	—	55B
	—	5	MF5	—	89B
	—	6	MF6	—	89B
	—	8	MF8	—	144B
	—	10	MF10	—	144B
干粉（ABC 类）	—	1	MF/ABC1	1A	21B
	—	2	MF/ABC2	1A	21B
	—	3	MF/ABC3	2A	34B
	—	4	MF/ABC4	2A	55B
	—	5	MF/ABC5	3A	89B
	—	6	MF/ABC6	3A	89B

灭火器类型	灭火剂充装量（规格）		灭火器类型规格代码（型号）	灭火级别	
	L	kg		A 类	B 类
干粉（ABC 类）	—	8	MF/ABC8	4A	144B
	—	10	MF/ABC10	6A	144B
二氧化碳	—	2	MT2	—	21B
	—	3	MT3	—	21B
	—	5	MT5	—	34B
	—	7	MT7	—	55B

表 3-14　推车式灭火器类型、规格和灭火级别

灭火器类型	灭火剂充装量（规格）		灭火器类型规格代码（型号）	灭火级别	
	L	kg		A 类	B 类
水型	20		MST20	4A	—
	45		MST40	4A	—
	60		MST60	4A	—
	125		MST125	6A	—
泡沫	20		MPT20、MPT/AR20	4A	113B
	45		MPT40、MPT/AR40	4A	144B
	60		MPT60、MPT/AR60	4A	233B
	125		MPT125 MPT/AR125	6A	297B
干粉（BC 类）	—	20	MFT20	—	183B
	—	50	MFT50	—	297B
	—	100	MFT100	—	297B
	—	125	MFT125	—	297B
干粉（ABC 类）	—	20	MFT/ABC20	6A	183B
	—	50	MFT/ABC50	8A	297B
	—	100	MFT/ABC100	10A	297B
	—	125	MFT/ABC125	10A	297B
二氧化碳		10	MTT10	—	55B
	—	20	MTT20		70B
	—	30	MTT30	—	113B
	—	50	MTT50	—	183B

4. 灭火器的配置设计计算例题

某歌舞厅为严重危险级保护场所，面积为 32m×20m，设置了室内消火栓，拟配置 MFZ/ABC5 型灭火器，试确定该场所所需灭火器的数量。

解 ① 确定灭火器配置场所的火灾种类和危险等级。由题意知，该场所为严重危险级，有 E 类火灾和 A 类火灾的特点。

② 划分计算单元，计算各计算单元的保护面积。由题意知，该场所面积为 32m× 20m＝640m²，将 640m² 划分为一个计算单元，该计算单元的保护面积为 640m²。

③ 计算计算单元的最小需配灭火级别。由题意知，本场所属于歌舞娱乐放映游艺场所，计算单元的最小需配灭火级别计算公式为 $Q=1.3KS/U$。式中，Q 为计算单元的最小需配灭火级别，A 或 B；S 为计算单元的保护面积，m²，由前解知，$S=640m²$；U 为 A 类或 B 类火灾场所单位灭火级别最大保护面积，m²/A 或 m²/B，查表 3-8，确定严重危险级 A 类火灾场所单位灭火级别最大保护面积 50m²/A；K 为修正系数，查表 3-10，由题意知，设置室内消火栓时，$K=0.9$。则 $Q=1.3KS/U=1.3×0.9×640÷50=14.98$（A）＝15A。

④ 确定各计算单元中的灭火器设置点位置和数量。查表 3-11，A 类火灾场所严重危险级手提式灭火器最大保护距离为 15m，拟定灭火器设置点 3 个。

⑤ 计算每个灭火器设置点的最小需配灭火级别。计算单元中每个灭火器设置点的最小需配灭火级别计算公式为 $Q_e=Q/N$。式中，Q_e 为计算单元中每个灭火器设置点的最小需配灭火级别，A 或 B；N 为计算单元中的灭火器设置点数，个，已知 $N=3$；Q 为计算单元的最小需配灭火级别，由前解知，$Q=15A$。则 $Q_e=Q/N=15/3=5$（A）。

⑥ 确定每个设置点灭火器的类型、规格与数量。查表 3-13，MF/ABC5 磷酸铵盐干粉灭火器灭火级别为 3A，每个设置点放置 2 具，每个设置点的灭火级别为 6A，3 个灭火器设置点为 3×6＝18A≥15A，满足设计要求。

第五节　自动喷水灭火系统

依据《建筑设计防火规范（2018 年版）》（GB 50016—2014）第 8.3.1～8.3.4 条，除另有规定和不宜用水保护或灭火的场所外，危险性较大的厂房或生产部位，仓库，高层公共建筑，高层民用建筑内的歌舞娱乐放映游艺场所，建筑高度大于 100m 的住宅建筑，建筑面积超过一定规模或火灾危险性较大的单、多层民用建筑或场所应设置自动灭火系统，并宜采用自动喷水灭火系统。

自动喷水灭火系统由洒水喷头、报警阀组等部件以及管道、供水设施组成，是在发生火灾时能自动喷水的灭火系统。根据选用的喷头形式及系统用途和配置方式，自动喷水灭火系统的分类如图 3-21 所示。

其中，湿式自动喷水灭火系统、干式自动喷水灭火系统、预作用自动喷水灭火系统、雨淋系统是目前采用较多的自动喷水灭火系统。

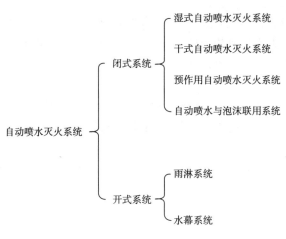

图 3-21　自动喷水灭火系统分类

一、湿式自动喷水灭火系统

1. 系统组成

　　湿式自动喷水灭火系统（以下简称湿式系统），是自动喷水灭火系统的基本类型和典型代表，也是应用最为广泛的自动喷水灭火系统之一。其实物构成如图 3-22 所示。湿式系统的主要组件包括以下几种。

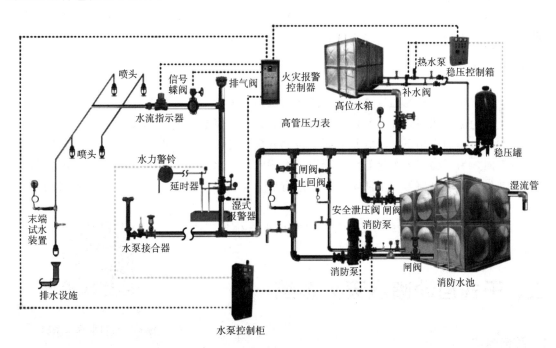

图 3-22　湿式系统实物构成图

（1）闭式喷头

闭式喷头是具有释放机构的洒水喷头，由玻璃球、易熔元件、密封件等零件组成。平时，闭式喷头的出水口由释放机构封闭；当发生火灾时，火场温度不断升高，当达到公称动作温度时，玻璃球破裂或易熔元件熔化，喷头开启喷水。

（2）末端试水装置

末端试水装置设置于系统报警阀组控制的最不利点处，由试水阀、压力表以及试水接头等组成。其主要作用为检验系统的可靠性、测试干式系统和预作用系统的管道冲水时间。

（3）水流指示器

水流指示器是将水流信号转换为电信号的一种水流报警装置，它能及时报告发生火灾的部位。在设置闭式自动喷水灭火系统的建筑物内，每个防火分区和每个楼层均应该设置水流指示器。

（4）湿式报警阀组

湿式报警阀是湿式系统的专用阀门，它是只允许水流入系统，并在规定压力、流量下驱动配套部件报警的一种单向阀门，其主要元件为止回阀。

准工作状态下，湿式报警阀瓣上下两侧水流压力平衡，阀瓣坐落在阀座上，处于关闭状态。当水源压力出现轻微波动时，可通过补偿器使上、下腔压力保持一致；当闭式喷头喷水灭火时，补偿器来不及补水，阀瓣上面压力急剧降低，阀瓣开启，湿式报警阀动作。

湿式报警阀组包括以下三个阀组配件：

延迟器——延误报警时间，防止误报；

水力警铃——水流冲击发出声响警报；

压力开关——发出信号启泵或电动报警。

（5）压力开关

压力开关是一种压力传感器，可以将系统的压力信号转化为电信号。当压力开关受到水压作用后接通电触点，能够自动启动报警阀和消防水泵。

2. 工作原理

发生火灾时，在火场温度作用下，闭式喷头热敏元件动作，喷头开启，喷水灭火。管中水由静止变为流动状态，冲击水流指示器叶片，其动作发送电信号，报警控制器上显示着火位置。在压力差的作用下，湿式报警阀会自动开启，此时，压力水一路通过湿式报警阀流向系统侧管网，另一路流入报警管路，延迟器充满水后，水流冲击水力警铃发出声响警报，压力开关动作发送启泵信号。消防水泵投入运行后，完成系统启动过程。湿式系统的工作原理如图 3-23 所示。

防患于未"燃"——探究湿式自动喷水灭火系统见二维码 M3-1。

M3-1 防患于未"燃"——探究湿式自动喷水灭火系统

二、干式自动喷水灭火系统

1. 系统组成

干式自动喷水灭火系统（以下简称干式系统）报警阀出口后的管道内充满有压气体（通

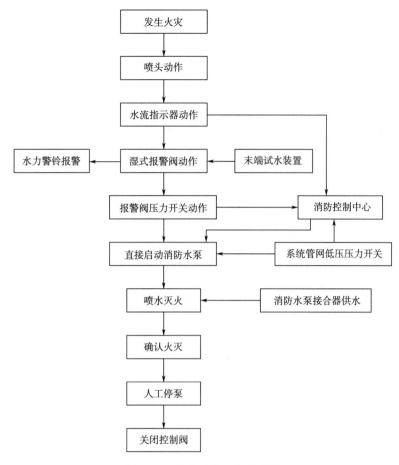

图 3-23　湿式系统工作原理图

常为压缩空气），其结构组成和主要组件除排气阀和干式报警阀外，和湿式系统基本一致。

（1）排气阀

排气阀安装于配水管路，其主要作用是排空管道内的空气，同时可以防止由于管路中存在空气造成水压波动而引起误报。

（2）干式报警阀组

干式报警阀组是干式系统的专用阀门，它用来隔开配水管路中的空气和供水管路中的压力水，使配水管路始终保持干管状态。准工作状态下，阀瓣闭合于两个同心的水、气密封阀座上，通过两侧气压和水压的压力变化控制阀瓣的封闭和开启。当闭式喷头动作后，配水管路压力降低，阀瓣打开，干式报警阀动作。

干式报警阀组的阀门配件包括水力警铃和压力开关。

2. 作用原理

发生火灾时，在火场温度作用下，闭式喷头热敏元件动作，喷头开启，干式报警阀出口侧压力降低，排气阀动作后使干式报警阀迅速开启，系统开始排气充水。此时，通往水力警铃和压力开关的通道被打开，水流冲击水力警铃发出声响警报，压力开关动作输出启泵信号，启动消防水泵。干式系统的工作原理如图 3-24 所示。

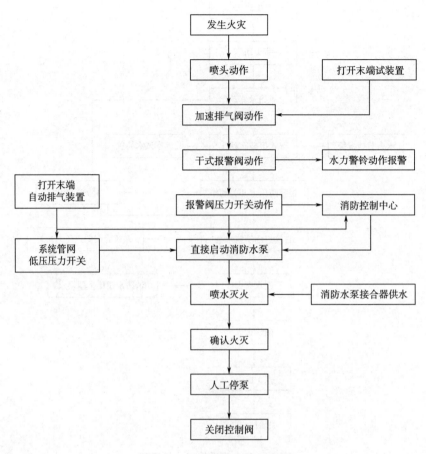

图 3-24　干式系统工作原理图

三、预作用自动喷水灭火系统

1. 系统组成

　　预作用自动喷水灭火系统（以下简称预作用系统）在准工作状态下，配水管路内不充水，由火灾自动报警系统自动开启雨淋阀后，转换为湿式系统。预作用系统的结构组成和湿式系统、干式系统的不同之处在于采用了预作用报警阀组，并配套设置了火灾自动报警系统。

　　预作用报警阀组由湿式报警阀和雨淋阀上下串联而成，雨淋阀位于供水侧（雨淋阀启动方式见"雨淋系统"），湿式报警阀位于配水侧。预作用报警阀组可以通过电动、气动、机械或其他方式开启，阀组开启后，水流从供水侧管路单向流入配水侧管路，同时进行报警。

2. 作用原理

　　发生火灾时，火灾自动报警系统首先发出火灾报警信号，报警控制器显示报警信息的同时自动开启雨淋阀，配水管道开始排气充水，使系统在闭式喷头动作前转换成湿式系统，后续动作与湿式系统相同。预作用系统的工作原理如图 3-25 所示。

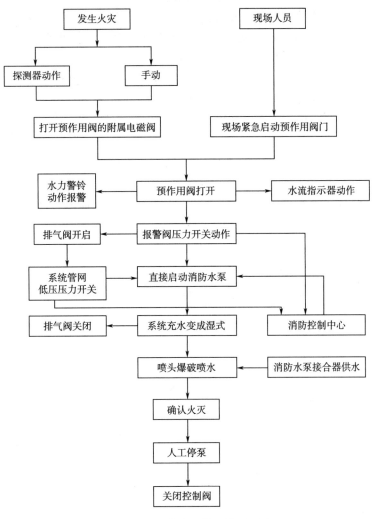

图 3-25　预作用系统工作原理图

四、雨淋系统

1. 系统组成

雨淋系统与前述几种系统的不同之处在于，雨淋系统采用开式喷头，由雨淋阀控制喷水范围，由配套的火灾探测器或传动管启动雨淋阀。

（1）开式喷头

开式喷头没有释放机构，喷口呈常开状态，直接和空气相连通。

（2）雨淋报警阀组

雨淋阀是水流控制阀，可以通过电动、传动管启动以及机械方式开启。雨淋阀内部分为上腔、下腔和控制腔三部分。其中，上腔连通配水管路，下腔和控制腔连通供水管路。供水管路中的压力水推动控制腔中的膜片把阀瓣锁定在阀座上，从而使下腔的压力水不能进入上腔。当控制腔泄压时，阀瓣开启，水流进入配水管路。

雨淋阀可通过以下两种方式自动开启：

① 电动启动。装于配水管路的火灾自动报警系统动作，火灾报警控制器发出指令打开连通控制腔的电磁阀，使控制腔泄压，雨淋阀开启。

② 传动管启动。采用传动管启动的雨淋阀通过传动管连接控制腔和若干闭式喷头，传动管内可充装有压气体或水。当火场温度达到闭式喷头的公称动作温度时，喷头爆裂，传动管内物质泄放，控制腔泄压，雨淋阀开启。

2. 作用原理

发生火灾时，由火灾自动报警系统或传动管自动控制开启雨淋报警阀组及消防水泵，向配水管路供水，同时开式喷头开始喷水。雨淋系统的工作原理如图 3-26 所示。

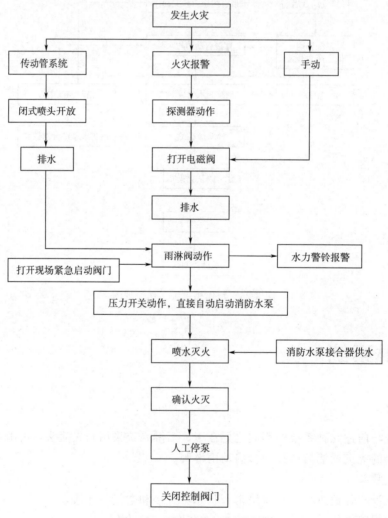

图 3-26　雨淋系统工作原理图

依据系统构成特点，上述四种自动喷水灭火系统的适用范围如表 3-15 所示。

表 3-15 常用自动喷水灭火系统适用范围

类型	适用范围
湿式系统	环境温度不低于 4℃且不高于 70℃的场所
干式系统	环境温度低于 4℃或高于 70℃的场所
预作用系统	严禁漏水、严禁勿喷的场所；干式系统喷水滞后，需要替代的场所
雨淋系统	火灾水平蔓延速度快，需大面积喷水、快速扑灭火灾的特别危险场所

第六节　其他灭火系统

现代建筑自动灭火系统种类多、使用普遍，常见的有自动喷水灭火系统、水喷雾灭火系统、细水雾灭火系统、泡沫灭火系统、气体灭火系统、干粉灭火系统等。其中，细水雾灭火系统与水喷雾灭火系统、干粉灭火系统与气体灭火系统在系统组件和工作原理上存在诸多相似，故本节仅介绍水喷雾、泡沫和气体灭火系统。

一、水喷雾灭火系统

水喷雾灭火系统是通过改变水的物理状态，利用水雾喷头使水从连续的洒水状态转变为不连续的细小水雾滴喷射出来，此时断续的水滴具有较高的电绝缘性能和良好的灭火性能。水喷雾的灭火机理主要是表面冷却、窒息、乳化和稀释作用，当水雾滴喷射到燃烧物质表面时通常是几种作用同时发生并实现灭火的。

1. 系统分类

水喷雾灭火系统是利用专门设计的水雾喷头，在水雾喷头的工作压力下，将水流分解成粒径不超过 1mm 的细小水雾滴进行灭火或防护冷却的一种固定式灭火系统。水喷雾灭火系统按防护目的、启动方式和应用方式的分类见表 3-16。

表 3-16 水喷雾灭火系统的分类

分类方式	系统名称	特点
按防护目的分类	灭火 水喷雾灭火系统	以灭火为目的的水喷雾灭火系统，主要应用在固体火灾、可燃液体火灾和电气火灾等场所
	防护冷却 水喷雾灭火系统	以防护冷却为目的的水喷雾灭火系统，主要应用在可燃气体和甲、乙、丙类液体的生产、储存、装卸、使用设施和装置以及火灾危险性大的化工装置和管道的冷却防护
按启动方式分类	电动启动 水喷雾灭火系统	通过传统的火灾报警系统探测火灾，当有火情发生时，由火灾报警控制器打开雨淋阀，同时启动水泵，喷水灭火
	传动管启动 水喷雾灭火系统	以充满压缩空气或压力水（仅适用于不结冰的场所）的传动管作为火灾探测系统，当有火情发生时，传动管上的闭式喷头受高温影响动作后，传动管内的压力迅速下降，在压力差的作用下打开雨淋阀，喷水灭火。雨淋阀组的压力开关传递火灾报警信号至火灾报警控制器，联动启动消防水泵

分类方式	系统名称	特点
按应用方式分类	固定式 水喷雾灭火系统	不与其他自动灭火系统联用的水喷雾灭火系统
	自动喷水-水喷雾 混合配置系统	是在自动喷水灭火系统的配水干管或配水管道上连接局部的水喷雾灭火系统
	泡沫喷雾系统	是在水喷雾灭火系统的雨淋阀前连接泡沫储罐和泡沫比例混合器，再与火灾报警控制系统、雨淋阀、水雾喷头组成的一个完整的系统。在火灾发生时，先喷泡沫灭火，再喷水雾冷却或灭火

2. 系统组成

水喷雾灭火系统由水雾喷头、雨淋阀、过滤器、供水管道、火灾报警控制系统等主要部件组成。其系统组件与自动喷水灭火系统有较强的共用性，本书仅介绍其特有的水雾喷头。

水雾喷头是在一定压力的作用下，利用离心或撞击原理将水流分解成细小水雾滴的喷头。通常喷头的工作压力越高，其水雾滴粒径越小，雾化效果越好，灭火和冷却的效率也就越高。用于灭火的水雾喷头，其工作压力不应小于0.35MPa；用于防护冷却的水雾喷头，其工作压力不应小于0.2MPa，对于甲$_B$、乙、丙类液体储罐不应小于0.15MPa。

① 离心雾化型水雾喷头（图3-27）是在较高的压力下通过喷头内部的离心旋转形成水雾喷射出来，它形成的水雾具有良好的电绝缘性，适合扑救电气火灾。一般为高速喷头，但其通道较小，更容易堵塞。

② 撞击型水雾喷头（图3-28）的压力水流通过撞击外置的溅水盘，在设定区域分散为均匀的锥形水雾。相比离心雾化型水雾喷头，撞击型水雾喷头形成的水雾粒径更大，工作压力也较低。

图3-27　离心雾化型水雾喷头

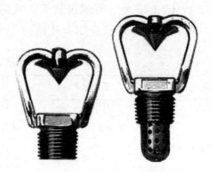

图3-28　撞击型水雾喷头

3. 系统工作原理及控制方式

当系统的火灾探测器发现火灾后，自动或手动打开雨淋报警阀组，同时发出火灾报警信号给报警控制器，并启动消防水泵，通过供水管网到达水雾喷头，水雾喷头喷水灭火。水喷雾灭火系统的工作原理如图3-29所示。

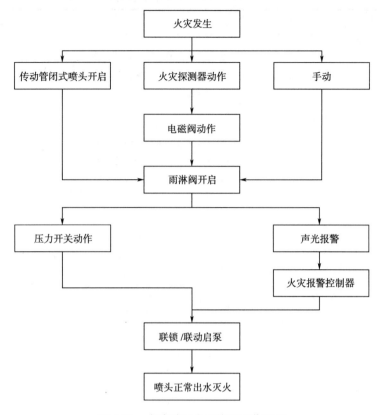

图 3-29　水喷雾灭火系统的工作原理

4. 系统的适用范围

水喷雾灭火系统不仅可用于扑救固体物质火灾、丙类液体火灾、饮料酒火灾和电气火灾，还可用于可燃气体和甲、乙、丙类液体生产、储存装置或装卸设施的防护冷却等。

水喷雾灭火系统不得用于扑救遇水能发生物理化学反应造成燃烧、爆炸的火灾，如过氧化物、金属钾及钠、高温密闭容器及高温液体等。

二、泡沫灭火系统

泡沫灭火系统是通过机械作用将泡沫灭火剂、水与空气充分混合并产生泡沫实施灭火的灭火系统，具有安全可靠、经济实用、灭火效率高、无毒性等优点，广泛应用于甲、乙、丙类液体储罐及石油化工装置区等场所。泡沫灭火系统的灭火机理主要体现在隔氧窒息、辐射热阻隔和吸热冷却作用。

1. 系统分类

泡沫灭火系统按其保护对象的特性或储罐形式的特殊要求，有多种分类方式，如表 3-17 所示。

表 3-17 泡沫灭火系统的分类

分类方式	系统类别	特点
按喷射方式分类	液上喷射系统	即泡沫从液面上喷入被保护储罐内的灭火系统。其特点是泡沫不易受油的污染，可使用廉价的普通蛋白泡沫；同时也是应用形式最广泛的一种泡沫灭火系统
	液下喷射系统	即泡沫从液面下喷入被保护储罐内的灭火系统。泡沫在注入液体燃烧层下部之后，上浮至液体表面并扩散开，形成一个泡沫层。其特点是必须使用氟蛋白或水成膜等抗溶性能较好的泡沫液；应用方式仅可选择固定式、半固定式，不得选用移动式
按系统结构分类	固定式系统	由固定的泡沫消防水泵或泡沫混合液泵、泡沫比例混合器（装置）、泡沫产生器（或喷头）和管道等组成的灭火系统
	半固定式系统	由固定的泡沫产生器与部分连接管道、泡沫消防车或机动消防泵，用水带连接组成的灭火系统
	移动式系统	由消防车、机动消防泵或有压水源，泡沫比例混合器，泡沫枪、泡沫炮或移动式泡沫产生器，用水带等连接组成的灭火系统
按发泡倍数分类	低倍数泡沫灭火系统	即发泡倍数不大于 20 倍的泡沫灭火系统。是甲、乙、丙类液体储罐及石油化工装置区等场所的首选灭火系统
	中倍数泡沫灭火系统	即发泡倍数在 20~200 倍之间的泡沫灭火系统。目前在实际工程中应用较少，且多用作辅助灭火设施
	高倍数泡沫灭火系统	即发泡倍数不小于 201 倍的泡沫灭火系统
按系统形式分类	全淹没系统	由固定式泡沫产生器将泡沫喷放到封闭或被围挡的防护区内，并在规定的时间内达到一定泡沫淹没深度的灭火系统
	局部应用系统	由固定式泡沫产生器直接或通过导泡筒将泡沫喷放到火灾部位的灭火系统
	移动系统	指车载式或便携式系统
	泡沫-水喷淋系统	由喷头、报警阀组、水流报警装置（水流指示器或压力开关）等组件以及管道、泡沫液与水供给设施组成，并能在发生火灾时按预定时间与供给强度向防护区依次喷洒泡沫与水的自动灭火系统
	泡沫喷雾系统	是在水喷雾灭火系统的雨淋阀前连接泡沫储罐和泡沫比例混合器，再与火灾报警控制系统、雨淋阀、水雾喷头组成的一个完整的系统。在火灾发生时，先喷泡沫灭火，再喷水雾冷却或灭火

2. 系统组成

泡沫灭火系统有多种分类形式，但其系统组成大致是相同的，一般是由泡沫液储罐、泡沫消防泵、泡沫液泵、泡沫比例混合器、泡沫混合液泵、泡沫产生装置、火灾报警控制系统、控制阀门及管道等系统组件组成。

① 泡沫液储罐：为泡沫灭火系统提供泡沫液的容器设备。泡沫液是指按适宜的浓度与水混合形成泡沫溶液的浓缩液体，又称为泡沫浓缩液。

② 泡沫消防泵：输送泡沫灭火系统消防用水的消防泵，和消火栓泵、喷淋泵一样，仅是类别的称呼。

③ 泡沫液泵：输送泡沫液的泵，将泡沫液储罐的泡沫浓缩液注入泡沫比例混合器中。

④ 泡沫比例混合器：是一种使水与泡沫液按规定比例混合成泡沫混合液，以供泡沫产生设备发泡的装置。目前较为常见的泡沫比例混合器有环泵式泡沫比例混合器、压力式泡沫比例混合器、平衡式泡沫比例混合器、管线式泡沫比例混合器。

⑤ 泡沫混合液泵：输送泡沫混合液的消防泵，仅与环泵式泡沫比例混合器成套安装。

⑥ 泡沫产生装置：其作用是将泡沫混合液与空气混合形成空气泡沫，输送至燃烧物的表面上，分为低倍数泡沫产生器、高背压泡沫产生器、中倍数泡沫产生器、高倍数泡沫产生器四种。

3. 系统工作原理

火灾发生时，自动或手动启动泡沫灭火系统泵组（包括泡沫消防泵、泡沫液泵、泡沫混合液泵等），将水及泡沫液输送至泡沫混合器中，混合形成泡沫混合液。混合液由消防水泵加压后经输送管道到达泡沫产生装置，在泡沫产生装置处吸取空气形成泡沫。泡沫经喷射或在倒流挡板的引导下沿油罐壁缓缓覆盖着火面，达到覆盖灭火效果。泡沫灭火系统的工作流程如图 3-30 所示。

图 3-30　泡沫灭火系统的工作原理

4. 系统选择的基本要求

① 乙、丙类液体储罐区宜选用低倍数泡沫灭火系统。

② 全淹没式、局部应用式和移动式中倍数、高倍数泡沫灭火系统的选择，应根据防护区的总体布局、火灾的危害程度、火灾的种类和扑救条件等因素，经综合技术经济比较后确定。

③ 储罐区泡沫灭火系统的选择，应符合下列规定：烃类液体固定顶储罐，可选用液上喷射、液下喷射或半液下喷射系统；水溶性甲、乙、丙类液体的固定顶储罐，应选用液上喷射或半液下喷射系统；外浮顶和内浮顶储罐，应选用液上喷射系统；烃类液体外浮顶储罐、内浮顶储罐、直径大于 18m 的固定顶储罐以及水溶性液体的立式储罐，不得选用泡沫炮作为主要灭火设施；高度大于 7m、直径大于 9m 的固定顶储罐，不得选用泡沫枪作为主要灭火设施；油罐中倍数泡沫灭火系统，应选用液上喷射系统。

三、气体灭火系统

气体灭火系统是以一种或多种气体作为灭火介质，通过这些气体在保护对象周围的局部区域或整个防护区内建立起灭火浓度以实现灭火的系统。气体灭火系统具有灭火效率高、灭火速度快、保护对象无污损等优点，主要用在不适于设置水灭火系统等其他灭火系统的环境中，如数据中心、档案室、移动通信基站（房）等。气体灭火系统是根据灭火介质命名的，目前较常用的有二氧化碳灭火系统、七氟丙烷灭火系统、IG541混合气体灭火系统等几种。

1. 系统分类

为满足各种保护对象的需要，气体灭火系统可按灭火介质、结构特点、应用方式、加压方式进行分类。

（1）按使用的灭火介质分类

气体灭火系统按使用的灭火介质分类，如表3-18所示。

表3-18 气体灭火系统按灭火介质的分类

分类	说明
二氧化碳灭火系统	是以二氧化碳作为灭火介质的气体灭火系统。按灭火剂储存压力不同，又可分高压系统（指灭火剂在常温下储存的系统）和低压系统（指将灭火剂在 $-20\sim-18℃$ 低温下储存的系统）两种应用形式。二氧化碳是一种惰性气体，对燃烧具有良好的窒息和冷却作用
七氟丙烷灭火系统	是以七氟丙烷作为灭火介质的气体灭火系统。七氟丙烷灭火剂是卤代烷灭火剂的一种，具有灭火能力强、灭火剂性能稳定的特点。但与卤代烷1301和卤代烷211灭火剂相比，七氟丙烷不会破坏大气臭氧层，在大气中残留时间也比较短
惰性气体灭火系统	惰性气体灭火系统是以氩气、氮气、二氧化碳等惰性气体作为灭火介质的气体灭火系统。按照惰性气体的种类和比例，又可分为IG01（氩气）灭火系统、IG100（氮气）灭火系统、IG55（氩气、氮气）灭火系统、IG541（氩气、氮气、二氧化碳）灭火系统。由于惰性气体均存在于空气中，是一种无毒、无色、无味、惰性及不导电的自然气体，故又称为洁净气体灭火系统
气溶胶灭火系统	气溶胶灭火系统是以气溶胶作为灭火介质的气体灭火系统。按产生气溶胶的方式可分为热气溶胶和冷气溶胶。目前国内工程上应用的气溶胶灭火系统都属于热型，冷气溶胶灭火技术尚处于研制阶段，无正式产品。热气溶胶以负催化、破坏燃烧反应链等原理灭火。相较于其他气体灭火系统而言，普通型的气溶胶灭火后有残留物，且残留物因灭火剂配方的不同亦有所不同

（2）按系统的结构特点分类

① 无管网灭火系统。无管网灭火系统又称预制灭火系统，是指按一定的应用条件，将

灭火剂储存装置和喷放组件等预先设计、组装成套且具有联动控制功能的灭火系统。该系统又可分为柜式气体灭火装置和悬挂式气体灭火装置两种类型，适用于面积较小、无特殊要求的防护区。

② 管网灭火系统。管网灭火系统是指按一定的应用条件进行设计计算，将灭火剂从储存装置经由干管、支管输送至喷放组件实施喷放的灭火系统。该系统又可按一套系统保护防护区的数量分为单元独立系统和组合分配系统。

单元独立系统是指用一套灭火剂储存装置，保护一个防护区或保护对象的灭火系统。一般来说，单元独立系统保护的防护区在位置上是单独的，与其他防护区距离较远不便于组合；或是两个防护区相邻，但有同时失火的可能。

组合分配系统是指用一套灭火剂储存装置，保护两个及以上防护区或保护对象的灭火系统。该系统灭火剂设计用量是按最大的一个防护区或保护对象来确定的。当组合中某个防护区需要灭火时，系统通过容器阀、单向阀、选择阀等控制，向指定防护区释放灭火剂。组合分配系统的优点是储存容器和灭火剂用量可大幅减少，降低维护保养的费用，有较高的应用价值。

（3）按应用方式分类

① 全淹没灭火系统。全淹没灭火系统是指在规定时间内，向防护区喷放设计规定用量的灭火剂，并使其均匀地充满整个防护区的灭火系统。该系统的喷头均匀布置在防护区的顶部，火灾发生时，喷射的灭火剂与空气混合，迅速在防护区内建立有效扑灭火灾的灭火浓度，并将灭火剂保持一段所需要的时间（浸渍时间），即通过灭火剂气体将封闭空间淹没实施灭火。

② 局部应用灭火系统。局部应用灭火系统是指向保护对象以设计喷射率直接喷射灭火剂，并持续一定时间的灭火系统。该系统的喷头均匀布置在保护对象的四周，火灾发生时，将灭火剂直接而集中地喷射到保护对象上，使其笼罩在保护对象外表面，即在保护对象周围局部范围内达到较高的灭火剂气体浓度实施灭火。

（4）按加压方式分类

① 自压式气体灭火系统。自压式气体灭火系统是指灭火剂无需加压，仅依靠自身饱和蒸气压力进行输送的灭火系统。

② 内储压式气体灭火系统。内储压式气体灭火系统是指灭火剂在储存容器内用惰性气体加压储存，系统动作时灭火剂靠储存容器内的充压气体进行输送的灭火系统。

③ 外储压式气体灭火系统。外储压式气体灭火系统是指系统动作时灭火剂由专设的充压气体瓶组按设计压力对其进行充压的灭火系统。

2. 系统组成

不同类型的气体灭火系统在系统组成上有所不同，一般情况下由灭火剂储存装置、启动分配装置、输送释放装置、监控和控制装置组成，如图 3-31 所示。

（1）瓶组

瓶组一般由容器、容器阀、安全泄放装置、虹吸管、取样口、检漏装置和充装介质等组成，用于储存灭火剂和控制灭火剂的释放。瓶组根据充装的介质及使用功能，可分为灭火剂瓶组、驱动气体瓶组和加压气体瓶组，如表 3-19 所示。

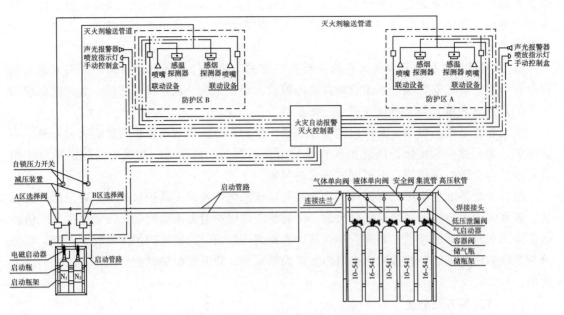

图 3-31 气体灭火系统组成示意图

表 3-19 瓶组的分类

瓶组类别	说明
灭火剂瓶组	灭火剂以液态或气态形式储存在瓶组内。当发生火情时,来自驱动气体瓶组的驱动气体通过驱动器来开启容器阀,灭火剂通过瓶组内充装的压力从容器阀出口喷放;有的灭火剂瓶组上直接安装电磁或电爆型驱动器,发生火情时,控制器直接给出电启动信号启动电磁或电爆型驱动器,打开容器阀
驱动气体瓶组	驱动气体以气态形式储存在瓶组内。瓶组上的容器阀装有电磁或电爆型驱动器,当发生火情时,控制器直接给出电启动信号启动电磁或电爆型驱动器,打开容器阀,释放驱动气体。紧急情况时,可用手指拉住保险扣拉手,将保险扣拉出,拍击手动按钮,即可使容器阀打开动作,直接释放驱动气体,其作用是控制灭火剂瓶组的释放
加压瓶组	加压瓶组由灭火剂瓶组和加压气体瓶组组成。灭火剂以液态形式储存在灭火剂瓶组内。当发生火情时,来自加压气体瓶组的气体向灭火剂瓶组加压使灭火剂从容器阀出口喷放,其作用是将灭火剂输出更远的距离

① 容器。容器是用来储存灭火剂、驱动气体、加压气体的重要组件,分为钢制无缝容器和钢制焊接容器。容器的设计与使用应符合现行行业标准《气瓶安全技术监察规程》及《压力容器安全技术监察规程》的规定。

② 容器阀。容器阀又称瓶头阀,是安装在容器上,具有封存、释放、充装、超压泄放(部分结构)等功能的控制阀门。

(2) 选择阀

选择阀是组合分配系统中用来控制灭火剂释放到指定防护区的阀门。选择阀平时都是处于关闭状态的,其启动方式有气动式和电动式,两种方式均设有手动执行机构,以便在自动启动失灵时，仍能将阀门打开。

（3）喷头（嘴）

喷头安装在灭火释放管道的末端，可将灭火剂按一定的流速均匀释放到防护区内或保护对象周围，并可用来控制灭火剂的释放速度和喷射方向。喷头是灭火系统的关键组件，其基本要求是必须保证耐压、耐腐蚀，具有一定强度。

（4）单向阀

单向阀是用来控制介质流向的，用于防止介质回流或启动指定的瓶组，可分为气流单向阀和液流单向阀。

（5）集流管

集流管是用于将多个灭火剂瓶组的灭火剂汇集在一起，再分配到各个防护区的汇流管路。

（6）连接管

连接管是指容器阀与集流管之间的连接管路以及控制管路之间的连接管路。容器阀与集流管之间的连接管按材料可分为高压不锈钢连接管和高压橡胶连接管。

（7）安全泄放装置

安全泄放装置通常安装在集流管和瓶组上，当压力超过规定值时自动开启泄压，用于防止灭火剂管道和瓶组压力超限导致的损坏和泄漏，保证瓶组和管网系统的安全。

（8）驱动装置

驱动装置用于驱动容器阀和选择阀，使其按系统需求动作。驱动装置可分为气动型、电磁型、引爆型、机械型和燃气型，其中电磁型驱动装置（通常为电磁阀）最为常用。

（9）检漏装置

检漏装置用于监测瓶组内介质的质量或压力损失，一般根据瓶组内充装介质，选用相适宜的检漏装置，如称重装置、液位显示装置、压力显示装置等。

（10）信号反馈装置

信号反馈装置是安装在灭火剂选择阀或释放管路上，将灭火剂释放的压力或流量信号转换为电信号，并反馈到控制中心的装置。常见的是把压力信号转换为电信号的信号反馈装置，一般也称为压力开关。压力开关安装在组合分配系统的选择阀出口位置，对于单元独立系统则安装在集流管上。当灭火剂释放时，压力开关动作，送出灭火剂释放信号给控制中心，起到反馈灭火系统动作状态的作用。

（11）低泄高封阀

低泄高封阀是为了防止由于驱动气体少量泄漏，在容器阀处积聚而引起系统的误启动。它安装在系统启动管路上，正常情况下处于开启状态，只有进口压力达到设定压力时才关闭，其主要作用是排除由于气源泄漏积聚在启动管路内的气体。

3. 系统工作原理及控制方式

气体灭火系统主要有自动、手动、机械应急手动和紧急启动/停止四种控制方式，但其工作原理却因灭火剂种类、灭火方式、结构特点、加压方式和控制方式的不同而各不相同，下面列举较为通用的系统工作原理（七氟丙烷、IG541、高压二氧化碳灭火系统动作流程见图 3-32）。

气体灭火系统防护区发生火灾时，当第一个独立火灾探测器动作后，向气体灭火控制器

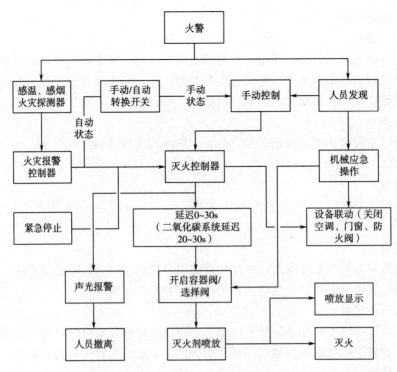

图 3-32　七氟丙烷、IG541、高压二氧化碳气体灭火系统动作流程图

报警，启动防护区内声光报警装置；当第二个独立火灾探测器动作后，气体灭火控制器确认火警，发出联动控制信号，启动防护区外声光报警装置，同时启动联动装置（关闭防护区开口、停止空调和通风机等），延时一定时间（一般为30s）后打开启动气瓶的瓶头阀，利用气瓶中的高压氮气将灭火剂储存容器上的容器阀打开，灭火剂经管道输送到喷头喷出实施灭火。灭火剂施放时，压力开关动作发出反馈信号，灭火控制器同时发出启动喷放指示灯的信号。

延时一定时间主要有三个方面的作用，一是考虑防护区内人员的疏散，二是及时关闭防护区的开口，三是判断有没有必要启动气体灭火系统。

（1）自动控制

气体灭火控制器上设有控制方式选择锁，当将其置于"自动"位置时，灭火控制器处于自动控制状态。

① 当仅收到一个独立火灾信号后，控制器启动防护区内声光报警装置，通知有异常情况发生，而不启动灭火装置释放灭火剂。如确需启动灭火装置，人工按下"紧急启动按钮"，即可启动灭火装置实施灭火。

② 当收到第二个独立火灾信号后，控制器启动防护区外声光报警装置，并联动关闭风机、电动门窗等；经过一段时间延迟后，发出指令释放灭火剂。如在报警过程中发现不需要启动灭火装置，按下保护区外或控制操作面板上的"紧急停止按钮"，即可终止控制灭火指令的发出。

需要注意的是，平时无人工作的防护区，可设置为无延迟的喷射，应在接收到满足联动逻辑关系的首个联动触发信号后执行联动控制。有人工作场所和无人工作场所系统工作流程分别如图 3-33 和图 3-34 所示。

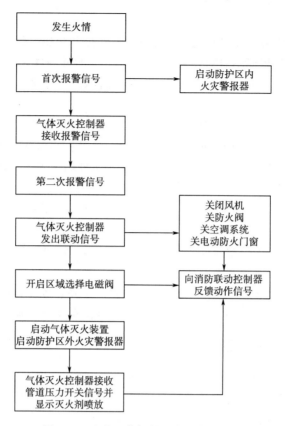

图 3-33 有人工作场所系统工作流程图

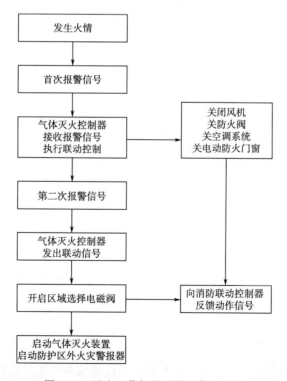

图 3-34 无人工作场所系统工作流程图

(2) 手动控制

气体灭火控制器控制锁置于"手动"位置时为手动控制状态。此时，当收到火灾信号后，控制器仅触发声光报警装置而不启动灭火装置。经人员观察并确认火灾已发生后，手动按下防护区外或控制器操作面板上的"紧急启动按钮"，即可启动灭火装置，释放灭火剂，实施灭火。

(3) 机械应急启动

在控制器失效且值守人员判断为火灾时，应立即通知现场所有人员撤离；在确定所有人员离开现场后，方可按以下步骤实施应急机械启动：手动关闭联动设备并切断电源，打开对应防护区的选择阀，成组或逐个打开对应防护区灭火剂瓶组上的容器阀，即刻实施灭火。

(4) 紧急启动/停止

① 紧急启动：当值守人员发现火情而气体灭火控制器未触发声光报警装置时，应立通知现场所有人员撤离；在确定所有人员撤离现场后，方可按下紧急启动/停止按钮，系统立即实施灭火操作。无论灭火控制器处于自动或手动状态，按下任何紧急启动按钮都可启动灭火装置，释放灭火剂，同时控制器立即进入报警状态。

② 紧急停止：当气体灭火控制器发出声光报警信号并正处于延时阶段时，现场人员如发现为误报火警可按下紧急启动/停止按钮，系统将停止实施灭火操作，避免不必要的损失。

4. 系统的适用范围及设置场所

气体灭火系统适用于图书、档案等珍贵资料库房、变配电室、通信机房、中心控制室等场所的火灾保护，根据其灭火剂种类及灭火机理的不同，其适用的范围也各不相同。二氧化碳、七氟丙烷及 IG541 等常用气体灭火系统的适用范围如表 3-20 所示。

表 3-20　常用气体灭火系统的适用范围

类别	二氧化碳气体灭火系统	七氟丙烷气体灭火系统	IG541 气体灭火系统
普遍适用	①灭火前可切断气源的气体火灾 ②液体或可熔化固体火灾（石蜡、沥青） ③固体表面火灾 ④电气火灾		
特殊适用	棉毛、织物、纸张等部分固体深位火灾		不适用
普遍不适用	①硝化纤维等含氧化剂的化学制品火灾 ②活泼金属（钾、钠、镁等）火灾 ③金属氢化物火灾		
特殊不适用		能自行分解的化学物质（过氧化氢、联氨等）火灾	①能自行分解的化学物质（过氧化氢、联氨等）火灾 ②可燃固体物质的深位火灾

📚 课堂讨论

近年来，伴随我国在机器人、无人机等高端制造领域突飞猛进的发展，其在消防领域的应用日趋广泛。通过自主学习互相交流有哪些高端消防装备已经被广泛应用？

知识巩固

一、单项选择题

1. 为防止火势失去控制，继续扩大燃烧而造成灾害，需要破坏燃烧条件，使火灾中止。以下关于破坏燃烧条件的说法不正确的是（　　）。
    A. 将可燃物的温度降到着火点以下，燃烧即会停止
    B. 将可燃物与火焰隔离，就可以中止燃烧、扑灭火灾
    C. 空气氧含量低于最低氧浓度，燃烧不能进行，火灾即被扑灭
    D. 抑制自由基产生或降低火焰中的自由基浓度，即可使无焰的燃烧中止

2. 下列关于消防水泵串联和并联的说法，正确的是（　　）。
    A. 消防水泵的串联是将一台泵的出水口与另一台泵的吸水管连接
    B. 消防水泵的串联在扬程不变的情况下可以增加流量
    C. 消防水泵的并联在流量不变的情况下可以增加扬程
    D. 消防水泵的并联是将一台泵的出水口与另一台泵的吸水管连接

3. 灭火器组件不包括（　　）。
    A. 筒体，器头　　　　　　　　　　B. 压力开关
    C. 压力表，保险销　　　　　　　　D. 虹吸管，密封阀

4. 自动喷水灭火系统按安装的（　　）开闭形式不同分为闭式和开式系统两大类型。
    A. 报警阀组　　B. 洒水喷头　　C. 水流指示器　　D. 消防水箱

5. （　　）可以作为湿式自动喷水灭火系统的启泵装置。
    A. 电接点压力表　B. 压力开关　　C. 水位仪　　　　D. 水流指示器

6. 准工作状态时配水管路不充水，由火灾自动报警系统或闭式喷头作为探测元件，自动开启雨淋阀或预作用报警阀后，转换为湿式系统的自动喷水灭火系统是（　　）。
    A. 干式系统　　　B. 湿式系统　　　C. 预作用系统　　D. 水幕系统

7. 下列关于干式自动喷水灭火系统的说法中，错误的是（　　）。
    A. 在标准工作状态下，由稳压系统维持干式报警阀入口阀管道内的充水压力
    B. 在标准工作状态下，干式报警阀出口后的配水管道内应充满有压气体
    C. 当发生火灾后，干式报警阀开启，压力开关动作后管网开始排气充水
    D. 当发生火灾后，配水管道排气充水后，开启的喷头开始喷水

8. 下列关于采用传动管启动雨淋系统的做法中，错误的是（　　）。
    A. 系统利用闭式喷头探测火灾　　　B. 雨淋报警阀组通过电动开启
    C. 雨淋报警阀组通过气动开启　　　D. 雨淋报警阀组通过液动开启

9. 在不采暖的寒冷场所应该安装（　　）。
    A. 干式系统　　B. 湿式系统　　　C. 水喷雾系统　　D. 雨淋系统

10. 水雾喷头是在一定的压力作用下，利用离心或撞击原理将水流分解成细小水雾滴的喷头。当用于防护冷却目的时，水雾喷头的工作压力不应小于（　　）MPa。
    A. 0.12　　　　　B. 0.2　　　　　C. 0.35　　　　　D. 0.5

11. 泡沫灭火系统按照所产生泡沫的倍数不同，可分为低倍数泡沫灭火系统、中倍数泡沫灭火系统和高倍数泡沫灭火系统。产生的灭火泡沫倍数低于 20 倍的系统属于（　　）。

A. 低倍数泡沫灭火系统　　　　　B. 中倍数泡沫灭火系统

C. 高倍数泡沫灭火系统　　　　　D. 无法判断

12. 为了防止系统由于驱动气体泄漏累积而引起误动作，应在启动管路中设置（　　　）。

A. 低泄高封阀　　　　　　　　　B. 安全泄放装置

C. 单向阀　　　　　　　　　　　D. 信号反馈装置

二、多项选择题

1. 水是一种经济的灭火方式，下列关于水灭火的灭火机理说法正确的是（　　　）。

A. 用水扑灭一般固体物质引起的火灾，主要通过冷却作用来实现

B. 水具有较大的比热容和很高的汽化热，冷却性能很好

C. 水雾的水滴直径细小，比表面积大，和空气接触范围大，极易吸收热气流的热

D. 水雾能很快地降低温度，效果比水灭火更为明显

E. 水、水喷雾、细水雾灭火均具有冷却、窒息的灭火机理

2. 在室内消火栓系统中，下列组件中不能启动消防水泵的是（　　　）。

A. 消火栓箱内手动报警按钮

B. 高位消防水箱出水口处的流量开关

C. 消防水泵出水口处的压力开关

D. 报警阀处的压力开关

 能力训练

某综合商场地上 3 层，每层的平面尺寸为 45m×25m，耐火等级为一级，建筑内设有室内消火栓和自动喷水灭火系统。该商场每层作为一个计算单元，请给出该建筑每层设置磷酸铵盐手提式灭火器的合理配置方案。

 实训项目3-1：灭火器

一、实训目的

1. 能够检查灭火器的有效性；

2. 能够使用手提式灭火器扑救初期火灾。

二、实训准备

1. 准备不同类型（清水、泡沫、干粉、二氧化碳）的手提式灭火器各一具，指定火源类型及火源位置。

2. 常用灭火器的使用方法：

（1）手提式清水灭火器。将灭火器提至火场，在距着火物 5～6m 处，拔出保险销，一只手紧握喷射软管前的喷嘴并对准燃烧物，另一手握住提把并用力压下压把，水即可从喷嘴中喷出。灭火时，随着有效喷射距离的缩短，使用者应逐步向燃烧区靠近，使水流始终喷射在燃烧物处，直至将火扑灭。

（2）手提式泡沫灭火器。将灭火器提至火场，在距着火物 5～6m 处，拔出保险销，一只手紧握喷射软管前的喷嘴并对准燃烧物，另一手握住提把并用力压下压把，泡沫即可从喷嘴中喷出。在室外使用时应选择上风向喷射。在扑救可燃液体火灾时，如燃烧物已呈流淌状燃烧，则将泡沫由近而远喷射；如在容器内燃烧，则将泡沫射向容器内壁；如扑救固体物质，则将射流对准燃烧最猛烈处。

（3）手提式干粉灭火器。将灭火器提至火场，在距离起火点 5m 左右处放下灭火器，将灭火器上下颠倒几次，使桶内干粉松动。拔下保险销，如有喷射软管的需一只手握住其喷嘴（没有软管的，可扶住灭火器底圈），另一只手提起灭火器并用力按下压把，干粉便会从喷嘴喷射出来。在室外使用时注意占据上风向。扑救液体火灾，应对准火焰根部扫射，如果被扑救的液体火灾呈流淌燃烧，应对准火焰根部由近及远并左右扫射，直至把火焰全部扑灭；扑救固体可燃物火灾时，应对准燃烧最猛烈处喷射，并上下、左右扫射。

（4）手提式二氧化碳灭火器。可手提或肩扛灭火器赶到火场，在距离燃烧物 5m 左右处放下灭火器。拔出保险销，一手扳转喷射弯管，如有喷射软管的应握住喷筒根部的木手柄，并将喷筒对准火源，另一只手提起灭火器并压下压把，液态的二氧化碳在高压作用下立即喷出且迅速汽化。灭火时要连续喷射，防止余烬复燃，不可颠倒使用。

三、实施内容

	实训要点		实训要点
灭火器的有效性检查	检查是否过期	手提式灭火器的使用方法	正确选择灭火器类型
	检查标志是否清晰		将灭火器提至距着火物 5～6m 处
	检查铅封是否完整		选择上风向
	检查压力表指针是否在绿区		去除铅封，拔掉保险销
	检查灭火器可见部位防腐层是否完好、无锈蚀		一只手紧握喷射软管前的喷嘴并对准燃烧物
	检查灭火器可见零部件是否完整，有无松动、变形、锈蚀和损坏		不能将灭火器颠倒或横卧
	检查喷嘴与喷射软管是否完整、无堵塞		

实训项目3-2：自动喷水灭火系统

一、实训目的

1. 识别自动喷水灭火系统的基本部件；
2. 熟悉自动喷水灭火系统报警阀组操作；
3. 熟悉自动喷水灭火系统火灾时的现场处置操作。

二、实训准备

湿式自动喷水灭火系统实训装置。

三、实施内容

1. 系统部件识别：

实训要点	
自动喷水灭火系统部件识别	识别湿式报警阀、延迟器、水力警铃、压力开关、信号阀、闸阀、水流指示器、水泵电控柜等部件
	末端试水装置的组成：压力表、控制阀、试水接头（喷嘴）等管道附件
	末端试水装置的作用：可检查水流指示器、报警阀、压力开关、水力警铃的动作是否正常，配水管道是否畅通，以及最不利点处的喷头工作压力等
	末端试水装置的测试方法：开启末端试水装置，出水压力应不低于 0.05MPa。水流指示器、报警阀、压力开关应动作。开启湿式系统的末端试水装置后 5min 内，自动启动消防水泵

2. 自动喷水灭火系统报警阀组实训操作要点：

（1）打开放水阀门，手动启动水泵，观察报警阀组上下压力表压力是否一致。

（2）手动关闭水泵，关闭放水阀门。

自动喷水灭火系统报警阀组的作用为：①自动控制水流；②自动报警和启动水泵。

3. 火灾应急处置操作。

火灾发生后，随着火场温度不断升高，当达到 68℃ 时，喷头爆裂，系统动作。实训操作要点为：

（1）打开末端试水装置。

（2）手动启动水泵，发出警报，消防控制室内知晓火灾地点，进行消音操作（一人留在消控室，另一人去现场确认管路是否畅通）。

（3）打开总阀门、蝶阀、检修阀（顺时针关，逆时针开），检查系统是否正常运行。

（4）确认管路畅通情况后，手动关闭水泵、总阀门，打开放水阀放出管道内的水。

（5）关闭末端试水装置。

（6）关闭放水阀，打开总阀门，系统复位。

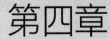

第四章

防爆技术及装备

知识目标：1. 掌握防爆基本技术措施。
2. 熟悉各类防爆装置。
3. 了解爆炸性环境危险区域划分。

能力目标：1. 具备制定防爆基本技术措施的能力。
2. 初步具备选择防爆泄压装置的能力。
3. 初步具备选择防爆电气设备的能力。

第一节　防爆基本技术措施

一、预防爆炸性混合物的形成

1. 采用火灾爆炸危险性低的物料

以不燃或难燃物料替代可燃物料，以不燃溶剂替代可燃溶剂，以高沸点溶剂替代挥发性大的溶剂，以介质加热替代直接加热，以负压低温替代加热蒸发等。常见的不燃溶剂有四氯化碳、二氯甲烷等，常见的高沸点溶剂有乙二醇、DMF 等。

2. 生产设备尽可能保持密闭状态，防止"跑、冒、滴、漏"

为防止易燃性气体、液体和可燃性粉尘与外界空气接触而形成爆炸性混合物，在涉及此类物质的操作或储存时，应采用密闭设备或容器。所采取的密闭措施详见本书第二章第一节密闭措施相关内容。

3. 通风措施

实际生产中，完全依靠设备密闭，消除可燃物在生产场所的存在是不大可能的，往往还要借助通风措施来降低车间空气中可燃物的浓度。

排送风应单独分开，送风系统应输入较纯净的空气。局部排风时应注意爆炸性气体或蒸气的密度，密度比空气大的要防止可能在低洼处积聚；密度比空气小的要防止可能在高处死角上积聚，有时即使很少量也会在局部达到爆炸极限。设备的所有排风管都应直接通往室外高出附近屋顶。排气管不应是负压，也不能造成堵塞，如排出蒸汽冷凝结成液滴，则放空时还应考虑设有专门的蒸汽保护措施。

对于可能突然释放燃烧爆炸性物质的场所，应设置事故通风装置，以满足临时性大风量送风的要求。考虑事故排风系统的排风口位置时，要把安全作为重要因素。事故通风量可以通过相应的事故通风换气次数来确定。

4. 惰性介质保护

惰性介质主要包括化学活泼型差、没有燃爆危险的气体。化工生产中常用的惰性介质有氮气、二氧化碳、水蒸气及烟道气等。这些气体常用于以下几个方面：

① 易燃固体粉碎、研磨、筛分、混合以及粉状物料输送时，可用惰性介质保护；

② 可燃气体混合物在处理过程中可加入惰性介质保护；

③ 具有着火爆炸危险的工艺装置、储罐、管线等配备惰性介质，以备在发生危险时使用，可燃气体的排气系统尾部用氮封；

④ 采用惰性介质（氮气）压送易燃液体；

⑤ 爆炸性危险场所中，非防爆电气、仪表等的充氮保护以及防腐蚀等；

⑥ 有着火危险设备的停车检修护理；

⑦ 危险物料泄漏时用惰性介质稀释。

使用惰性介质时，要有固定储存输送装置。根据生产情况、物料危险特性，采用不同的惰性介质和不同的装置。例如，氢气的充填系统最好备有高压氮气，地下苯储罐周围应配有高压蒸汽管线等。

化工生产中惰性介质的需用量取决于系统中氧浓度的下降值。部分可燃物质最高允许含氧量见表 4-1。

表 4-1　部分可燃物质最高允许含氧量　　　　　　单位：%

可燃物质	用 CO_2	用 N_2	可燃物质	用 CO_2	用 N_2
甲烷	11.5	9.5	丁二醇	10.5	8.5
乙烷	10.5	9	氢	5	4
丙烷	11.5	9.5	一氧化碳	5	4.5
丁烷	11.5	9.5	丙酮	12.5	11
汽油	11	9	苯	11	9
乙烯	9	8	煤粉	12～15	—
丙烯	11	9	麦粉	11	
乙醚	10.5	—	硫黄粉	9	
甲醇	11	8	铝粉	2.5	7
乙醇	10.5	8.5	锌粉	8	8

如使用纯惰性气体时，惰性气体需用量可按下式计算：

$$X = \frac{21 - a}{a}V \qquad (4\text{-}1)$$

式中　X——惰性气体需用量；

　　　a——氧的最高允许含量，%，可从表 4-1 中查得；

　　　V——设备中原有的空气体积（其中氧占 21%），m^3。

【例 4-1】有一汽油储罐，上部空间为 $100m^3$，现在需要充氮保护，试计算氮气需用量。

解　由表 4-1 查得，用氮气保护时，对于汽油，氧的最高允许含量为 9%。将已知数据代入式（4-1），则得：

$$X = \frac{21 - 9}{9} \times 100 = 133.33(m^3)$$

如果使用含有部分氧气的惰性气体，则惰性气体的用量需按下式计算：

$$X = \frac{21 - a}{a - a'}V \qquad (4\text{-}2)$$

式中，a' 为惰性气体中所含氧气的量，%。

【例 4-2】在例 4-1 中，如果加入的氮气中含有 4% 的氧气，试计算需要多少氮气？

解　将已知数据代入式（4-2），则得：

$$X = \frac{21 - 9}{9 - 4} \times 100 = 240(m^3)$$

在实际操作中，因为惰性气体会流失，加入的实际量要比理论计算值大些。

5. 正确合理储存危险物质

由于各种危险化学品的性质不同，如果储存不当，就可能导致严重的火灾、爆炸事故。比如，无机酸本身不可燃，但与可燃物质相遇可能会引起燃烧或爆炸；氯酸盐与镁、铝、锌等可燃金属粉末混合时，可能会引起金属的燃烧或爆炸；活泼金属可在卤素中自行燃烧。为了防止不同性质的物质混合储存而引起着火或者爆炸，应了解有关储存的原则。依据《化学危险品仓库储存通则》（GB 15603—2022），化学危险品储存方式分为三种：隔离储存、隔开储存、分离储存。化学危险品应根据其性能分区、分类、分库储存。危险物品共同储存规则见表 4-2。

表 4-2　危险物品共同储存规则

组别	物品名称	储存规则	备注
1	爆炸物品：苦味酸、TNT、火棉、硝化甘油、硝酸铵炸药、雷汞等	不准与其他任何种类的物品共储，必须单独隔离储存	起爆药，如雷管等必须与炸药隔离储存
2	易燃液体及可燃液体：汽油、苯、二硫化碳、丙酮、乙醚、甲苯、乙醇、乙酸、醋类、喷漆、煤油、松节油、樟脑油等	不准与其他种类物品共同储存	如果数量少，允许与周围易燃物品隔开后共同储存

组别	物品名称	储存规则	备注
3	易燃气体： 乙炔、氢、氯甲烷、硫化氢、氨等	除惰性不燃气体外，不准与其他种类物品共同储存	
	惰性不燃气体： 氮、二氧化碳、二氧化硫、氟利昂等	除易燃气体和助燃气体、氧化剂中能形成爆炸性混合物的物品与有毒物品外，不准与其他种类物品共同储存	
	助燃气体： 氧、压缩空气、氟、氯等	除惰性不燃气体和有毒物品外，不准与其他物品共同储存	氯有毒害性
4	遇水或空气能自燃的物品： 钾、钠、电石、磷化钙、锌粉、铝粉、黄磷等	不准与其他种类物品共同储存	钾、钠须浸入煤油中，黄磷须浸入水中储存，均须单独隔离储存
5	易燃固体： 赛璐珞、胶片、赤磷、萘、樟脑、硫黄、火柴等	不准与其他种类物品共同储存	赛璐珞、胶片、火柴均须单独隔离储存
6	氧化剂： 能形成爆炸性混合物的物品：氯酸钾、氯酸钠、硝酸钠、硝酸钾、硝酸钡、次氯酸钙、亚硝酸钠、过氧化钡、过氧化钠、过氧化氢（30%）等	除压缩气体和液化气体中惰性气体外，不准与其他种类物品共同储存	过氧化物遇水有发热爆炸危险，应单独储存；过氧化氢应储存在阴凉处
	能引起燃烧的物品： 溴、硝酸、硫酸、铬酸、高锰酸钾、重铬酸钾等	不准与其他种类物品共同储存	与氧化剂中能形成爆炸混合物的物品亦应隔离
7	有毒物品： 光气、氰化钾、氢化钠、五氧化二砷等	除惰性气体外，不准与其他种类物品共同储存	

二、控制火灾与爆炸蔓延

安全生产首先应当强调防患于未然，把预防放在第一位。一旦发生事故，就要考虑如何将事故控制在最小的范围，使损失最小化。因此火灾、爆炸蔓延的控制在开始设计时就应该重点考虑，对工艺装置的布局设计、建筑结构及防火区域的划分，不仅要有利于工艺要求、运行管理，而且要符合事故控制要求，以便把事故控制在局部范围内。

1. 正确选址与安全间距

为了限制火灾蔓延及减少爆炸损失，厂址选择及防爆厂房的布局和结构均应按照相关要求建设，如根据所在地区主导风的风向，把火源置于易燃物质可能释放点的上风侧；为人员、物料和车辆流动提供充分的通道；厂址应靠近水量充足、水质优良的水源等。化工企业应根据我国《建筑设计防火规范（2018 年版）》（GB 50016—2014），建设相应等级的厂房；采用防火墙、防火门、防火堤对易燃易爆的危险场所进行防火分离，并确保防火间距。

2. 分区隔离、 露天布置、 远距离操纵

化工生产中，因某些设备与装置危险性较大，应采取分区隔离、露天布置和远距离操纵等措施。

（1）分区隔离

在总体设计时，应慎重考虑危险车间的布置位置。按照国家有关规定，危险车间与其他车间或装置应保持一定的间距，充分估计相邻车间建（构）筑物可能引起的相互影响。对个别危险性大的设备，可采用隔离操作和防护屏的方法使操作人员与生产设备隔离。例如，合成氨生产中，合成车间压缩岗位的布置。

在同一车间的各个工段，应视其生产性质和危险程度而予以隔离；各种原料成品、半成品的储藏，亦应按其性质、储量不同而进行隔离。

（2）露天布置

为了便于有害气体的散发，减少因设备泄漏而造成易燃气体在厂房内积聚的危险，宜将这类设备和装置布置在露天或半露天场所。如氮肥厂的煤气发生炉及其附属设备，加热炉、炼焦炉、气柜、精馏塔等。石油化工生产中的大多数设备都是露天放置的。在露天场所，应注意气象条件对生产设备、工艺参数和工作人员的影响，如应有合理的夜间照明、夏季防晒防潮气腐蚀、冬季防冻等措施。

（3）远距离操纵

在化工生产中，大多数的连续生产过程，主要是根据反应进行情况和程度来调节各种阀门的；而某些阀门操作人员难以接近，开闭又较费力，或要求迅速启闭，上述情况都应进行远距离操纵。操纵人员只需在操纵室进行操作，记录有关数据。对于热辐射高的设备及危险性大的反应装置，也应采取远距离操纵。远距离操纵的方法有机械传动、气压传动、液压传动和电动操纵。

三、其他有关技术措施

1. 采取泄压措施

在建筑围护构件设计中设置一些薄弱构件，即泄压面积，当发生爆炸时，这些泄压构件首先破坏，使得高温高压气体得以泄放，从而降低爆炸压力，使主体结构不发生破坏。有爆炸危险的厂房设置足够的泄压面积，可大大减轻爆炸时的破坏强度，避免因主体结构遭受破坏而造成人员重大伤亡和经济损失。

2. 采用抗爆性能良好的建筑结构体系

对有爆炸危险的建筑，应强化其结构主体的强度和刚度，使其在爆炸中足以抵抗爆炸压力而不倒塌。对存在爆炸危险的甲、乙类厂房，其承重结构宜采用钢筋混凝土或钢框架、排架结构。

3. 采用合理的建筑布置

在建筑设计时，根据建筑生产、储存的爆炸危险性，在总平面布局和平面布置上合理设计，尽量减小爆炸的影响范围，减少爆炸产生的危害。

① 除有特殊要求外，一般情况下，有爆炸危险的厂房应采用单层建筑；

② 有爆炸危险的生产不应设在建筑物的地下室或半地下室内；

③ 有爆炸危险的甲、乙类厂房宜独立设置，并宜采用敞开式或半敞开式的厂房；

④ 有爆炸危险的甲、乙类生产部位，宜设在单层厂房靠外墙的泄压设施或多层厂房顶层靠外墙的泄压设施附近。

第二节　建筑防爆设计

一、爆炸性厂房、库房的布置

对具有爆炸危险的厂房和库房，应根据其生产、储存物质的性质划分其危险性。除了生产、储存工艺上的防火防爆有关要求，厂房及库房的合理布置也是杜绝"先天性"安全隐患的重要措施。

1. 平面及空间布置基本规定

(1) 地下及半地下室

甲、乙类生产场所及甲、乙类仓库不应设置在地下或半地下，因为甲、乙类物质的火灾危险性较大，如果发生火灾将会造成重大损失。且此类建筑物设置在地下或者半地下，发生火灾时其室内温度和烟气浓度都会比较高，疏散和扑救比较困难。

(2) 甲、乙类中间仓库

当厂房内设置甲、乙类中间仓库时，其物品储量不宜超过一昼夜的需要量。对易燃、易爆类物品需求较少的厂房，可适当放宽为存放 1～2 昼夜的用量。中间仓库宜靠外墙布置，并应采用防火墙和耐火极限不低于 1.5h 的不燃性楼板与其他部位分隔。

(3) 办公司、休息室

甲、乙类厂房内不能设置办公室和休息室，如办公室和休息室确需贴邻厂房布置时，其耐火等级不应低于二级，并应采用耐火极限不低于 3.00h 的防爆墙与厂房分隔，且应设置独立的安全出口。办公室和休息室严禁设置在甲、乙类仓库内，也不应贴邻。

(4) 变、配电站

变、配电站不应设置在有爆炸危险的甲、乙类厂房内或者贴邻建造，且不应设置在具有爆炸性气体、粉尘环境的危险区域内，以提高厂房的安全程度。如果生产上确有需要，允许在厂房的一面外墙贴邻建造专为甲类或乙类厂房服务的 10kV 及以下变、配电站，并用无门、窗、洞口的防火墙隔开。

(5) 其他布置

① 厂房内不宜设置地沟，必须设置时，其盖板应严密，并采取防止可燃气体、可燃蒸

气及粉尘、纤维在地沟积聚的有效措施，且与相邻厂房连通处应采用防火材料密封。

② 使用和生产甲、乙、丙类液体厂房的管、沟不应与相邻厂房的管、沟相通，该厂房的下水道应设置隔油设施。

③ 甲、乙类液体仓库应设置防止液体流散的设施。金属钾、钠、锂、钙、锶及化合物氢化锂等遇湿会发生燃烧爆炸的物品仓库应设置防水浸渍的措施，如室内地面高出室外地面、仓库屋面严密遮盖、装卸这类物品的仓库栈台有防雨水的遮挡等。

2. 总平面布局

① 有爆炸危险的甲、乙类厂房、库房宜独立设置，并宜采用敞开或半敞开式，其承重结构宜采用钢筋混凝土或者钢框架、排架结构。

② 有爆炸危险的厂房、库房与周围建、构筑物应保持一定的防火间距。如甲类厂房与民用建筑的防火间距不应小于 25m，与高层建筑、重要公共建筑的防火间距不应小于 50m，与明火或散发火花地点的防火间距不应小于 30m。

③ 有爆炸危险的厂房平面布置最好采用矩形，与主要风向应垂直或夹角不小于 45°，从而有效利用穿堂风吹散爆炸性气体。

④ 防爆厂房宜单独设置，如必须和非防爆厂房贴邻时，只能一面贴邻，并在两者之间用防火墙或防爆墙隔开。

二、建筑物泄压

为了防止爆炸时建筑物受到破坏，导致其承载能力降低乃至坍塌，必须加强建筑构造的抗爆能力，并采取有效泄压措施来降低爆炸的危害程度。

1. 泄压设施

为了减少爆炸事故对建筑物的破坏程度，必须在建筑物或装置上预先开设面积足够大、用低强度材料做成的压力泄放口。爆炸事故发生时，建筑物或装置内反应产生的压力会先通过泄压口释放出去，从而保持建筑物或装置完好，以减轻事故危害。

泄压是减轻爆炸事故危害的一项主要技术措施，泄压设施一般优先选用轻质屋面板、轻质墙体和易于泄压的门窗。作为泄压设施的轻质屋面板和轻质墙体的质量不宜大于 60kg/m²。散发较空气轻的可燃气体、可燃蒸气的甲类厂房或库房宜全部或局部采用轻质屋面板作为泄压设施。泄压面的设置宜靠近容易发生爆炸的部位，且应避开人员集中的场所和主要交通道路。

2. 泄压面积计算

厂房的泄压面积宜按式（4-3）计算，但当厂房的长径比大于 3 时，宜将建筑物划分成长径比$[长径比=\dfrac{L(W+H)\times 2}{4WH}]$不大于 3 的多个计算段，各计算段中的公共截面不得作为泄压面积。

$$A = 10CV^{2/3} \tag{4-3}$$

式中 A——泄压面积，m^2；

V——厂房的容积，m^3；

C——泄压比，可按表 4-3 选取。

表 4-3　厂房内爆炸性危险物质的类别与泄压比规定值　　　　单位：m^2/m^3

厂房内爆炸性危险物质的类别	C 值
氨、粮食、纸、皮革、铅、铬、铜等 $K_尘 \leqslant 10MPa \cdot m/s$ 的粉尘	$\geqslant 0.030$
木屑、炭屑、煤粉、锑、锡等 $10MPa \cdot m/s \leqslant K_尘 \leqslant 30MPa \cdot m/s$ 的粉尘	$\geqslant 0.055$
丙酮、汽油、甲醇、液化石油气、甲烷、喷漆间或干燥室、酚醛树脂、铝、镁、锆等 $K_尘 > 30MPa \cdot m/s$ 的粉尘	$\geqslant 0.110$
乙烯	$\geqslant 0.160$
乙炔	$\geqslant 0.200$
氢	$\geqslant 0.250$

注：$K_尘$ 指粉尘爆炸指数。

【例 4-3】有一个具有爆炸危险的镁粉厂房，已知厂房长度为 20m，跨度为 12m，平均高度为 6.5m，试计算确定该厂房需要设置的泄压面积。

解　① 计算该厂房的长径比：

$$\frac{L(W+H) \times 2}{4WH} = \frac{20 \times (12+6.5) \times 2}{4 \times 12 \times 6.5} = 2.37 < 3$$

满足长径比的要求。

② 查表 4-3 可得，$C = 0.110$。

③ 计算厂房的容积：

$$V = LWH = 20 \times 12 \times 6.5 = 1560 (m^3)$$

④ 将数据代入式（4-3），计算该厂房需要的泄压面积：

$$A = 10C \, V^{2/3} = 10 \times 0.110 \times 1560^{2/3} = 147.96 (m^2)$$

该厂房至少需要设置 147.96m^2 的泄压面积。

三、隔爆设施

具有爆炸危险的建筑物中常设置以下隔爆设施：

1. 防爆墙

防爆墙必须具有抵御爆炸冲击波的作用，同时具有一定的耐火性能。常见的有防爆砖墙、防爆钢筋混凝土墙、防爆钢板墙等。防爆墙上不得设置通风孔，不宜开设门、窗、洞口；如必须开设时，应加装防爆门窗。

2. 防爆门

防爆门又称为装甲门，主要是因为其门板选用抗爆强度高的锅炉钢板或装甲钢板。防爆门的铰链应衬有青铜套轴和垫圈，门扇四周边衬贴橡皮带软垫，用以防止防爆门启闭时因摩擦撞击而产生火花。

3. 防爆窗

防爆窗是指能抵抗来自建筑物内部或外部爆炸冲击波的特种窗，其窗框一般采用角钢板，窗玻璃选用抗爆强度高、爆炸时不易破碎的安全玻璃。

第三节　防爆安全装置

防爆泄压设施、紧急制动装置、安全联锁装置等防火防爆安全装置是化工工艺设备不可缺少的部件或元件，它们可以起到阻止火灾、爆炸蔓延扩展，减少破坏的作用。

一、防爆泄压装置

防爆泄压装置包括安全阀、防爆片、防爆门和放空管等。系统内一旦发生爆炸或压力骤增时，可以通过这些设施释放能量，以减小巨大压力对设备的破坏或阻止爆炸事故的发生。

1. 安全阀

安全阀是为了防止设备或容器内非正常压力过高引起物理性爆炸而设置的。当设备或容器内压力升高超过一定限度时安全阀能自动开启，排放部分气体，当压力降至安全范围内后再自行关闭，从而实现设备和容器内压力的自动控制，防止设备和容器的破裂爆炸。

常用的安全阀有弹簧式、杠杆式，其结构如图 4-1、图 4-2 所示。

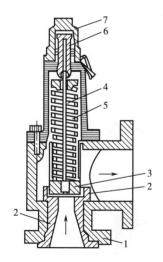

图 4-1　弹簧式安全阀

1—阀体；2—阀座；3—阀芯；4—阀杆；
5—弹簧；6—螺帽；7—阀盖

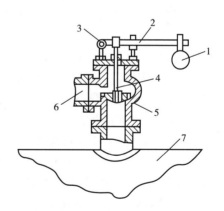

图 4-2　杠杆式安全阀

1—重锤；2—杠杆；3—杠杆支点；4—阀芯；
5—阀座；6—排出管；7—容器或设备

工作温度高而压力不高的设备宜选杠杆式，高压设备宜选弹簧式。一般多用弹簧式安全阀。设置安全阀时应注意以下几点。

① 压力容器的安全阀直接安装在容器本体上。容器内有气、液两相物料时，安全阀应装于气相部分，防止排出液相物料而发生事故。

② 一般安全阀可就地放空，放空口应高出操作人员 1m 以上且不应朝向 15m 以内的明火或易燃物。室内设备、容器的安全阀放空口应引出房顶，并高出房顶 2m 以上。

③ 安全阀用于泄放可燃及有毒液体时，应将排泄管接入事故储槽、污油罐或其他容器；用于泄放与空气混合能自燃的气体时，应接入密闭的放空塔或火炬。

④ 当安全阀的入口处装有隔断阀时，隔断阀应为常开状态。

⑤ 安全阀的选型、规格、排放压力的设定应合理。

2. 防爆片

防爆片又称防爆膜、爆破片，通过法兰装在受压设备或容器上。当设备或容器内因化学爆炸或其他原因产生过高压力时，防爆片作为人为设计的薄弱环节自行破裂，高压流体即通过防爆片从放空管排出，使爆炸压力难以继续升高，从而保护设备或容器的主体免遭更大的损坏，使在场的人员不致遭受致命的伤害（图 4-3）。

图 4-3　防爆片

防爆片一般应用在以下几种场合：

① 存在爆燃危险或异常反应使压力骤然增加的场合，这种情况下弹簧安全阀由于惯性而不适应。

② 不允许介质有任何泄漏的场合。

③ 内部物料易因沉淀、结晶、聚合等形成黏附物，妨碍安全阀正常动作的场合。

凡有重大爆炸危险性的设备、容器及管道，例如气体氧化塔、进焦煤炉的气体管道、乙炔发生器等，都应安装防爆片。

防爆片的安全可靠性取决于防爆片的材料、厚度和泄压面积。正常生产时压力很小或没有压力的设备，可用石棉板、塑料片、橡皮或玻璃片等作为防爆片；微负压生产情况的可采用 2～3cm 厚的橡胶板作为防爆片；操作压力较高的设备可采用铝板、铜板。铁片破裂时能产生火花，存在燃爆性气体时不宜采用。

防爆片的爆破压力一般不超过系统操作压力的 1.25 倍。若防爆片在低于操作压力时破裂，就不能维持正常生产；若操作压力过高而防爆片不破裂，则不能保证安全。

3. 防爆门

防爆门一般设置在燃油、燃气或燃烧煤粉的燃烧室外壁上，以防止燃烧爆炸时，设备遭到破坏。防爆门的总面积一般按燃烧室内部净容积 1m³ 不少于 250cm³ 计算。为了防止燃烧气体喷出时将人烧伤，防爆门应设置在人们不常到的地方，高度不低于 2m。图 4-4、图 4-5 为两种不同类型的防爆门。

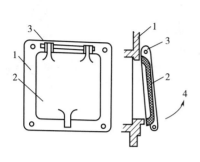

图 4-4　向上翻开的防爆门
1—防爆门的门框；2—防爆门；
3—转轴；4—防爆门转动方向

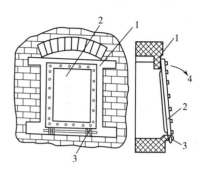

图 4-5　向下放开的防爆门
1—燃烧室外壁；2—防爆门；
3—转轴；4—防爆门转动方向

4. 放空管

在某些极其危险的设备上，为防止可能出现的超温、超压而引起爆炸的恶性事故发生，可设置自动或手控的放空管以紧急排放危险物料（图 4-6）。

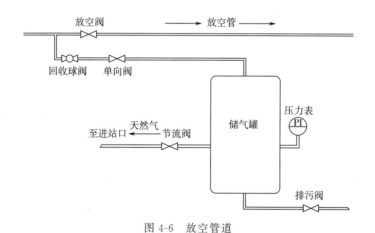

图 4-6　放空管道

二、紧急制动装置

紧急制动装置是指当设备和管道断裂、填料脱落、操作失误时能防止介质大量外泄或因物料积聚、分解造成超温、超压，可能引起着火、爆炸而设置的紧急切断物料的安全装置。

1. 紧急切断阀

紧急切断阀是指当发生火灾爆炸事故时，为防止可燃气体、易燃气体大量泄漏，在容器的气相管（含槽车）出口位置设置的一种紧急切断装置。紧急切断阀有油压式、气动式、电动式等。如图 4-7 所示为油压式紧急切断阀。

正常情况下紧急切断阀保持开启状态，事故时，通过油压泄放或气体泄放，或者断开电源使阀门关闭。紧急切断阀要求动作灵活、性能可靠、便于检修，阀门应在 10s 内确实能闭合。紧急切断阀不得当阀门使用。

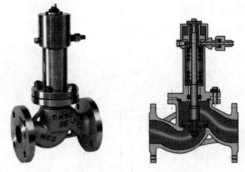

图 4-7　油压式紧急切断阀

2. 单向阀

单向阀又称止逆阀、止回阀，其作用是仅允许流体向一定方向流动，遇有回流即自动关闭。单向阀常用于防止高压物料窜入低压系统而引起管道、容器或设备破裂，也可用作防止回火的安全装置，如液化石油气瓶上的调压阀就是单向阀的一种。

生产中用的单向阀有升降式、摇版式、球式等，如图 4-8 所示。

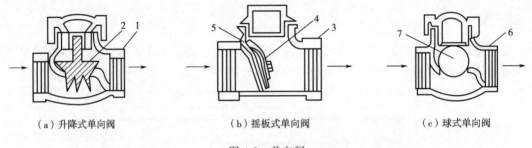

（a）升降式单向阀　　　　　（b）摇板式单向阀　　　　　（c）球式单向阀

图 4-8　单向阀

1,3,6—壳体；2—升降阀；4—摇板；5—摇板支点；7—球阀

3. 过流阀

过流阀也称快速阀，一般安装在液化石油气储罐的液相管和气相管出口或汽车铁路槽车的气、液相出口上。在正常工作情况下，管道中通过规定范围内的流量时，阀门是开启的，储罐内的液化石油气可以从过流阀通过；当管道或附属设备破裂以及填料脱落等事故发生时，过流阀会自动关闭，从而防止储罐内的液化石油气大量流失。

三、自动控制与安全保护装置

1. 自动控制

化工自动化生产中，大多是对连续变化的参数进行自动调节。若在生产控制中要求一组机构按一定的时间间隔作周期性动作，如合成氨生产中原料气的制造，要求一组阀门按一定的要求作周期性切换，就可以采用自动程序控制系统来实现。它主要是由程序控制器按一定时间间隔发出信号，驱动执行机构动作。

2. 安全保护装置

(1) 信号报警装置

化工生产中，在出现危险状态时信号报警装置可以警告操作者，及时采取措施消除隐患。发出信号的形式一般为声、光等，通常都与测量仪表相联系。需要说明的是，信号报警装置只能提醒操作者注意已发生的不正常情况或故障，但不能自动排除故障。

(2) 保险装置

保险装置在发生危险状况时，则能自动消除不正常状况。例如，氨的氧化反应中氨气浓度处于其爆炸极限附近，气体输送管路上应该安装保险装置。在温度或压力影响下，反应过程中氨的浓度提高很容易达到其爆炸下限，此时保险装置会切断氨的输入，只允许空气进入，从而可以防止爆炸性混合物的形成。

(3) 安全联锁装置

所谓联锁就是利用机械或电气控制依次接通各个仪器及设备，并使之彼此发生联系，达到安全生产的目的。

安全联锁装置是对操作顺序有特定安全要求、防止误操作的一种安全装置，有机械联锁和电气联锁。例如，需要经常打开的带压反应器，开启前必须将器内压力排除，而经常连续操作容易出现疏忽，因此可将打开孔盖与排除器内压力的阀门进行联锁。

化工生产中，常见的安全联锁装置有以下几种情况：

① 同时或依次放入两种液体或气体时；
② 在反应终止需要惰性气体保护时；
③ 打开设备前要预先解除压力或需要降温时；
④ 当两个或多个部件、设备、机器由于操作错误容易引起事故时；
⑤ 当工艺控制参数达到某极限值，开启处理装置时；
⑥ 某危险区域或部位禁止人员入内时。

例如，在硫酸与水的混合操作中，必须先往设备中注入水再注入硫酸，否则将会发生喷溅和灼伤事故。将注水阀门和注酸阀门依次联锁起来，就可达到此目的。如果只凭工人记忆操作，很可能因为疏忽使顺序颠倒，发生事故。

第四节　爆炸危险环境电气防爆

电气设备引燃爆炸性混合物有两方面的原因：一是电气设备产生火花、电弧；二是电气设备表面（与爆炸性混合物接触的表面）发热。电气防爆就是将设备在正常运行时产生火花、电弧的部分置于防爆外壳内，或者采取浇封型、充砂型、油浸型或正压型等其他防爆形式以达到防爆目的。

一、爆炸性环境危险区域划分

1. 爆炸性气体环境和爆炸性粉尘环境分区

爆炸性气体环境是指在大气条件下，气体或蒸气可燃物质与空气的混合物引燃后，能够保持燃烧自行传播的环境。爆炸性粉尘环境是指在大气环境条件下，可燃性粉尘与空气形成的混合物被点燃后，能够保持燃烧自行传播的环境。

依据现行国家标准《爆炸危险环境电力装置设计规范》（GB 50058—2014），气体爆炸危险区域和粉尘爆炸危险区域划分见表4-4。

表 4-4　爆炸性环境危险区域划分

类别	分级	特征
爆炸性气体环境	0 区	连续出现或长期出现爆炸性气体混合物的环境
	1 区	在正常运行时可能出现爆炸性气体混合物的环境
	2 区	在正常运行时不太可能出现爆炸性气体混合物的环境，或即使出现也仅是短时存在的爆炸性气体混合物环境
爆炸性粉尘环境	20 区	空气中的可燃性粉尘云持续地或长期地或频繁地出现于爆炸性环境中的区域
	21 区	在正常运行时，空气中的可燃性粉尘云很可能偶尔出现于爆炸性环境中的区域
	22 区	在正常运行时，空气中的可燃性粉尘云一般不可能出现于爆炸性粉尘环境中的区域，即使出现，持续时间也是短暂的

爆炸性气体环境危险区域的划分应根据爆炸性气体混合物出现的频繁程度及通风条件确定。

符合下列条件之一时，可划为非气体爆炸性环境危险区域：

① 没有可燃物质释放源且不可能有可燃物质侵入的区域；

② 可燃物质可能出现的最高浓度不超过爆炸下限值10％的区域；

③ 在生产过程中使用明火的设备附近区域，或炽热部件的表面温度超过区域内可燃物质引燃温度的设备附近区域；

④ 在生产装置区外，露天或开敞设置的输送可燃物质的架空管道地带，但其阀门处区域按具体情况确定。

爆炸性粉尘环境危险区域的划分应按爆炸性粉尘的量、爆炸极限和通风条件确定。符合下列条件之一时，可划为非粉尘爆炸性环境危险区域：

① 设有为爆炸性粉尘环境服务，并用墙隔绝的送风机室，其通向爆炸性粉尘环境的风道设有能防止爆炸性粉尘混合物侵入的安全装置；

② 区域内使用爆炸性粉尘的量不大，且在排风柜内或风罩下进行操作。

2. 爆炸性气体混合物的分级、分组

依据国家标准《爆炸危险环境电力装置设计规范》（GB 50058—2014）的规定，爆炸性气体混合物按其最大试验安全间隙（MESG）或最小点燃电流比（MICR）进行分级，按其引燃温度进行分组，详见表4-5、表4-6。

表 4-5　爆炸性气体混合物分级

级别	最大试验安全间隙（MESG）/mm	最小点燃电流比（MICR）
ⅡA	≥0.9	>0.8
ⅡB	0.5≤MESG<0.9	0.45≤MICR≤0.8

级别	最大试验安全间隙（MESG）/mm	最小点燃电流比（MICR）
ⅡC	≤0.5	<0.45

注：1. 分级的级别应符合国家标准《爆炸性环境 第11部分：气体和蒸气物质特性分类 试验方法和数据》（GB/T 3836.11—2017）的有关规定。

2. 最小点燃电流比为各种可燃物质的最下点燃电流值与实验室甲烷的最小点燃电流值之比。

表 4-6　爆炸性气体混合物分组

组别	T1	T2	T3	T4	T5	T6
引燃温度 t/℃	450<t	300≤t<450	200<t≤300	135<t≤200	100<t≤135	85<t≤100

常见可燃性气体或蒸汽（气）爆炸性混合物分级、分组可查阅《爆炸危险环境电力装置设计规范》（GB 50058—2014）的附录C。

3. 爆炸性粉尘环境中粉尘的分级

依据国家标准《爆炸危险环境电力装置设计规范》（GB 50058—2014）的规定，在爆炸性粉尘环境中的粉尘可分为下列三级：①ⅢA级为可燃性飞絮；②ⅢB级为非导电性粉尘；③ⅢC级为导电性粉尘。

常见可燃性粉尘特性可查阅《爆炸危险环境电力装置设计规范》（GB 50058—2014）的附录E。

二、防爆电气设备

1. 防爆电气设备类型

在爆炸性环境中，为防止设备的电火花成为点燃源，必须采用爆炸性环境用电气设备。爆炸性环境用电气设备分为Ⅰ类、Ⅱ类和Ⅲ类。

Ⅰ类电气设备用于煤矿瓦斯气体环境。

Ⅱ类电气设备用于除煤矿瓦斯气体之外的其他爆炸性气体环境（ⅡA类适用于丙烷等气体，ⅡB类适用于乙烯等气体，ⅡC类适用于氢气等气体；标志ⅡB的设备可适用于标志ⅡA类设备的使用条件，标志ⅡC的设备可适用于标志ⅡA类和ⅡB类设备的使用条件）。

Ⅲ类电气设备用于除煤矿以外的爆炸性粉尘环境（ⅢA类适用于可燃性飞絮，ⅢB类适用于非导电性粉尘，ⅢC类适用于导电性粉尘；标志ⅢB的设备可适用于标志ⅢA类设备的使用条件，标志ⅢC的设备可适用于标志ⅢA类和ⅢB类设备的使用条件）。

由此可见，爆炸性环境的化工作业场所主要采用Ⅱ类和Ⅲ类的电气设备。

防爆电气设备的选择还要依据设备保护级别和电气设备的防爆类型确定。

设备保护级别（equipment protection level，EPL）是指根据设备成为点燃源的可能性和与爆炸性气体环境、爆炸性粉尘环境及煤矿瓦斯环境所具有的不同特征而对其进行规定的保护级别。EPL与爆炸性环境危险区域的对应关系见表4-7（未包括煤矿瓦斯环境）。

表 4-7　EPL 与爆炸性环境危险区域的对应关系

设备保护级别	Ga（很高）	Gb（较高）	Gc（一般）	Da（很高）	Db（较高）	Dc（一般）
爆炸性环境危险区域	0 区	1 区	2 区	20 区	21 区	22 区

为了满足化工生产的防爆需要，必须了解正确选择防爆电气的结构类型。
各种防爆电气设备结构类型及其标志见表 4-8。

表 4-8　防爆电气设备结构类型及其标志

电气设备防爆结构	标志	电气设备防爆结构	标志
隔爆型	d	油浸型	o
增安型	e	充砂型	q
正压外壳型	p	浇封型	m
本质安全型	i	无火花型	n
外壳保护型	t		

防爆电气设备在标志中除了标出类型外，还标出适用的分级分组。防爆电气标志（Ex 之后）一般由五部分组成，以字母或数字表示。由左至右依次为：①防爆电气类型的标志；②Ⅱ 或 Ⅲ；③爆炸混合物的级别；④爆炸混合物的组别；⑤设备保护级别。如 Exd ia Ⅱ C T4 Gb。

2. 防爆电气设备的选型

在爆炸性环境内，电气设备应根据下列因素进行选择：
① 爆炸危险区域的分区；
② 可燃性物质和可燃性粉尘的分级；
③ 可燃性物质的引燃温度；
④ 可燃性粉尘云、可燃性粉尘层的最低引燃温度。

爆炸性环境危险区域内电气设备类型及设备保护级别（EPL）的选择见表 4-9。电气设备保护级别（EPL）与电气设备防爆结构的关系见表 4-10。

表 4-9　爆炸性环境危险区域内电气设备类型及设备保护级别（EPL）的选择

爆炸性环境危险区域	0 区	1 区	2 区	20 区	21 区	22 区
设备类型	Ⅱ	Ⅱ	Ⅱ	Ⅲ	Ⅲ	Ⅲ
设备保护级别	Ga	Ga、Gb	Ga、Gb、Gc	Da	Da、Db	Da、Db、Dc

特别注意，所选防爆电气设备的级别和组别不应低于该爆炸性气体环境内爆炸性气体混合物的级别和组别，应符合表 4-11 和表 4-12 的规定以及《爆炸危险环境电力装置设计规范》（GB 50058—2014）中 5.2.3 和 5.2.4 的其他规定。

表 4-10 电气设备保护级别（EPL）与电气设备防爆结构的关系

EPL	电气设备防爆结构	防爆形式	EPL	电气设备防爆结构	防爆形式
Ga	本质安全型	"ia"	Gc	限制呼吸	"nR"
	浇封型	"ma"		限能	"nL"
	由两种独立的防爆类型组成的设备，每一种类型达到保护级别"Gb"要求	—		火花保护	"nC"
				正压型	"pz"
	光辐射式设备和传输系统的保护	"op is"		非可燃现场总线概念（FNICO）	—
Gb	隔爆型	"d"		光辐射式设备和传输系统的保护	"opsh"
	增安型	"e"	Da	本质安全型	"ia"
	本质安全型	"ib"		浇封型	"ma"
	浇封型	"mb"		外壳保护型	"ta"
	油浸型	"o"	Db	本质安全型	"ib"
	正压型	"px" "py"		浇封型	"mb"
	充砂型	"q"		外壳保护型	"tb"
	本质安全现场总线概念（FISCO）	—		正压型	"pb"
	光辐射式设备和传输系统的保护	"op pr"	Dc	本质安全型	"ic"
Gc	本质安全型	"ic"		浇封型	"mc"
	浇封型	"mc"		外壳保护型	"tc"
	无火花	"n" "nA"		正压型	"pc"

注：在 1 区中使用的增安型 "e" 电气设备仅限于如下电气设备：正常运行中不产生火花、电弧或无效温度的接线盒和接线箱，包括主体为 "d" 或 "m"，接线部分为 "e" 的电气产品。按现行国家标准《爆炸性环境 第 3 部分：由增安型 "e" 保护的设备》（GB 3836.3—2010）附录 D 配置的合适热保护装置的 "e" 低压异步电动机，启动频繁和环境恶劣者除外。"e" 荧光灯。"e" 测量仪表和仪表用电流互感器。

表 4-11 气体、蒸气或粉尘分级与电气设备类别的关系

气体、蒸气或粉尘分级	ⅡA	ⅡB	ⅡC	ⅢA	ⅢB	ⅢC
设备类别	ⅡA、ⅡB、ⅡC	ⅡB、ⅡC	ⅡC	ⅢA、ⅢB、ⅢC	ⅢB、ⅢC	ⅢC

表 4-12 Ⅱ类电气设备的温度组别、最高表面温度和气体、蒸气引燃温度之间的关系

电气设备的温度组别	电气设备的最高表面温度/℃	气体、蒸气引燃温度/℃	适用设备的温度级别
T1	450	>450	T1～T6
T2	300	>300	T2～T6
T3	200	>200	T3～T6
T4	135	>135	T4～T6
T5	100	>100	T5～T6
T6	85	>85	T6

为了正确选择防爆电气设备，下面将表 4-8 中所列的防爆电气设备特点做一简要介绍。

① 隔爆型电气设备，有一个隔爆外壳，是应用缝隙隔爆原理，使设备外壳内部产生的爆炸火焰不能传播到外壳的外部，从而点燃周围环境中爆炸性介质的电气设备。

隔爆型电气设备的安全性较高，可用于除 0 区之外的各级危险场所，但其价格及维护要求也较高，因此在危险性级别较低的场所使用不够经济。

② 增安型电气设备，是在正常运行情况下不产生电弧、火花或危险温度的电气设备。它可用于 1 区和 2 区危险场所，价格适中，可广泛使用。

③ 正压外壳型电气设备，具有保护外壳，壳内充有保护性气体，其压力高于周围爆炸性气体的压力，能阻止外部爆炸性气体进入设备内部引起爆炸。p 型可用于 1 区和 2 区危险场所，pd 型可用于爆炸性粉尘环境。

④ 本质安全型电气设备，是由本质安全电路构成的电气设备。在正常情况下及事故时产生的火花、危险温度不会引起爆炸性混合物爆炸。ia 型可用于 0 区和 20 区危险场所，ib 型可用于 1 区和 2 区危险场所，id 型用于爆炸性粉尘环境。

⑤ 外壳保护型电气设备，适用于在可燃性粉尘环境中用外壳和限制表面温度保护的电气设备。在该环境中，可燃性粉尘存在的数量能够导致火灾或爆炸危险。不适用于无氧气存在即可燃烧的火炸药粉尘或自燃物质。

⑥ 油浸型电气设备，是应用隔爆原理将电气设备全部或一部分浸没在绝缘油面以下，使得产生的电火花和电弧不会点燃油面以上及容器外壳外部的燃爆型介质。运行中经常产生电火花以及有活动部件的电气设备可以采用这种防爆形式。可用于除 0 区之外的危险场所。

⑦ 充砂型电气设备，是应用隔爆原理将可能产生火花的电气部位用砂粒充填覆盖，利用覆盖层砂粒间隙的熄火作用，使电气设备的火花或过热温度不致引燃周围环境中的爆炸性物质。可用于除 0 区之外的危险场所。

⑧ 浇封型电气设备，是将电气设备或其部件浇封在浇封剂中，使其在正常运行和认可的过载或认可的故障下不能点燃周围的爆炸性混合物的防爆电气设备。

⑨ 无火花型电气设备，在正常运行时不会产生火花、电弧及高温表面的电气设备。它只能用于 2 区危险场所，但因为在爆炸性危险场所中 2 区危险场所占绝大部分，所以该类型设备使用面很广。

 事故案例

【案例】江苏连云港某有限公司"12·9"重大爆炸事故

连云港某有限公司成立于 2009 年 5 月，位于连云港市灌南县堆沟港镇的化学工业园区，注册资本 4680 万元人民币，共有员工 398 人，主要产品规模为：年产 3000t 硝基苯、10000t 间二硝基苯、3000t 间二氯苯。该公司厂区东西长约 480m，南北宽约 170m，占地面积为 98000m²，厂区分别建有 9 个生产车间、仓储区、污水预处理装置、实验楼、锅炉房等。

事故发生在位于厂区东北侧的 3000t/年间二氯苯生产装置，该装置以间二硝基苯为原料，与氯气反应生产间二氯苯，工艺流程包括脱水、氯化、水洗、精馏等工序。间二硝基苯为白色或黄色粉末，有挥发性，遇明火高热易燃，与氧化剂混合能形成爆炸性混合物，经摩擦、震动或撞击可引起燃烧或爆炸。间二硝基苯在生产过程中会产生二硝基苯酚，在后处理工序中加碱中和酸性物质的同时生成水溶液中比较稳定的二硝基酚盐。随后间二硝基苯粗品精制、结晶、水洗除去残留的酚盐和过量的碱，但结晶体包裹的碱和结晶体酚盐不能被完全清洗，而残留的碱仍会与间二硝基苯缓慢反应，又生成新的酚盐。该酚盐会分解爆炸，并经实验验证，酚盐与间二硝基苯混合后在110~146℃条件下会出现明显放热过程，并在130℃放热量达到最大。

2017年12月9日2时左右，该有限公司四车间操作人员开始压料操作。压料具体步骤为：间二硝基苯经脱水釜脱水后进入保温釜，保温釜通入氮气在0.15MPa操作压力下将间二硝基苯压到高位槽，压料完毕后停氮气，并将保温釜通过放空管线泄压。操作中，企业擅自采用0.6MPa压缩空气代替氮气压料。现场监控视频显示，12月9日2时02分45秒，压料作业结束后，操作人员打开保温釜的排空阀泄压；2时03分17秒，保温釜内产生明火，塑料放空管线被映红，随即青黑色烟雾从保温釜上部冒出；2时03分25秒，大量浓黑色烟雾从保温釜上部快速喷出；2时03分45秒，四车间二层区域发生爆炸，导致事故发生。另外，从DCS显示还可以看出，12月8日21时09分，保温釜温度约123℃，并持续上升；22时42分，温度超过150℃量程，持续约3.5h，直至爆炸。

反应釜爆炸致使四车间整体坍塌，四车间东侧六车间整体坍塌，四车间北侧围墙大面积坍塌，六车间东侧八车间建筑严重损毁，四车间南侧污水预处理装置严重损毁，南侧管廊管架严重损毁，四车间西侧液氯库严重损毁，厂区中南侧一车间建筑损坏，厂区其他各车间、仓库、实验楼、锅炉房、办公楼等建筑不同程度损坏。

事故共造成10人死亡，1人轻伤。死亡人员均为聚鑫公司职工，其中四车间3人，六车间7人。事故造成直接经济损失4875万元。经计算，本次事故释放的爆炸总能量为14.15t TNT当量，最大一次爆炸破坏当量为12.68t TNT。

经调查，事故的直接原因为：尾气处理系统的氮氧化物（夹带硫酸）串入1#保温釜，与加入回收残液中的间硝基氯苯、间二氯苯、1,2,4-三氯苯、1,3,5-三氯苯和硫酸根离子等形成混酸，在绝热高温下，与釜内物料发生化学反应，持续放热升温，并释放氮氧化物气体（冒黄烟）；使用压缩空气压料时，高温物料与空气接触，反应加剧（超量程），紧急卸压放空时，遇静电火花燃烧，釜内压力骤升，物料大量喷出，与釜外空气形成爆炸性混合物，遇燃烧火源发生爆炸。

事故的间接原因如下：①该公司未落实安全生产主体责任；②设计、监理、评价、设备安装等技术服务单位未依法履行职责，违法违规进行设计、安全评价、设备安装、竣工验收；③灌南县委县政府和化工园区管委会安全生产红线意识不强，对安全生产工作重视不够，属地监管责任不落实；④负有安全生产监管和建设项目管理的有关部门未认真履行职责，审批把关不严，监督检查不到位。

经调查认定，连云港聚鑫生物科技有限公司"12·9"重大爆炸事故是一起生产安全责任事故。

📚 课堂讨论

1. 有爆炸危险的厂房和库房在总平面布置时有哪些规定？

2. 建筑防爆的预防性措施包括哪些?

3. 防爆电气设备的选用原则是什么?

 知识巩固

1. 危险化学品的储存方式包括以下三种: (　　)、(　　)、(　　)。

2. 当办公室和休息室贴邻甲、乙类厂房设置时,其耐火极限不应低于 (　　) 级。

3. 有爆炸危险的厂房平面布置最好采用 (　　),与主要风向应垂直或夹角不小于 (　　)。

4. 具有爆炸危险的厂房内常采用的隔爆设施包括 (　　)、(　　)、(　　)。

5. 常见的防爆泄压装置包括 (　　)、(　　)、(　　)、(　　) 等。

6. 爆炸性环境用电气设备分为Ⅰ类、Ⅱ类和Ⅲ类,其中Ⅰ类电气设备适用于 (　　　　　　　　)环境,Ⅱ类电气设备适用于 (　　　　　　　　) 环境,Ⅲ类电气设备适用于 (　　　　　　　　) 环境。

7. 某金属部件加工厂的滤芯抛光车间厂房内设有一条地沟,该厂房采取的下列措施中,不符合要求的是 (　　)。

A. 用盖板将车间内地沟严密封闭　　　　B. 采用不发火地面

C. 设置除尘设施　　　　D. 采用粗糙的防滑地板

8. 下列建筑电气防爆基本措施中,错误的是 (　　)。

A. 选用与爆炸危险区域和范围相适应的防爆电气设备

B. 在同时存在爆炸性气体和粉尘的区域,按照爆炸性气体的防爆要求选用电气设备

C. 设置防爆型剩余电流式电气火灾监控报警系统和紧急断电装置

D. 在正常运行时会产生火花、电弧的电气设备和线路布置在爆炸危险性小或没有爆炸危险性的环境内

 能力训练

　　某砖混结构甲醇合成厂房,屋顶承重构件采用耐火极限 0.5h 的难燃性材料,厂内地下 1 层、地上 2 层 (局部 3 层) 建筑高度 22m,长度和宽度均为 40m。厂房居中位置设置一部连通各层的敞开楼梯,每层外墙上有便于开启的自然排烟窗,存在爆炸危险的部位按国家标准要求设置了泄压设施。厂房东侧外墙水平距离 25m 处有一间二级耐火等级的燃煤锅炉房 (建筑高度 7m),南侧外墙水平距离 25m 处有一座二级耐火等级的多层厂房办公楼 (建筑高度 16m),西侧 12m 处有一座丙类仓库 (建筑高度 6m,二级耐火等级),北侧设置两座单罐容量为 300m³ 甲醇储罐。储罐与厂房之间的防火间距为 25m,储罐四周设置防火堤。防火堤外侧基脚线水平距离厂房北侧外墙 7m。厂房和防火堤四周设置宽度不小于 4m 的环形消防车道。厂房内一层布置了变 (配) 电站、办公室和休息室,这些场所之间及与其他部位之间均设置了耐火极限不低于 4.00h 的防火墙。变、配电室与生产部位之间的防火墙上设置了镶嵌固定窗扇的防火玻璃观察窗。办公室和休息室与生产部位之间开设甲级防火门。顶层局部

厂房临时改为员工宿舍，员工宿舍与生产部位之间为耐火极限不低于 4.00h 的防火墙，并设置了两部专用的防烟楼梯间。

厂房地面采用水泥地面，地表面涂刷醇酸油漆；厂房与相邻厂房相连通的管、沟采取了通风措施；下水道设置了水封设施。电气设备符合《爆炸危险环境电力装置设计规范》（GB 50058—2014）规定的防爆要求。

1. 计算该厂房的防爆泄压面积。
2. 指出该厂房在防爆和其他方面存在的安全问题。

 ## 实训项目4：防爆泄压装置认识训练

一、实训目的

为了阻止火灾、爆炸的蔓延和扩展，减少其破坏作用，防爆泄压装置等防火防爆安全设施是工艺设备不可缺少的部件或元件。危险性较大的化学反应设备应同时设置几种防火防爆安全设施，一般的设备可设置其中的一种或几种。通过本次实训，使学生加强对常见的防爆泄压装置工作原理的理解，主要实现以下目标：

1. 能正确识别常见的防爆泄压装置；
2. 可以选择合适的防爆泄压装置。

二、实施内容

1. 学生按学号进行分组，每组进行具体的任务划分，填写任务卡。

2. 选择校内实训场所的有关设备，观察设备上安装的防爆泄压装置。编制完成实训报告，并制作 PPT 文件进行讲解展示。实训报告至少应该涵盖以下内容：

（1）所选实训设备的简要介绍；
（2）防爆泄压装置的类型、工作原理介绍；
（3）防爆泄压装置的优、缺点；
（4）防爆泄压装置的检修及维护保养。

厂房和仓库的防爆图示见二维码 M4-1。

M4-1　厂房和仓库的防爆图示

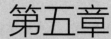

第五章

化工生产中的防火防爆

知识目标：1. 熟悉危险化学品的分类，掌握易燃易爆物质的燃爆特性。

2. 熟悉易燃易爆物质在储存、包装和运输方面的安全要求。

3. 熟悉易燃易爆类化学品火灾的扑救要点。

4. 了解化工生产工艺参数控制及特殊作业的防火防爆基本知识。

能力目标：1. 能够依据易燃易爆物质的燃爆特性制定防火防爆措施。

2. 具有对特殊作业实施安全管理的能力。

第一节 易燃易爆物质的燃爆特性

显而易见，加强对易燃易爆物质的监控是防止重大火灾爆炸事故的重点。其中具有燃烧与爆炸危险的危险化学品又是重中之重。因此，熟悉有燃烧与爆炸危险的危险化学品的燃爆特性是十分必要的。

一、危险化学品及其分类

《危险化学品安全管理条例》（国务院令第 645 号）对危险化学品做了如下定义：

具有毒害、腐蚀、爆炸、燃烧、助燃等性质，对人体、设施、环境具有危害的剧毒化学品和其他化学品。

《危险货物分类和品名编号》（GB 6944—2012）按危险货物具有的危险性或最主要的危险性分为 9 个类别，给出了爆炸品配装组分类和组合、危险货物危险性的先后顺序以及危险货物包装类别。有些类别再分成项别，类别和项别的号码顺序并不是危险程度的顺序。具体分类如下：

① 第 1 类 爆炸品。

本类包括：a. 爆炸性物质；b. 爆炸性物品；c. 为产生爆炸或烟火实际效果而制造的，a. 和 b. 中未提及的物质或物品。

爆炸性物质是指固体或液体物质（或物质混合物），自身能够通过化学反应产生气体，其温度、压力和速度高到能对周围造成破坏。烟火物质即使不放出气体，也包括在内。

爆炸性物品是指含有一种或几种爆炸性物质的物品。

第 1 类划分为 6 项。

第 1.1 项　有整体爆炸危险的物质和物品。

第 1.2 项　有迸射危险，但无整体爆炸危险的物质和物品。

第 1.3 项　有燃烧危险并有局部爆炸危险或局部迸射危险或这两种危险都有，但无整体爆炸危险的物质和物品。

第 1.4 项　不呈现重大危险的物质和物品。

第 1.5 项　有整体爆炸危险的非常不敏感物质。

第 1.6 项　无整体爆炸危险的极端不敏感物品。

② 第 2 类　气体。

本类气体指：a. 在 50℃时，蒸气压力大于 300kPa 的物质；b. 20℃时在 101.3kPa 标准压力下完全是气态的物质。

本类包括压缩气体、液化气体、溶解气体和冷冻液化气体、一种或多种气体与一种或多种其他类别物质的蒸气的混合物、充有气体的物品和气雾剂。

压缩气体是指 -50℃下加压包装供运输时完全是气态的气体，包括临界温度小于 -50℃的所有气体。

液化气体是指在温度大于 -50℃下加压包装供运输时部分是液态的气体，可分为高压液化气体（即临界温度在 $-50 \sim +65$℃之间的气体）和低压液化气体（即临界温度大于 $+65$℃的气体）。

溶解气体是指加压包装供运输时溶解于液相溶剂中的气体。

冷冻液化气体是指包装供运输时由于其温度低而部分呈液态的气体。

第 2 类分为 3 项。

第 2.1 项　易燃气体。

本项包括在 20℃ 和 101.3kPa 条件下：a. 爆炸下限小于或等于 13% 的气体；b. 不论其爆炸下限如何，其爆炸极限（燃烧范围）都大于或等于 12% 的气体。

第 2.2 项　非易燃无毒气体。

本项包括窒息性气体、氧化性气体以及不属于其他项别的气体。

本项不包括在温度 20℃ 时压力低于 200 kPa 且未经液化或冷冻液化的气体。

第 2.3 项　毒性气体。

本项包括：a. 毒性或腐蚀性对人类健康造成危害的气体；b. 急性半数致死浓度 LC_{50} 值小于或等于 $5000 mL/m^3$ 的毒性或腐蚀性气体。

③ 第 3 类　易燃液体。

本类包括：a. 易燃液体；b. 液态退敏爆炸品。

易燃液体是指易燃的液体或液体混合物，或是在溶液或悬浮液中含有固体的液体，其闭杯试验闪点不高于 60 ℃，或开杯试验闪点不高于 65.5 ℃。易燃液体还包括在温度等于或高于其闪点的条件下提交运输的液体，或以液态在高温条件下运输或提交运输并在温度等于或低于最高运输温度下放出的易燃蒸气的物质（注：符合上述定义，但闪点高于 35 ℃ 而且不能持续燃烧的液体，该标准不视为易燃液体；标准还列出了液体三种被视为不能持续燃烧的情形）。

液态退敏爆炸品是指为抑制爆炸性物质的爆炸性能，将爆炸性物质溶解或悬浮在水中或其他液态物质后，而形成的均匀液态混合物。

④ 第 4 类　易燃固体、易于自燃的物质、遇水放出易燃气体的物质。

第 4 类分为 3 项。

第 4.1 项　易燃固体、自反应物质和固态退敏爆炸品。

易燃固体是指易于燃烧的固体和摩擦可能起火的固体。

自反应物质是指即使没有氧气（空气）存在，也容易发生激烈放热分解的热不稳定物质。

固态退敏爆炸品是指为抑制爆炸性物质的爆炸性能，用水或酒精湿润爆炸性物质或用其他物质稀释爆炸性物质后，而形成的均匀固态混合物。

第 4.2 项　易于自燃的物质。

本项包括：a. 发火物质；b. 自热物质。

发火物质是指即使只有少量与空气接触，不到 5min 时间便燃烧的物质，包括混合物和溶液（液体或固体）。

自热物质是指发火物质以外的与空气接触便能自己发热的物质。

第 4.3 项　遇水放出易燃气体的物质。

本项物质是指遇水放出易燃气体，且该气体与空气混合能够形成爆炸性混合物的物质。

⑤ 第 5 类　氧化性物质和有机过氧化物。

第 5 类分为 2 项。

第 5.1 项　氧化性物质。

氧化性物质是指本身未必燃烧，但通常因放出氧可能引起或促使其他物质燃烧的物质。

第 5.2 项　有机过氧化物。

有机过氧化物是指含有两价过氧基（—O—O—）结构的有机物质。

注：当有机过氧化物配置品满足下列条件之一时，视为非有机过氧化物：①其有机过氧化物的有效氧质量分数不超过 1.0%，而且过氧化氢质量分数不超过 1.0%；②其有机过氧化物的有效氧质量分数不超过 0.5%，而且过氧化氢质量分数超过 1.0% 但不超过 7.0%。

⑥第 6 类　毒性物质和感染性物质。

第 6 类分为 2 项。

第 6.1 项　毒性物质。

毒性物质是指经吞食、吸入或与皮肤接触后可能造成死亡或严重受伤或损害人类健康的物质。毒性物质的毒性分为急性口服毒性、急性皮肤接触毒性和急性吸入毒性，分别用口服毒性半数致死量 LD_{50}、皮肤接触毒性半数致死量 LD_{50}、吸入毒性半数致死浓度 LC_{50} 衡量。

本项包括满足下列条件之一的毒性物质（固体或液体）：

a. 急性口服毒性：$LD_{50} \leqslant 300mg/kg$；

b. 急性皮肤接触毒性：$LD_{50} \leqslant 1000mg/kg$；

c. 急性吸入粉尘和烟雾毒性：$LC_{50} \leqslant 4mg/L$；

d. 急性吸入蒸气毒性：$LC_{50} \leqslant 5000mL/m^3$，且在 20℃ 和标准大气压力下的饱和蒸气浓度大于等于 1/5 LC_{50}。

第 6.2 项　感染性物质。

感染性物质是指已知或有理由认为含有病原体的物质。

⑦ 第 7 类　放射性物质。

本类物质是指任何含有放射性核素并且其活度浓度和放射性总活度都超过《放射性物质安全运输规程》（GB 11806）规定限值的物质。

⑧ 第 8 类　腐蚀性物质。

腐蚀性物质是指通过化学作用使生物组织接触时造成严重损伤或在渗漏时会严重损害甚至毁坏其他货物或运载工具的物质。本类包括满足下列条件之一的物质：①使完好皮肤组织在暴露超过 60min，但不超过 4 h 之后开始的最多 14 d 观察期内全厚度损毁的物质；②被判定不引起完好皮肤全厚度毁损，但在 55 ℃ 试验温度下，对钢或铝的表面腐蚀率超过 6.25mm/a 的物质。

⑨ 第 9 类　杂项危险物质和物品，包括危害环境物质。

本类是指存在危险但不能满足其他类别定义的物质和物品，包括：a. 以微细粉尘吸入可危害健康的物质；b. 会放出易燃气体的物质；c. 锂电池组；d. 救生设备；e. 一旦发生火灾可形成二噁英的物质和物品；f. 在高温下运输或提交运输的物质，是指在液态温度达到或超过 100℃，或固态温度达到或超过 240℃ 条件下运输的物质；g. 危害环境物质；h. 不符合第 6.1 项毒性物质或第 6.2 项感染性物质定义的经基因修改的微生物和生物体；i. 其他。

《危险货物分类和品名编号》（GB 6944—2012）对危险货物包装类别做出了如下划分：

为了包装目的，除了第 1 类、第 2 类、第 7 类、第 5.2 项和第 6.2 项以及第 4.1 项自反应物质以外的物质，根据其危险程度，划分为三个包装类别：

a. Ⅰ 类包装，具有高度危险性的物质；

b. Ⅱ 类包装，具有中等危险性的物质；

c. Ⅲ 类包装，具有轻度危险性的物质。

《危险货物分类和品名编号》（GB 6944—2012）适用于危险货物运输、储存、经销及相关活动。

此外，《化学品分类和危险性公示 通则》（GB 13690—2009）将化学品按照其理化危险、健康危险和环境危险进行了分类。

重点监管的危险化学品名录详见二维码 M5-1。

M5-1　重点监管的
危险化学品名录

二、易燃易爆物质的燃爆特性

危险化学品之所以有危险性、能引起事故甚至灾难性事故，与其本身的特性有关。主要燃爆特性及燃爆危险性影响因素简述如下。

1. 燃爆特性

(1) 易燃易爆性

易燃易爆的化学品在常温常压下，经撞击、摩擦、热源、火花等火源的作用，能发生燃烧与爆炸。

燃烧爆炸的能力大小取决于这类物质的化学组成。化学组成决定着化学物质的燃点、闪点的高低、燃烧范围、爆炸极限、燃速、发热量等。

一般来说，气体比液体、固体易燃易爆，燃速更快。这是因为气体的分子间力小，化学键容易断裂，无需溶解、熔化和分解。

物质的分子越小，分子量越低，化学性质越活泼，越容易引起燃烧爆炸。由简单成分组成的气体比复杂成分组成的气体易燃、爆，含有不饱和键的化合物比含有饱和键的化合物易燃、爆，如火灾爆炸危险性 $H_2 > CO > CH_4$。

可燃性气体燃烧前必须与助燃气体先混合，当可燃气体从容器内外逸时，与空气混合，就会形成爆炸性混合物，两者互为条件，缺一不可。而分解爆炸性气体，如乙烯、乙炔、环氧乙烷等，不需与助燃气体混合，其本身就会发生爆炸。

有些化学物质相互间不能接触，否则将发生爆炸，如硝酸与苯、高锰酸钾与甘油等。

因为任何物体的摩擦都会产生静电，所以当易燃易爆的化学危险物品从破损的容器或管道口处高速喷出时能够产生静电，这些气体或液体中的杂质越多，流速越快，产生的静电荷就越多，这是极危险的点火源。

燃点较低的危险品易燃性强，如黄磷在常温下遇空气即发生燃烧。遇湿易燃的化学物在受潮或遇水后会放出氧气引燃，如电石、五氧化二磷等。

(2) 扩散性

化学事故中化学物质溢出，可以向周围扩散，比空气轻的可燃气体可在空气中迅速扩散，与空气形成混合物，随风飘荡，致使燃烧、爆炸与毒害蔓延扩大。比空气重的物质多漂流于地表、沟、角落等到处，可长时间积聚不散，造成迟发性燃烧、爆炸和引起人员中毒。

这些气体的扩散性受气体本身密度的影响，分子量越小的物质扩散越快。如氢气的分子量最小，其扩散速率最快，在空气中达到爆炸极限的时间最短。气体的扩散速率与其分子量的平方根成反比。

(3) 突发性

化学物质引发的事故，多是突然爆发，在很短的时间内或瞬间即产生危害。一般的火灾要经过起火、蔓延扩大到猛烈燃烧几个阶段，需经历几分钟到几十分钟；而化学危险物品一旦起火，往往是轰然而起，迅速蔓延，燃烧、爆炸交替发生，加之有毒物质的弥散，迅速产生危害。许多化学事故是高压气体从容器、管道、塔、槽等设备泄漏出，由于高压气体的性质，短时间内喷出大量气体，使大片地区迅速变成污染区。

2. 影响危险化学品燃爆危险性的主要因素

化学物质的物理、化学性质与状态可以说明其物理危险性和化学危险性。如气体、蒸气的密度可以说明该物质是沿地面流动还是上升到上层空间，加热、燃烧、聚合等可使某些化学物质发生化学反应引起爆炸事故。

(1) 物理性质与燃爆危险性的关系

① 沸点。在 101.3kPa 大气压下，物质由液态转变为气态的温度。沸点越低的物质，汽化越快，易迅速造成事故现场空气的高浓度污染，且越易达到爆炸极限。

② 熔点。物质在 1atm（101.3kPa）下的溶解温度或温度范围。熔点反映物质的纯度，可以推断出该物质在各种环境介质（水、土壤、空气）中的分布。熔点的高低与污染现场的洗消、污染物处理有关。

③ 液体相对密度。环境温度（20℃）下，物质的密度与 4℃时水的密度的比值，是表示

该物质漂浮在水面上还是沉下去的重要参数。当相对密度小于1的液体发生火灾时，用水灭火是无效的，因为水将沉至燃烧着的液面下面，甚至由于消防水的流动性可以使火灾蔓延到远处。

④ 蒸气压。饱和蒸气压的简称。指化学物质在一定温度下与其液体或固体相互平衡时的饱和蒸气的压力。蒸气压是温度的函数，在一定温度下，每种物质的饱和蒸气压都可认为是一个常数。发生事故时的气温越高，化学物质的蒸气压越高，其在空气中的浓度相应增高。

⑤ 蒸气相对密度。指在给定条件下化学物质的蒸气密度与参比物质（空气）密度的比值。依据《爆炸危险环境电力装置设计规范》（GB 50058—2014），相对密度小于0.8的气体或蒸气规定为轻于空气的气体或蒸气；相对密度大于1.2的气体或蒸气规定为重于空气的气体或蒸气。轻于空气的气体趋向天花板移动或自敞开的窗户逸出房间。重于空气的气体，泄漏后趋向于集中至接近地面，能在较低处扩散到相当远的距离。若气体可燃，遇明火可能引起远处着火回燃。如果释放出来的蒸气是相对密度小的可燃气体，可能积在建筑物的上层空间，引起爆炸。常见气体的蒸气相对密度见表5-1。

表 5-1 常见气体的蒸气相对密度

气体	蒸气相对密度	气体	蒸气相对密度
乙炔	0.899	氰化氢	0.938
氨	0.589	硫化氢	1.18
二氧化碳	1.52	甲烷	0.553
一氧化碳	0.969	氮	0.969
氯	2.46	氧	1.11
氟	1.32	臭氧	1.66
氢	0.07	丙烷	1.52
氯化氢	1.26	二氧化硫	2.22

⑥ 蒸气/空气混合物的相对密度（20℃，空气为1）。指在与敞口空气相接触的液体或固体上方存在的蒸气与空气混合物相对于周围纯空气的密度。当相对密度值≥1.1时，该混合物可能沿地面流动，并可能在低洼处积累。当其数值为0.9～1.1时，能与周围空气快速混合。

⑦ 闪点。在大气压力（101.3kPa）下，一种液体表面上方释放出的可燃蒸气与空气完全混合后，可以闪燃5s的最低温度。闪点是判断可燃性液体蒸气由于外界明火而发生闪燃的依据。闪点越低的化学物质泄出后，越易在空气中形成爆炸混合物，引起燃烧与爆炸。

⑧ 自燃温度。一种物质与空气接触发生起火或引起自燃的最低温度，并且在此温度下无火源（火焰或火花）时，物质可继续燃烧。自燃温度不仅取决于物质的化学性质，而且还与物料的大小、形状和性质等因素有关。自燃温度对在可能存在爆炸性蒸气/空气混合物的空间中使用的电气设备的选择是重要的，对生产工艺温度的选择亦是至关重要的。

⑨ 爆炸极限。指一种可燃气体或蒸气与空气的混合物能着火或引燃爆炸的浓度范围。空气中含有可燃气体（如氢、一氧化碳、甲烷等）或蒸气（如乙醇蒸气、苯蒸气）时，在一

定浓度范围内，遇到火花就会使火焰蔓延而发生爆炸。其最低浓度称为下限，最高浓度称为上限，浓度低于或高于这一范围，都不会发生爆炸。一般用可燃气体或蒸气在混合物中的体积分数表示。根据爆炸下限浓度可把可燃气体分成两级，如表 5-2 所示。

表 5-2　可燃性气体分级

级别	爆炸下限（体积分数）	举例
一级	<10%	氢气、甲烷、乙炔、环氧乙烷
二级	≥10%	氨、一氧化碳

⑩ 临界温度与临界压力。气体在加温加压下可变为液体，压入高压钢瓶或储罐中，能够使气体液化的最高温度叫临界温度，在临界温度下使其液化所需的最低压力叫临界压力。

(2) 其他因素与燃爆危险性的关系

电阻率 $1 \times 10^{10} \sim 1 \times 10^{15} \Omega \cdot cm$ 的液体在流动、搅动时易产生静电，引起火灾与爆炸，如泵吸、搅拌、过滤等。如果该液体中含有其他液体、气体或固体颗粒物（混合物、悬浮物）时，这种情况更容易发生。

有些化学可燃物质呈粉末或微细颗粒物（直径小于 0.5mm）状时，与空气充分混合，经引燃可能发生燃爆。在封闭空间中，爆炸可能很猛烈。

有些化学物质在储存时生成过氧化物，蒸发或加热后的残渣可能自燃爆炸，如醚类化合物。

聚合是一种物质的分子结合成大分子的化学反应。聚合反应通常放出较大的热量，使温度急剧升高，反应速度加快，有着火或爆炸的危险。

有些化学物质加热可能引起猛烈燃烧或爆炸。如自身受热或局部受热时发生反应，这将导致燃烧，在封闭空间内可能导致猛烈爆炸。

第二节　易燃易爆物质的储存、包装和运输

一、易燃易爆物质的储存

1. 危险化学品储存的安全要求

在危险化学品的储存、保管中要始终把安全放在首位。其储存、保管的安全要求如下：

① 化学物质的储存限量，由当地主管部门与公安部门规定。

② 交通运输部门应在车站、码头等地修建专用储存危险化学品的仓库。

③ 储存危险化学品的地点及建筑结构，应根据国家有关规定设置，并充分考虑对周围居民区的影响。

④ 危险化学物品露天存放时应符合防火、防爆的安全要求。

⑤ 安全消防卫生设施，应根据物品危险性质设置相应的防火、防爆、防静电、防雷、

泄压、通风、温度调节、防潮防雨等安全设施。

⑥ 必须加强出入库验收，避免出现差错。特别是对爆炸物质、剧毒物质和放射性物质，应采取双人收发、双人记账、双人双锁、双人运运和双人使用的"五双制"方法加以管理。

⑦ 经常检查，发现问题及时处理。根据危险品库房物性及灭火办法的不同，应严格按表 5-3 的规定分类储存。

表 5-3　危险化学品分类储存原则

组别	物质名称	储存原则	附注
爆炸性物质	叠氮铅、雷汞、三硝基甲苯、硝化棉（含氮量在 12.5％以上）、硝铵炸药等	不准和任何其他种类的物质共同储存，必须单独储存	
易燃和可燃气液体	汽油、苯、二硫化碳、丙酮、甲苯、乙醇、石油醚、乙醚、甲乙醚、环氧乙烷、甲酸甲酯、甲酸乙酯、乙酸乙酯、煤油、丁烯醇、乙醛、丁醛、氯苯、松节油、樟脑油等	不准和其他种类的物质共同储存	如数量很少，允许与固体易燃物质隔开后共存
压缩气体和液化气体	可燃气体：氢、甲烷、乙烯、丙烯、乙炔、丙烷、甲醚、氯乙烷、一氧化碳、硫化氢等	除不燃气体外，不准和其他种类的物质共同储存	氯兼有毒害性
	不燃气体：氮、二氧化碳、氖、氩、氟利昂等	除可燃气体、助燃气体、氧化剂和有毒物质外，不准和其他种类物质共同储存	
	助燃气体：氧、压缩空气、氯等	除不燃气体和有毒物质外，不准和其他种类的物质共同储存	
遇水或空气能自燃物质	钾、钠、磷化钙、锌粉、铝粉、黄磷、三乙基铝等	不准和其他种类的物质共同储存	钾、钠须浸入石油中，黄磷须浸入水中
易燃固体	赛璐珞、赤磷、萘、樟脑、硫黄、三硝基苯、二硝基甲苯、二硝基萘、三硝基苯酚等	不准和其他种类的物质共同储存	赛璐珞须单独储存
氧化剂	能形成爆炸性混合物的氧化剂：氯酸钾、氯酸钠、硝酸钾、硝酸钠、硝酸钡、次氯酸钙、亚硝酸钠、过氧化钠、过氧化钡、30％的过氧化氢等	除惰性气体外，不准和其他种类的物质共同储存	过氧化物、有分解爆炸危险，应单独储存。过氧化氢应储存在阴凉处；表中的两类氧化剂应隔离储存
	能引起燃烧的氧化剂：溴、硝酸、硫酸、铬酸、高锰酸钾、重铬酸钾等		
毒害物质	氯化苦、光气、五氧化二砷、氰化钾、氰化钠等	除不燃气体和助燃气体外，不准和其他种类的物质共同储存	

2. 危险化学品分类储存的安全要求

(1) 爆炸性物质储存的安全要求

爆炸性物质的储存按原公安、铁道、商业、化工、卫生和农业等部门关于"爆炸物品管理规则"的规定办理。

① 爆炸性物质必须存放在专用仓库内。储存爆炸性物质的仓库禁止设在城镇、市区和居民聚居的地方，并且应当和周围建筑、交通要道、输电线路等保持一定的安全距离。

② 存放爆炸性物质的仓库，不得同时存放相抵触的爆炸物质，并不得超过规定的储存数量。如雷管不得与其他炸药混合储存。

③ 一切爆炸性物质均不得与酸、碱、盐类以及某些金属、氧化剂等同库储存。

④ 为了通风、装卸和便于出入检查，爆炸性物质堆放时堆垛不应过高过密。

⑤ 爆炸性物质仓库的温度、湿度应加强控制和调节。

(2) 压缩气体和液化气体储存的安全要求

① 压缩气体和液化气体不得与其他物质共同储存；易燃气体不得与助燃气体、剧毒气体共同储存；易燃气体和剧毒气体不得与腐蚀物质混合储存；氧气不得与油脂混合储存。

② 液化石油气储罐区的安全要求。液化石油气储罐区，应布置在通风良好而远离明火或散发火花的露天地带。不宜与易燃、可燃液体储罐同组布置，更不应设在一个土堤内。压力卧式液化气罐的纵轴，不宜对着重要建筑物、重要设备、交通要道及人员集中的场所。

液化石油气罐既可单独布置，也可成组布置。成组布置时，组内储罐不应超过两排。一组储罐的总容量不应超过 6000m³。

储罐与储罐组的四周可设防火堤。两相邻防火堤外侧基脚线之间的距离不应小于 7m，堤高不超过 0.6m。

液化石油气储罐罐体基础的外露部分及储罐组的地面应为非燃烧材料，罐上应设有安全阀、压力计、液面计、温度计以及超压报警装置。无绝热措施时，应设淋水冷却设施。储罐的安全阀及放空管应接入全厂性火炬。独立储罐的放空管应通往安全地点放空。安全阀和储罐之间安装有截止阀，应常开并加铅封。储罐应设置静电接地及防雷设施，罐区内的电气设备应防爆。

③ 对气瓶储存的安全要求。储存气瓶的仓库应为单层建筑，在其上设置易揭开的轻质屋顶，地坪可用不发火沥青砂浆混凝土铺设，门窗都向外开启，玻璃涂白色。库温不宜超过35℃，有通风降温措施。瓶库应用防火墙分隔为若干单独分间，每一分间都应有安全出入口。气瓶仓库的最大储存量应按有关规定执行。

对直立放置的气瓶应设有栅栏或支架加以固定，以防止倾倒。卧放气瓶应加以固定，以防止滚动。盛气瓶的头尾方向在堆放时应取一致。高压气瓶的堆放高度不宜超过五层。气瓶应远离热源并旋紧安全帽。对盛装易发生聚合反应气体的气瓶，必须规定储存限期。随时检查有无漏气和堆垛不稳的情况，如检查中发现有漏气时，应首先做好人身保护，站立在上风处，向气瓶倾浇冷水，使其冷却后再去旋紧阀门。若发现气瓶燃烧，可以根据所盛气体的性质，使用相应的灭火器具。但最主要的是用雾状水去喷射，使其冷却后再进行扑灭。

扑灭有毒气体气瓶的燃烧，应注意站在上风向，并使用防毒面具，切勿靠近气瓶的头部或尾部，以防发生爆炸造成伤害。

(3) 易燃液体储存的安全要求

① 易燃液体应储存在通风阴凉的处所,并与明火保持一定的距离,在一定区域内严禁烟火。

② 沸点低于或接近夏季气温的易燃液体,应储存在有降温设施的库房或储罐内。盛装易燃液体的容器应保留不少于 5% 容积的空隙,夏季不可暴晒。易燃液体的包装应无渗漏,封口要严密。铁桶包装不宜堆放太高,防止发生碰撞、摩擦而产生火花。

③ 闪点较低的易燃液体,应注意控制库温。气温较低时容易凝结成块的易燃液体,受冻后易使容器胀裂,故应注意防冻。

④ 易燃、可燃液体储罐分地上、半地上和地下三种类型。地上储罐不应与地下或半地下储罐布置在同一储罐组内,且不宜与液化石油气储罐布置在同一储罐组内。储罐组内储罐的布置不应超过两排。在地上和半地下易燃、可燃液体储罐的四周应设置防火堤。

⑤ 储罐高度超过 17m 时,应设置固定的冷却和灭火设备;低于 17m 时,可采用移动式灭火设备。

⑥ 闪点低、沸点低的易燃液体储罐应设置安全阀并有冷却降温设施。

⑦ 储罐的进料管应从罐体下部接入,以防止液体冲击飞溅产生静电火花引起爆炸。储罐及其有关设施必须设有防雷击、防静电设施,并采用防爆电气设备。

⑧ 易燃、可燃液体桶装库应设计为单层仓库,可采用钢筋混凝土排架结构,设防火墙分隔数间,每间均应有安全出口。桶装的易燃液体不宜在露天堆放。

(4) 易燃固体储存的安全要求

① 储存易燃固体的仓库要求阴凉、干燥,要有隔热措施,忌阳光照射。易挥发、易燃固体宜密封堆放,仓库要求严格防潮。

② 易燃固体多属于还原剂,应与氧和氧化剂分开储存。有很多易燃固体有毒,故储存中应注意防毒。

(5) 自燃物质储存的安全要求

① 自燃物质不能和易燃液体、易燃固体、遇水燃烧物质混合储存,也不能与腐蚀性物质混合储存。

② 自燃物质在储存中,对温度、湿度的要求比较严格,必须储存在阴凉、通风干燥的仓库中,并注意做好防火、防毒工作。

(6) 遇水燃烧物质储存的安全要求

① 遇水燃烧的物质储存时应选用地势较高的地方,在夏令暴雨季节保证不进水,堆垛时要用干燥的枕木或垫板。

② 储存遇水燃烧物质的库房要求干燥,要严防雨雪的侵袭。库房的门窗可以密封。库房的相对湿度一般保持在 75% 以下,最高不超过 80%。

③ 钾、钠等应储存于不含水分的矿物油或石蜡油中。

(7) 氧化剂储存的安全要求

① 一级无机氧化剂与有机氧化剂不能混合储存;不能和其他弱氧化剂混合储存;不能与压缩气体、液化气体混合储存。氧化剂与有毒物质不得混合储存。有机氧化剂不能与溴、过氧化氢、硝酸等酸性物质混合储存。硝酸盐与硫酸、发烟硫酸、氯磺酸接触时都会发生化学反应,不能混合储存。

② 储存氧化剂,应严格控制温度、湿度,可以采取整库密封、分垛密封与自然通风相

结合的方法。在不能通风的情况下，可以采用吸潮和人工降温的方法。

（8）有毒物质储存的安全要求

① 有毒物质应储存在阴凉通风的干燥场所，要避免露天存放，不能与酸类物质接触。

② 严禁与食品同存一库。

③ 包装封口必须严密，无论是瓶装、盒装、箱装还是其他包装，外面均应贴（印）有明显名称和标志。

④ 工作人员应按规定穿戴防毒用具，禁止用手直接接触有毒物质。储存有毒物质的仓库应有中毒急救、清洗、中和、消毒用的药物等备用。

（9）腐蚀性物质储存的安全要求

① 腐蚀性物质均须储存在冬暖夏凉的库房里，保持通风、干燥，防潮、防热。

② 腐蚀性物质不能与易燃物质混合储存，可用墙分隔同库储存的不同腐蚀性物质。

③ 采用相应的耐腐蚀容器盛装腐蚀性物质，且包装封口要严密。

④ 储存中应注意控制腐蚀性物质的储存温度，防止受热或受冻造成容器胀裂。

二、易燃易爆物质的包装

1. 包装

化学危险物品的包装应遵照《危险货物运输包装通用技术条件》（GB 12463—2009）、《道路危险货物运输管理规定》（交通运输部令 2013 年第 2 号）和《液化气体铁路罐车》（GB/T 10478—2017）等的有关要求办理。

2. 包装标志

为了给人们以醒目的提示和指令，便于安全管理，凡是出厂的易燃易爆、有毒等产品，都应在包装好的物品上牢固清晰印贴专用包装标志。包装标志的名称、适用范围、图形、颜色和尺寸等基本要求，应符合 GB 190《危险货物包装标志》的规定。

3. 化学品标签与危险货物编号

化学品标签应按现行的 GB 30000 系列国家标准《化学品分类和标签规范》的要求执行。

2013 年 10 月，国家标准化管理委员会分别以国标委公告 2013 年第 20 号和第 21 号发布了《化学品分类和标签规范》系列国家标准（GB 30000.2～30000.29—2103），替代《化学品分类、警示标签和警示性说明安全规范》系列标准（GB 20576～20599—2006、GB 20601—2006、GB 20602—2006），并于 2014 年 11 月 1 日起正式实施。GB 30000 系列国标采纳了联合国《全球化学品统一分类和标签制度》（第四版）（即 GHS）中大部分内容。

《危险货物分类和品名编号》（GB 6944—2012）规定了"危险货物编号"采用联合国"UN 号"。"UN 号"是联合国危险货物运输专家委员会给危险货物运输时所分配的一个编号，由 4 位阿拉伯数字组成，用来简单快速识别其危险性，通常每两年会做一次修订。事实上，"UN 号"与化学品的运输状态、组分含量、理化特性有关，需经实验检测和专家判断才可确定,无法与化学品名做到一一对应。基于上述原因,2015版《危险化学品目录》删除了"UN号"。实践中,应由化学品的生产单位或贸易企业自行委托专业机构进行鉴定后再确定"UN号"。

三、易燃易爆物质的运输

易燃易爆物质通常是采用铁路、水路和公路运输的,使用的运输工具是火车、船舶和汽车等。运输物质的易燃易爆性,加之运输过程中往往会受到气候、地形及环境等的不利影响,因此,运输安全一般要求较高。

装运易燃液体、可燃气体等危险化学品时,应采用专用运输工具。同时配备专用工具。专用工具应符合防火、防爆要求。

1. 危险化学品运输的配装原则

危险化学品的危险性各不相同,性质相抵触的物品相遇后往往会发生燃烧爆炸事故,而且发生火灾时使用的灭火剂和扑救方法也不完全一样,因此为保证装运中的安全,应遵守有关配装原则。

装卸作业应采用密闭操作技术,并加强作业现场通风,依规配置局部通风和净化系统以及残液回收系统。

包装要符合要求,运输过程中随车人员应佩戴相应的劳动保护用品和配备必要的紧急处理工具。搬运时必须轻装轻卸,严禁撞击、震动和倒置。

2. 危险化学品运输安全事项

(1) 公路运输

汽车装运化学危险物品时,应悬挂运送危险货物的标志。在行驶、停车时要与其他车辆、高压线、人口稠密区、高大建筑物和重点文物保护区保持一定的安全距离,按当地公安机关指定的路线和规定时间行驶。严禁超车、超速、超重,防止摩擦、冲击,车上应设置相应的安全防护设施。

(2) 铁路运输

铁路是运输化工原料和产品的主要工具。通常对易燃、可燃液体采用槽车运输,装运其他危险货物使用棚车或专用危险品货车。

装卸易燃、可燃液体等危险物品的栈台应该用非燃烧材料建造。栈台每隔60m设安全梯,以便于人员疏散和扑救火灾。电气设备应为防爆型。栈台应备有灭火设备和消防给水设施。

蒸汽机不宜进入装卸台,如必须进入时应在烟囱上安装火星熄灭器,停车时应用木垫,而不用刹车,以防止打出火花;牵引车头与罐车之间应有隔离车。

装车用的易燃液体管道上应装设紧急切断阀。

槽车不应漏油。装卸油管流速也不易过快,鹤管应良好接地,以防止静电火花的产生。雷雨时应停止装卸作业,夜间检查不应用明火或普通手电筒照明。

(3) 水陆运输

船舶在装运易燃易爆物品时应悬挂危险货物标志,严禁在船上动用明火。燃煤拖轮应装设火星熄灭器，且拖船尾至驳船首的安全距离不应小于 50m。

装运闪点小于 28℃ 的易燃液体的机动船舶，要经当地检查部门的认可，木船不可装运散装的易燃液体、剧毒物质和放射性等危险性物质。

装卸易燃液体时，应将岸上输油管与船上输油管连接紧密，并将船体与油泵船（油泵站）的金属体用直径不小于 2.5mm 的导线连接起来。装卸油时，应先接导线，后接管装卸；当装卸完毕后，先卸油管，后拆导线。

卸货完毕后必须进行彻底清扫。

第三节　易燃易爆类化学品火灾的扑救

不同的危险化学品或者同一种危险化学品在不同情况下发生火灾时，其扑救方法差异很大。若处置不当，不仅不能扑灭火灾，反而会使灾情扩大，进一步扩大人员伤亡和财产损失。熟悉和掌握不同危险化学品火灾的扑救对策才能及时、正确扑救火灾。

下面介绍爆炸品、压缩气体和液化气体、易燃液体、易燃固体、自燃物品、遇湿易燃物品、氧化剂和有机过氧化物等常见危险化学品火灾的扑救方法及要点。

一、爆炸品火灾的扑救

爆炸品一般都是专库储存，其内部结构含有爆炸性基团，瞬间爆炸的同时往往会引发火灾，扑救难度大。爆炸品火灾扑救时一般应采取如下对策：

① 一次爆炸后，如有可能，应迅速组织力量，及时清理着火区域周围的爆炸品，使着火区域周围形成一个隔离带。

② 为避免增强爆炸品的爆炸威力，切忌用砂土盖、压爆炸品。

③ 扑救爆炸性物品堆垛时，应避免强水流直接冲击堆垛，造成堆垛倒塌引发二次爆炸。

④ 灭火人员应充分利用地形、地物作为掩体或尽量采用卧姿等低姿射水，必须采取严格的自我保护措施。

⑤ 灭火人员发现再次爆炸征兆时应立即报告现场指挥部，现场指挥部应迅速做出准确判断，下达命令，组织人员撤退。

二、压缩气体和液化气体火灾的扑救

压缩气体和液化气体往往储存于储罐、钢瓶等压力容器中，或通过管道输送。当钢瓶受热、受火焰烘烤或者其他情况下导致钢瓶内气体压力升高时容易发生爆裂，大量气体泄漏可能引发燃烧爆炸或者中毒事故，危险性较大。而如果气体泄漏后遇火源形成稳定燃烧，则危险性比前者要小得多。据此，压缩气体和液化气体的扑救应采取如下对策：

① 切忌盲目灭火，应首先找到泄漏点并进行封堵或关闭。在未采取堵漏措施的情况下应保持泄漏气体稳定燃烧，否则，泄漏出的大量气体与空气形成爆炸性气体混合物，遇到火源会发生爆炸，后果更为严重。

② 切断火势蔓延途径，积极抢救受伤及被困人员，及时扑灭火场外围的可燃物火势，

控制燃烧范围。

③ 如果火灾现场有受到火焰辐射的压力容器，应尽量在水枪掩护下输送到安全地带，无法疏散的应部署足够的水枪进行冷却保护。

④ 完成堵漏是完成灭火工作的关键，但有时一次堵漏不一定能成功。当再次堵漏需要一定时间时，应设法用长点火棒将泄漏处重新点燃，保持其稳定燃烧，以防止发生爆炸。

⑤ 如果确认泄漏口很大，根本无法堵漏，只需冷却着火容器及其周围容器和可燃物品，控制着火范围，直至燃气燃尽，火焰即自动熄灭。

⑥ 现场指挥应密切注意各种危险征兆，遇有明火熄灭而可燃气体仍在泄漏且较长时间未能恢复稳定燃烧等爆炸征兆，或受热辐射的压力容器有爆裂征兆时，应及时做出正确判断，下达撤退命令并组织现场人员尽快撤离。

三、易燃液体火灾的扑救

易燃液体通常也是储存在容器内或通过管道输送，其与气体的不同之处在于，液体容器有的是敞开的，且一般是常压，只有反应釜（炉、锅）及输送管道内的液体压力较高。无论是否着火，液体一旦泄漏或者逸出，将沿着地面（或水面）流淌蔓延。易燃液体的密度和水溶性等问题还涉及能否用水或普通泡沫灭火剂扑救的问题，以及危险性很大的沸溢和喷溅问题。易燃液体火灾扑救应采取如下对策：

① 切断火势蔓延途径，控制燃烧范围。积极抢救受伤与被困人员，如有液体流淌时，应筑堤拦截或挖沟导流。

② 及时掌握和了解着火液体特性，如名称、密度、水溶性、毒害性、腐蚀、沸溢、喷溅等危险性，以便采取相应的灭火和防护措施。

③ 小面积（50m² 以内）液体火灾，一般可采用雾状水扑救，泡沫、二氧化碳、干粉亦可，且效果更佳。

大面积液体火灾则要根据其密度、水溶性和燃烧面积大小选择适当的灭火剂：

a. 比水轻但又不溶于水的液体（汽油、苯等），直流水、雾状水无效，可用普通蛋白泡沫或者轻水泡沫；

b. 比水重但又不溶于水的液体（如二硫化碳），可用水或泡沫扑救；

c. 水溶性液体（醇、酮等），最好采用抗溶性泡沫。

上述三类液体火灾均可用干粉扑救，其灭火效果要视燃烧面积大小和燃烧条件而定，且都需要用水冷却容器设备外壁。

④ 对于毒害性、腐蚀性或燃烧产物毒害性较强等的液体火灾，扑救人员必须做好充分的个人防护。

⑤ 扑救具有喷溅、沸溢危险的液体（如原油、重油等）火灾，当发现危险征兆时，现场指挥应迅速做出正确判断，及时下达撤退命令，避免人员与装备受损。

⑥ 对于易燃液体管道或储罐泄漏着火，应迅速关闭管道阀门，准备好堵漏器材。与气体堵漏不同的是，液体一次堵漏失败可连续堵漏几次，只要用泡沫覆盖地面，并堵住液体流淌和控制好周围火源，不必点燃泄漏口的液体。

四、易燃固体、自燃物品火灾的扑救

相对于其他种类的危险化学品而言，易燃固体和自燃物品火灾比较容易扑救，一般用水和泡沫即可。但有极少数物品的扑救比较特殊，要根据其危险特性采取灭火方法。

① 黄磷是自燃点很低在空气中很快氧化升温并自燃的自燃物品。遇黄磷火灾时，首先应切断火势蔓延途径，控制燃烧范围。对着火的黄磷应用低压水或雾状水扑救。高压直流水冲击能引起黄磷飞溅，导致灾害扩大。黄磷熔融液体流淌时应用泥土、沙袋等筑堤拦截并用雾状水冷却，对磷块和冷却后已固化的黄磷，应用钳子夹到储水容器中。

② 2,4-二硝基苯甲醚、二硝基萘、萘等是能升华的易燃固体，受热可放出易燃蒸气。扑救此类物品火灾，不能以为明火火焰扑灭即已完成灭火工作，受热之后升华的易燃蒸气能在不知不觉中漂移至上层空气中形成爆炸性气体混合物，尤其是在室内时容易发生爆炸。因此，此类物品火灾在扑救过程中应不时向燃烧区域上空及周围喷射雾状水，并用水浇灭燃烧区域及周围的所有火源。

③ 少数易燃固体和易于自燃物品不能用水和泡沫扑救，如三硫化二磷、铝粉、烷基铅、保险粉等，应根据具体情况区别处理。宜选用干砂和不需要压力喷射的干粉扑救。

五、遇湿易燃物品火灾的扑救

遇湿易燃物品（钾、钠、液态三乙基铝等）在潮湿的空气中或遇水会发生化学反应，生成可燃气体，并放出热量，有时即使没有明火也能自动燃烧爆炸。当数量较多的遇湿易燃物品着火时，禁止用水、泡沫等湿性灭火剂扑救，应针对火灾具体情况，选用适当的灭火剂或灭火器材。

① 首先应了解遇湿易燃物品的品名、数量，是否与其他物品混存，燃烧范围及火势蔓延途径。

② 如果只有极少量（50g 以内）遇湿易燃物品着火，则无论其是否与其他物品混存，都可采用大量的水或者泡沫扑救。水或泡沫接触物品瞬间可能会使其火势增大，但少量物品燃尽后，火势会很快减小或熄灭。

③ 如果遇湿易燃物品数量较多，且未与其他物品混存，则绝对禁止用水或泡沫等湿性灭火剂扑救，除钾、钠、铝、镁等轻金属外应采用干粉、二氧化碳灭火剂扑救。

④ 固体遇湿易燃物品应用水泥、干砂、干粉和硅藻土等覆盖，其中水泥是扑救此类物品最容易得到也是最常用的灭火剂。对于遇湿易燃物品中的铝粉、镁粉等粉尘，切忌喷射有压力的灭火剂，以防止将粉尘吹扬起来，与空气形成爆炸性混合物而引起爆炸。

⑤ 如果其他物品火灾威胁到相邻的遇湿易燃物品，则应先查明是哪类物品起火。如果确认遇湿易燃物品未被引燃且包装未损坏，则将其他物品火灾扑灭后应立即组织力量将遇湿易燃物品疏散到安全地点。如果确认遇湿易燃物品已被引燃或包装已损坏，则应禁止用水或泡沫等湿性灭火剂扑救。液体遇湿易燃物品应用干粉灭火剂，固体遇湿易燃物品应采用水泥、干砂，钾、钠、铝、镁等轻金属可采用石墨粉、氯化钠以及专用轻金属灭火剂扑救。

六、氧化剂和有机过氧化物火灾的扑救

基于灭火角度，氧化剂和有机过氧化物比较复杂，其状态不同、危险特性不同，适用的灭火剂也就不同。因此，扑救此类火灾比较复杂。其扑救要点如下：

① 首先迅速查明着火或反应的氧化剂和有机过氧化物性质以及其他燃烧物的品名、数量、主要危险性、燃烧范围、火势蔓延途径，能否用水或泡沫扑救。

② 能用水或泡沫扑救时，应尽力切断火势蔓延途径，使着火区域孤立，限制燃烧范围，同时应积极抢救受伤和被困人员。

③ 不能用水、泡沫、二氧化碳扑救时，应用干粉扑救或用水泥、干砂等覆盖。用水泥、干砂覆盖应先从着火区域四周尤其是下风向等火势主要蔓延方向起，形成孤立火势的隔离带，然后逐步向着火点逼近。

此外，大多数氧化剂和有机过氧化物遇酸会发生剧烈反应甚至爆炸，比如氯酸钾、高锰酸钾、过氧化二苯甲酰等；活泼金属过氧化物等氧化剂不能用水、泡沫、二氧化碳扑救。因此，专门生产、使用、运输、储存此类物品的单位和经营场所不应配备酸碱灭火器，对泡沫和二氧化碳灭火器的选用应慎重。

第四节　化工生产工艺参数控制及特殊作业的防火防爆

一、化工生产工艺参数控制

化工生产过程中的工艺参数主要包括温度、压力、流量及物料配比等。按工艺要求严格控制工艺参数在安全限度以内，是实现化工安全生产的基本保证。实现这些参数的自动调节和控制是保证化工安全生产的重要措施。

1. 温度控制

温度是化工生产中的主要控制参数之一。不同的化学反应都有其自己最适宜的反应温度。化学反应速率与温度有着密切关系。如果超温，反应物有可能加剧反应，造成压力升高，导致爆炸；也可能因为温度过高产生副反应，生成新的危险物质。升温过快、过高或冷却降温设施发生故障，还可能引起剧烈反应发生冲料或爆炸。温度过低有时会造成反应速率减慢或停滞，而一旦反应温度恢复正常时，则往往会因为未反应的物料过多而发生剧烈反应引起爆炸。温度过低还会使某些物料冻结，造成管路堵塞或破裂，致使易燃物泄漏而发生火灾爆炸。液化气体和低沸点液体介质都可能由于温度升高汽化，发生超压爆炸。因此必须防止工艺温度过高或过低。在操作中必须注意下面几个问题。

（1）控制反应温度

化学反应一般都伴随有热效应，放出或吸收一定热量。例如基本有机合成中的各种氧化反应、氯化反应、聚合反应等均是放热反应；而各种裂解反应、脱氢反应、脱水反应等则为吸热反应。为使反应在一定温度下进行，必须向反应系统中加入或除去一定的热量。通常利用热交换装置来实现。

(2) 防止搅拌中断

化学反应过程中，搅拌可以加速热量的传递，使反应物料温度均匀，防止局部过热。反应时一般应先投入一种物料再开始搅拌，然后按规定的投料速度投入另一种物料。如果将两种反应物投入反应釜后再开始搅拌，就有可能引起两种物料剧烈反应而造成超温超压。生产过程中如果由于停电、搅拌器脱落而造成搅拌中断时，可能造成散热不良或发生局部剧烈反应而导致危险。因此必须采取措施防止搅拌中断，例如采取双路供电、增设人工搅拌装置、自动停止加料设置及有效的降温手段等。

(3) 正确选择传热介质

化工生产中常用的热载体有水蒸气、热水、过热水、烃类化合物（如矿物油、二苯醚等）、熔盐、汞、烟道气及熔融金属等。充分了解热载体性质，进行正确选择，对加热过程的安全十分重要。

① 避免使用和反应物料性质相抵触的介质作为传热介质。例如不能用水来加热或冷却环氧乙烷，因为极微量的水也会引起液体环氧乙烷自聚发热而爆炸。此种情况可选用液体石蜡作为传热介质。

② 防止传热面结疤。在化工生产中，设备传热面结疤现象是普遍存在的。结疤不仅影响传热效率，更危险的是因物料分解而引起爆炸。结疤的原因：可以是由于水质不好而结成水垢；还可由物料聚合、缩合、凝聚、炭化等原因引起结疤。其中后者危险性更大。换热器内的流体宜采用较高流速，不仅可以提高传热效率，而且可以减少污垢在换热管表面的沉积。

2. 投料控制

投料控制主要是指对投料速度、配比、顺序、原料纯度以及投料量的控制。

(1) 投料速度

对于放热反应，加料速度不能超过设备的传热能力。加料速度过快会引起温度急剧升高，而造成事故。加料速度若突然变小，会导致温度降低，使一部分反应物料因温度过低而不反应。因此必须严格控制投料速度。

(2) 投料配比

对于放热反应，投入物料的配比十分重要。如松香钙皂的生产，是把松香投入反应釜内加热至240℃，然后缓慢加入氢氧化钙。其反应式为：

$$2C_{19}H_{29}COOH + Ca(OH)_2 \longrightarrow Ca(C_{19}H_{29}COO)_2 + 2H_2O\uparrow$$

反应生成的水在高温下变成蒸汽。由反应可以看出，投入的氢氧化钙量增大，蒸汽的生成量也增大，如果控制不当会造成跑锅，一旦遇火源接触就会造成着火。

对于连续化程度较高、危险性较大的生产，更要特别注意反应物料的配比关系。例如环氧乙烷生产中乙烯和氧的混合反应，其浓度接近爆炸范围，尤其是在开停车过程中，乙烯和氧的浓度都在发生变化，且开车时催化剂活性较低，容易造成反应器出口氧浓度过高。为保证安全，应设置联锁装置，经常核对循环气的组成，尽量减少开停车的次数。

(3) 投料顺序

化工生产中，必须按照一定的顺序投料。例如，氯化氢合成时，应先通氢后通氯；三氯化磷的生产，应先投磷后通氯；磷酸酯与甲胺反应时，应先投磷酸酯，再滴加甲胺。反之，就容易发生爆炸事故。而用2,4-二氯酚和对硝基氯苯加碱生产除草醚时，三种原料必须同时加入反应罐，在190℃下进行缩合反应。假若忘加对硝基氯苯，只加2,4-二氯酚和碱，结果生成二氯酚钠盐，在240℃下能分解爆炸。如果只加对硝基氯苯与碱反应，则生成对硝基钠盐，在200℃下分解爆炸。

（4）原料纯度

许多化学反应，由于反应物料中含有过量杂质，以致引起燃烧爆炸。如用于生产乙炔的电石，其含磷量不得超过0.08%，因为电石中的磷化钙遇水后生成易自燃的磷化氢，磷化氢与空气燃烧而导致乙炔-空气混合物的爆炸。此外，在反应原料气中，如果有害气体不清除干净，在物料循环过程中，就会越聚越多，最终导致爆炸。因此，对生产原料、中间产品及成品应有严格的质量检验制度，以保证原料的纯度。

有时有害杂质来源于未清除干净的设备，例如六六六生产中，由于合成塔中可能留有少量的水，通氯后，水与氯反应生成次氯酸，次氯酸受光照射产生氧气，与苯混合发生爆炸。所以对此类设备，一定要清除干净，符合要求后才能投料生产。

（5）投料量

化工反应设备或储罐都有一定的安全容积，带有搅拌器的反应设备要考虑搅拌开动时的液面升高；储罐、气瓶要考虑温度升高后液面或压力的升高。若投料过多，超过安全容积系数，往往会引起溢料或超压。投料过少，也可能发生事故。投料量过少，可能使温度计接触不到液面，导致温度出现假象，由于判断错误而发生事故；也可能使加热设备的加热面与物料的气相接触，使易于分解的物料分解，从而引起爆炸。

3. 溢料和泄漏的控制

化工生产中，发生溢料情况并不鲜见，然而若溢出的是易燃物，则是相当危险的，必须予以控制。

造成溢料的原因很多，它与物料的构成、反应温度、投料速度以及消泡剂用量、质量有关。投料速度过快，产生的气泡大量溢出，同时夹带走大量物料；加热速度过快，也易产生这种现象；物料黏度大，也容易产生气泡。

化工生产中的大量物料泄漏，通常是由于设备损坏、人为操作错误和反应失去控制等原因造成的。一旦发生可能会造成严重后果。因此必须在工艺指标控制、设备结构形式等方面采取相应的措施。比如重要的阀门采取两级控制；对于危险性大的装置，应设置远距离遥控断路阀，以备一旦装置异常，立即和其他装置隔离；为了防止误操作，重要控制阀的管线应涂色，以示区别，或挂标志、加锁等；此外，仪表配管也要以各种颜色加以区别，各管道上的阀门要保持一定距离。

在化工生产中还存在着反应物料的"跑、冒、滴、漏"现象，原因较多，加强维护管理是非常重要的。因为易燃物的"跑、冒、滴、漏"可能会引起火灾爆炸事故。

特别要防止易燃、易爆物料渗入保温层。因为保温材料多数为多孔和易吸附性材料，容易渗入易燃、易爆物，在高温下达到一定浓度或遇到明火时，就会发生燃烧爆炸。如在苯酐的生产中，就曾发生过由于物料漏入保温层中，引起爆炸事故。因此对于接触易燃物的保温材料要采取防渗漏措施。

4. 自动控制与安全保护装置

（1）自动控制

化工自动化生产中，大多是对连续变化的参数进行自动调节。对于在生产控制中要求一组机构按一定的时间间隔作周期性动作，如合成氨生产中原料气的制造，要求一组阀门按一定的要求作周期性切换，就可采用自动程序控制系统来实现。它主要是由程序控制器在一定时间间隔发出信号，驱动执行机构动作。

（2）安全保护装置

① 信号报警装置。化工生产中，信号报警装置可以出现在危险状态时警告操作者，及时采取措施消除隐患。发出信号的形式一般为声、光等，通常都与测量仪表相联系。需要说明的是，信号报警装置只能提醒操作者注意已发生的不正常情况或故障，但不能自动排除故障。

② 保险装置。保险装置在发生危险状况时，则能自动消除不正常状况。如锅炉、压力容器上装设的安全阀和防爆片等安全装置。

③ 安全联锁装置。所谓联锁就是利用机械或电气控制依次接通各个仪器及设备并使之彼此发生联系，以达到安全生产的目的。

安全联锁装置是对操作顺序有特定安全要求、防止误操作的一种安全装置，有机械联锁和电气联锁。例如需要经常打开的带压反应器，开启前必须将器内压力排除，经常连续操作容易出现疏忽，因此可将打开孔盖与排除器内压力的阀门进行联锁。

在化工生产中，常见的安全联锁装置有下面几种情况：

a. 同时或依次放两种液体或气体时；

b. 在反应终止需要惰性气体保护时；

c. 打开设备前预先解除压力或需要降温时；

d. 当两个或多个部件、设备、机器由于操作错误容易引起事故时；

e. 当工艺控制参数达到某极限值，开启处理装置时；

f. 某危险区域或部位禁止人员入内时。

例如在硫酸与水的混合操作中，必须先往设备中注入水再注入硫酸，否则将会发生喷溅和灼伤事故。将注水阀门和注酸阀门依次联锁起来，就可达到此目的。如果只凭工人记忆操作，很可能因为疏忽使顺序颠倒，发生事故。

二、动火作业的防火防爆

动火作业是指直接或间接产生明火的工艺设备以外的禁火区内可能产生火焰、火花或炽热表面的非常规作业，如使用电焊、气焊（割）、喷灯、砂轮等的作业。

依据《危险化学品企业特殊作业安全规范》（GB 30871—2022）的规定，固定动火区外动火作业一般分为二级动火、一级动火、特级动火三个级别，遇节假日、公休日、夜间或其他特殊情况，动火作业应升级管理。特级动火为最高级别。

特级动火作业是指在生产运行状态下的易燃易爆炸生产装置、输送管道、储罐、容器等部位上及其他特殊危险场所进行的动火作业，带压不置换动火作业按特殊动火作业管理。

一级动火作业是指在易燃易爆炸场所进行的除特级动火作业以外的动火作业。厂区管廊上的动火作业按一级动火作业管理。

二级动火作业是指除特级动火作业和一级动火作业以外的动火作业。凡生产装置或系统全部停车，装置经清洗、置换、分析合格并采取安全隔离措施后，根据其火灾、爆炸危险性大小，经所在单位安全管理部门批准，动火作业可按二级动火作业管理。

在化工装置中，凡是动用明火或可能产生火种的作业都属于动火作业。例如：电焊、气焊、切割、熬沥青、烘砂、喷灯等明火作业；凿水泥基础、打墙眼、电气设备的耐压试验、电烙铁锡焊等易产生火花或高温的作业。因此凡检修动火部位和地区，都必须按规定的要求，采取措施，办理审批手续。

1. 动火作业安全要点

(1) 审证

在禁火区内动火应办理动火证的申请、审核和批准手续，明确动火地点、时间、动火方案、安全措施、现场监护人等。审批动火应考虑两个问题：一是动火设备本身；二是动火的周围环境。要做到"三不动火"，即没有动火证不动火，防火措施不落实不动火，监护人不在现场不动火。

(2) 联系

动火前要和生产车间、工段联系，明确动火的设备、位置。事先由专人负责做好动火设备的置换、清洗、吹扫、隔离等解除危险因素的工作，并落实其他安全措施。

(3) 隔离

动火设备应与其他生产系统可靠隔离，防止运行中设备、管道内的物料泄漏到动火设备中来；将动火地区与其他区域采取临时隔火墙等措施加以隔开，防止火星飞溅而引起事故。

(4) 可燃物控制

动火前，将动火周围 10m 范围以内的一切可燃物，如溶剂、润滑油、回丝、未清洗的盛放过易燃液体的空桶、木筐等移到安全场所；动火期间，距动火点 30m 范围内不应排放可燃气体，距动火点 15m 内不应排放可燃液体，在动火点 10m 范围内及用火点下方不应同时进行可燃溶剂清洗或喷漆等作业。

(5) 灭火措施

动火期间动火地点附近的水源要保证充分，不能中断；动火场所准备好足够数量的灭火器具；在危险性大的重要地段动火，消防车和消防人员要到现场，做好充分准备。

(6) 检查与监护

上述工作准备就绪后，根据动火制度的规定，厂、车间或安全、保卫部门的负责人应到现场检查，对照动火方案中提出的安全措施检查是否落实，并再次明确和落实现场监护人和动火现场指挥，交代安全注意事项。

(7) 动火分析及合格标准

动火分析不宜过早，一般不要早于动火前的 30min，如现场条件不允许，间隔时间可以适当放宽，但不应超过 60min；动火作业中断时间超过 60min，应重做动火分析。每日动火前均应进行动火分析，特殊动火作业期间应随时进行检测。分析试样要保留到动火之后，分析数据应做记录，分析人员应在分析化验报告单上签字。动火分析合格标准为：

① 当被检测气体或蒸汽的爆炸下限大于或等于 4% 时，其被测浓度应不大于 0.5%（体积分数）；

② 当被检测气体或蒸气的爆炸下限小于 4% 时，其被测浓度应不大于 0.2%（体积分数）。

(8) 动火

动火应由安全考核合格的人员担任，压力容器的焊补工作应由锅炉压力容器考试合格的工人担任。无合格证者不得独自从事焊接工作。动火作业出现异常时，监护人员或动火指挥应果断命令停止动火，待恢复正常、重新分析合格并经批准部门同意后，方可重新动火。高处动火作业应戴安全帽、系安全带，遵守高处作业的安全规定。使用气焊、气割动火作业时，乙炔瓶应直立放置；氧气瓶和移动式乙炔瓶发生器不得有泄漏，两者应距作业地点 10m 以上，且氧气瓶和乙炔发生器的间距不得小于 5m。有五级以上大风时不宜高处动火。电焊机应放在指定的地方，火线和接地线应完整无损、牢靠，禁止用铁棒等物代替接地线和固定接地点。电焊机的接地线应接在被焊设备上，接地点应靠近焊接处，不准采用远距离接地回路。

(9) 善后处理

动火作业结束后应清理现场，熄灭余火，切断动火作业所用电源，确认无残留火种后方可离开。

2. 特殊动火作业安全要求

(1) 油罐带油动火

油罐带油动火除了检修动火应做到安全要点外，还应注意：在油面以上不准动火；补焊前应进行壁厚测定，根据测定的壁厚确定合适的焊接方法；动火前用铅或石棉绳等将裂缝塞严，外面用钢板补焊。罐内带油油面下动火补焊作业危险性很大，只在万不得已的情况下才采用，作业时要求稳、准、快，现场监护和补救措施比一般检修动火更应该加强。

(2) 油管带油动火

油管带油动火处理的原则与油罐带油动火相同，只是在油管破裂，生产无法进行的情况下，抢修堵漏才用。带油管路动火应注意：测定焊补处管壁厚度，决定焊接电流和焊接方案，防止烧穿；清理周围现场，移去一切可燃物；准备好消防器材，并利用难燃或不燃挡板严格控制火星飞溅方向；降低管内油压，但需保持管内油品不停地流动；对泄漏处周围的空气要进行分析，合乎动火安全要求才能进行；若是高压油管，要降压后再打卡子焊补；动火前与生产部门联系，在动火期间不得卸放易燃物资。

(3) 带压不置换动火

带压不置换动火指可燃气体设备、管道在一定的条件下未经置换直接动火补焊。带压不置换动火的危险性极大，一般情况下不主张采用。必须采用带压不置换动火时，应注意：整个动火作业必须保持稳定的正压；必须保证系统内的含氧量低于安全标准（除环氧乙烷外一般规定可燃气体中含氧量不得超过 1%）；焊前应测定壁厚，保证焊时不烧穿才能工作；动火焊补前应对泄漏处周围的空气进行分析，防止动火时发生爆炸和中毒；作业人员进入作业地点前穿戴好防护用品，作业时作业人员应选择合适位置，防止火焰外喷烧伤。整个作业过程中，监护人、扑救人员、医务人员及现场指挥都不得离开，直至工作结束。

根据《危险化学品企业特殊作业安全规范》（GB 30871—2022）的要求，在动火作业前，必须办理动火安全作业票，没有动火安全作业票不准进行动火作业。动火安全作业票的格式可参考表 5-4 制作。

表 5-4　动火安全作业票

申请单位		申请人		作业证编号	
动火作业级别		动火方式			
动火地点					
动火时间		自　年　月　日　时　分始至　年　月　日　　时　分止			
动火作业负责人		动火人			
动火分析时间		年　月　　时	年　月　　时		年　月　　时
分析点名称					
分析数据					
分析人					
涉及的其他特殊作业					
危害辨识					

序号	安全措施	确认人
1	动火设备内部构件清理干净，蒸汽吹扫或水洗合格，达到用火条件	
2	断开与动火设备相连接的所有管线，加盲板（　）块	
3	动火点周围的下水井、地漏、地沟、电缆沟等已清除易燃物，已采取覆盖、铺沙、水封等手段进行隔离	
4	罐区内动火点同一围堰和防火间距内油罐不同时进行脱水作业	
5	高处作业已采取防火花飞溅措施	
6	动火点周围易燃物已清除	
7	电焊回路线已接在焊件上，未穿过下水井或未与其他设备搭接	
8	乙炔气瓶（直立放置），氧气瓶与火源间的间距大于 10m	
9	现场配备消防蒸汽带（　）根，灭火器（　）台，铁锹（　）把，石棉布（　）块	
10	其他安全措施	

生产单位负责人		监火人		动火初审人	
实施安全教育人					

申请单位意见	
	签字：　　　年　月　日　时　分

安全管理部门意见	
	签字：　　　年　月　日　时　分

动火审批人意见	
	签字：　　　年　月　日　时　分

动火前，岗位当班班长	
	签字　　　年　月　日　时　分

完工验收确认意见	
	签字　　　年　月　日　时　分

三、受限空间作业的防火防爆

受限空间作业是指进入或探入受限空间进行的作业。这里受限空间是指进出口受限,通风不良,可能存在易燃易爆、有毒有害物质或缺氧,对进入人员的身体健康和生命安全构成威胁的封闭、半封闭设施及场所,如反应器、塔、釜、槽、罐、炉膛、锅筒、管道以及地下室、窑井、坑(池)、下水道或其他封闭、半封闭场所。化工装置受限空间作业频繁,危险因素多,是容易发生事故的作业。人在氧含量为19%~21%的空气中,表现正常;假如降到13%~16%人会突然晕倒;降到13%以下,会死亡。受限空间内富氧环境下氧含量也不能超过23.5%,更不能用纯氧通风换气,因为氧是助燃物质,万一作业时有火星,会着火伤人。受限空间作业还会受到爆炸、中毒的威胁。可见受限空间作业,缺氧与富氧,毒害物质超过安全浓度,都会造成事故。因此,必须办理作业许可证。

凡是用过惰性气体(氮气)置换的设备,进入受限空间前都必须用空气置换,并对空气中的氧含量进行分析。如是受限空间内动火作业,除了空气中的可燃物含量应符合规定外,氧含量也应在19%~21%范围内。若限定空间内具有毒性,还应分析空气中有毒物质的含量,保证在容许浓度以下。

值得注意的是动火分析合格,不等于不会发生中毒事故。例如限定空间内丙烯腈含量为0.2%,符合动火规定,当氧含量为21%时,虽为合格,但却不符合卫生规定。车间空气中丙烯腈PC-STEL限值为$2mg/m^3$,经过换算,0.2%(体积分数)为PC-STEL限值的2167.5倍。进入丙烯腈含量为0.2%的限定空间内作业,虽不会发生火灾、爆炸,但会发生中毒事故。

因此,应对受限空间内的气体浓度进行严格监测。监测要求如下:

① 作业前30min,应对受限空间进行气体采样分析,分析合格后方可进入,如现场条件不允许,间隔时间可以适当放宽,但不应超过60min;

② 监测点应有代表性,容积较大的受限空间,应对上、中、下各部位进行监测分析;

③ 分析仪器应在校验有效期内,使用前应保证其处于正常工作状态;

④ 监测人员深入或探入受限空间采样时应采取个体防护措施;

⑤ 作业中应定时监测,至少每2h监测一次,如监测结果有明显变化,应立即停止作业,撤离人员,对现场进行处理,分析合格后方可恢复作业;

⑥ 对可能释放有害物质的受限空间,应连续监测,情况异常时应立即停止作业,撤离人员,对现场进行处理,分析合格后方可恢复作业;

⑦ 涂刷具有挥发性溶剂的涂料时,应连续监测分析,并采取强制通风措施;

⑧ 作业中断30min时,应重新进行取样分析。

为确保受限空间空气流通良好,可采取如下措施:

① 打开人孔、手孔、料孔、风门、烟门等与大气相通的设施进行自然通风;

② 必要时,应采用风机进行强制通风或管道送风,管道送风前应对管道内介质和风源进行分析确认。

进入下列受限空间作业应采取如下防护措施:

① 缺氧或有毒的受限空间经清洗或置换仍达不到要求的,应佩戴隔离式呼吸器,必要时应拴带救生绳;

② 易燃易爆的受限空间经清洗或置换仍达不到要求的，应穿防静电工作服及防静电工作鞋，使用防爆型低压灯具及防爆工具；

③ 酸碱等腐蚀性介质的受限空间，应穿戴防酸碱工作服、防护鞋、防护手套等防腐蚀护品；

④ 有噪声的受限空间，应佩戴耳塞或耳罩等防噪声护具；

⑤ 有粉尘产生的受限空间，应佩戴防尘口罩、眼罩等防尘护具；

⑥ 高温的受限空间，进入时应穿戴高温防护用品，必要时采取通风、隔热、佩戴通信设备等防护措施；

⑦ 低温的受限空间，进入时应穿戴低温防护用品，必要时采取供暖、佩戴通信设备等防护措施；

进入酸、碱储罐作业时，要在储罐外准备大量清水。人体接触浓硫酸，须先用布、棉花擦净，然后迅速用大量清水冲洗，并送医院处理。如果先用清水冲洗，后用布类擦净，则浓硫酸将变成稀硫酸，而稀硫酸则会造成更严重的灼伤。

进入受限空间内作业，与电气设施接触频繁，照明灯具、电动工具如漏电，都有可能导致人员触电伤亡，所以照明电源应小于或等于 36V，潮湿部位应小于或等于 12V。在潮湿容器中，作业人员应站在绝缘板上，同时保证金属容器接地可靠。检修带有搅拌机械的设备，作业前应把传动皮带卸下，切除电源，如取下熔丝、拉下闸刀等，并上锁，使机械装置不能启动，再在电源处挂上"有人检修、禁止合闸"的警告牌。上述措施采取后，还应有人检查确认。

罐内作业时，一般应指派两人以上作罐外监护。监护人应了解介质的各种性质，应位于能经常看见罐内全部操作人员的位置，眼光不能离开操作人员，更不准擅离岗位。发现罐内有异常时，应立即召集急救人员，设法将罐内受害人救出，监护人员应从事罐外的急救工作。如果没有监护人，即使在非常时候，也不得自己进入罐内。凡是进入罐内抢救的人员，都必须根据现场情况穿戴防毒面具或氧气呼吸器、安全防带等防护用具，绝不允许不采取任何个人防护而冒险入罐救人。

为确保进入受限空间作业安全，必须严格按照《危险化学品企业特殊作业安全规范》（GB 30871—2022）办理受限空间安全作业票，持票作业。

四、盲板抽堵作业的防火防爆

盲板抽堵作业是指在设备、管道上安装和拆卸盲板的作业。

化工生产装置之间、装置与储罐之间、厂际之间，有许多管线相互连通输送物料，因此生产装置停车检修，在装置退料进行蒸煮水洗置换后，需要在检修的设备和运行系统管线相接的法兰接头之间插入盲板，以切断物料窜进检修装置的可能。盲板抽堵作业按照《危险化学品企业特殊作业安全规范》（GB 30871—2022）规范执行工作。

盲板抽堵作业应注意下面几点：

① 盲板抽堵作业应由专人负责，根据工艺技术部门审查批复的工艺流程盲板图，进行盲板抽堵作业，统一编号，做好抽堵记录。

② 负责盲板抽堵的人员要相对稳定，一般情况下，谁堵谁抽。

③ 抽加盲板的作业人员，要进行安全教育及防护训练，落实安全技术措施。

④ 登高作业要考虑防坠落、防中毒、防火、防滑等措施。

⑤ 拆除法兰螺栓时要逐步缓慢松开，防止管道内余压或残余物料喷出；发生意外事故，加盲板的位置应在来料阀的后部法兰处，盲板两侧均应加垫片，并用螺栓紧固，做到无泄漏。

⑥ 盲板应具有一定的强度，其材质、厚度要符合技术要求，原则上盲板厚度不得低于管壁厚度，留有把柄，并于明显处挂牌标记。

根据《危险化学品企业特殊作业安全规范》（GB 30871—2022）的要求，在盲板抽堵作业前，必须办理盲板抽堵安全作业票，没有盲板抽堵安全作业票不准进行盲板抽堵作业。盲板抽堵安全作业票的格式可参考表 5-5。

表 5-5　盲板抽堵安全作业票

申请单位				申请人				作业证编号		
设备管道名称	介质	温度	压力	盲板			实施时间	作业人	监护人	
				材质	规格	编号	堵　抽	堵　抽	堵　抽	
生产单位作业指挥										
作业单位负责人										
涉及的其他特殊作业										
盲板位置图及编号：										

序号	安全措施	确认人
1	在有毒介质的管道、设备上作业时，尽可能降低系统压力，作业点应为常压	
2	在有毒介质的管道、设备上作业时，作业人员穿戴适合的防护用具	
3	易燃易爆场所，作业人员穿防静电工作服、工作鞋，作业时使用防爆灯具和防爆工具	
4	易燃易爆场所，距作业地点 30m 内无其他动火作业	
5	在强腐蚀性介质的管道、设备上作业时，作业人员已采取防酸碱灼伤的措施	
6	介质温度较高、可能造成烫伤的情况下，作业人员已采取防烫伤措施	
7	同一管道上不同时进行两处以上的盲板抽堵作业	
8	其他安全措施	

实施安全教育人				
生产车间（分厂）意见				
	签字：	年	月	日
作业单位意见				
	签字：	年	月	日
审批单位意见				
	签字：	年	月	日
盲板抽堵作业单位确认意见				
	签字：	年	月	日
生产车间（分厂）确认意见				
	签字：	年	月	日

五、吹扫与置换作业的防火防爆

化工设备、管线的抽净、吹扫、排空作业好坏，是关系到检修工作能否顺利进行和人身、设备安全的重要条件之一。当吹扫仍不能彻底清除物料时，则需进行蒸汽吹扫或用氮气等惰性气体置换。

1. 吹扫作业注意事项

① 吹扫时要注意选择吹扫介质。炼油装置的瓦斯线、高温管线以及闪点低于130℃的油管线和装置内物料爆炸下限低的设备、管线，不得用压缩空气吹扫。空气容易与这类物料混合形成爆炸性混合物，并达到爆炸浓度，吹扫过程中易产生静电火花或其他明火，发生着火爆炸事故。

② 吹扫时阀门开度应小（一般为2扣）。稍停片刻，使吹扫介质少量通过，注意观察畅通情况。采用蒸汽作为吹扫介质时，有时需用胶皮软管，胶皮软管要绑牢，同时要检查胶皮软管承受压力情况，禁止这类临时性吹扫作业使用的胶管用于中压蒸汽。

③ 设有流量计的管线，为防止吹扫蒸汽流速过大及管内带有铁渣、锈、垢，损坏计量仪表内部构件，一般经由副线吹扫。

④ 机泵出口管线上的压力表阀门要全部关闭，防止吹扫时发生水击把压力表震坏。压缩机系统倒空置换原则，以低压到中压再到高压的次序进行，先倒净一段，如未达到目的而压力不足时，可由二、三段补压倒空，然后依次倒空，最后将高压气体排入火炬。

⑤ 管壳式换热器、冷凝器在用蒸汽吹扫时，必须分段处理，并要放空泄压，防止液体汽化，造成设备超压损坏。

⑥ 吹扫时，要按系统逐次进行，再把所有管线（包括支路）都吹扫到，不能留有死角。吹扫完应先关闭吹扫管线阀门，后停汽，防止被吹扫介质倒流。

⑦ 精馏塔系统倒空吹扫，按照由高到低原则逐段依次实施，保持塔压一段时间，待盘板积存的液体全部流净后，由塔釜再次倒空放压。塔、容器及冷换设备吹扫之后，还要通过蒸汽在最低点排空，直到蒸汽中不带油为止；最后停汽，打开低点放空阀排空，要保证设备打开后无易燃易爆物质，确保检修动火安全。

⑧ 对低温生产装置，考虑到复工开车系统内对露点指标控制很严格，所以不采用蒸汽吹扫，而要用氮气分片集中吹扫，最好用干燥后的氮气进行吹扫置换。

⑨ 吹扫采用本装置自产蒸汽，应首先检查蒸汽中是否带油。装置内油、汽、水等有互窜的可能，一旦发现互窜，蒸汽就不能用来灭火或吹扫。

一般来说，较大的设备和容器在物料退出后，都应进行蒸煮水洗，如炼化厂塔、容器、油品储罐等。乙烯装置、分离热区脱丙烷塔、脱丁烷塔，由于物料中含有较高的双烯烃、炔烃，塔釜、再沸器提馏段物料极易聚合，并且有重烃类难挥发油，最好也采用蒸煮方法。蒸煮前必须采取防烫措施。处理时间视设备容积的大小，附着易燃、有毒介质残渣或油垢的多少、清除难易，通风换气快慢而定，通常为8～24h。

2. 特殊置换

① 存放酸碱介质的设备、管线，应先予以中和或加水冲洗。例如硫酸储罐（铁质）用水冲洗，残留的浓硫酸变成强腐蚀性的稀硫酸，与铁作用，生成氢气与硫酸亚铁。

氢气遇明火会发生着火爆炸。所以硫酸储罐用水冲洗以后，还应用氮气吹扫，氮气保留在设备内，对着火爆炸起抑制作用。如果进入作业，则必须再用空气置换。

② 丁二烯生产系统，停车后不宜用氮气吹扫，因为氮气中有氧的成分，容易生成丁二烯自聚物。丁二烯自聚物很不稳定，遇明火和氧、受热、受撞击可迅速自行分解爆炸。检修这类设备前，必须认真确认是否有丁二烯过氧化自聚物存在，要采取特殊措施破坏丁二烯过氧化自聚物。目前多采用氢氧化钠水溶液处理法直接破坏丁二烯过氧化自聚物。

 ## 事故案例

【案例1】天津港"8·12"瑞海公司危险品仓库火灾爆炸事故

2015 年 8 月 12 日，位于天津市滨海新区吉运二道 95 号的某公司危险品仓库发生火灾爆炸事故，本次事故中爆炸总能量约为 450t TNT 当量。事故共造成 165 人遇难，8 人失踪，798 人受伤住院治疗；304 幢建筑物、12428 辆商品汽车、7533 个集装箱受损。截至 2015 年 12 月 10 日，事故调查组依据《企业职工伤亡事故经济损失统计标准》（GB 6721—86）等标准和规定统计，核定直接经济损失 68.66 亿元人民币。

该起事故最终认定的直接原因为：瑞海公司危险品仓库运抵区南侧集装箱内的硝化棉由于湿润剂散失出现局部干燥，在高温（天气）等因素的作用下加速分解放热，积热自燃，引起相邻集装箱内的硝化棉和其他危险化学品长时间大面积燃烧，导致堆放于运抵区的硝酸铵等危险化学品发生爆炸。

硝化棉（$C_{12}H_{16}N_4O_{18}$）为白色或微黄色棉絮状物，易燃且具有爆炸性，化学稳定性较差，常温下能缓慢分解并放热，超过 40℃ 时会加速分解，放出的热量如不能及时散失，会造成硝化棉温升加剧，达到 180℃ 时能发生自燃。硝化棉通常加乙醇或水作湿润剂，一旦湿润剂散失，极易引发火灾。

据调查，该公司在装卸作业中存在野蛮操作问题，在硝化棉装箱过程中曾出现包装破损、硝化棉散落的情况。对样品硝化棉乙醇湿润剂挥发性进行的分析测试表明：如果包装密封性不好，在一定温度下湿润剂会挥发散失，且随着温度升高而加快；如果包装破损，在 50℃ 下 2h 乙醇湿润剂会全部挥发散失。事发当天最高气温达 36℃，实验证实，在气温为 35℃ 时集装箱内温度可达 65℃ 以上。以上几种因素耦合作用引起硝化棉自燃起火。

集装箱内硝化棉局部自燃后，引起周围硝化棉燃烧，放出大量气体，箱内温度、压力升高，致使集装箱破损，大量硝化棉散落到箱外，形成大面积燃烧，最后引燃了其他集装箱内的多种危险化学品，随着燃烧加剧，温度持续升高，最终引爆了临近的硝酸铵，于 23 时 34 分 06 秒，发生了第一次爆炸。距第一次爆炸点西北方向约 20m 处，有多个装有硝酸铵、硝酸钾、硝酸钙、甲醇钠、金属镁、金属钙、硅钙、硫化钠等氧化剂、易燃固体和腐蚀品的集装箱。受到南侧集装箱火焰蔓延作用以及第一次爆炸冲击波影响，23 时 34 分 37 秒发生了第二次更剧烈的爆炸。

【案例2】黄岛油库"8·12"特大火灾事故

1989 年 8 月 12 日，石油天然气总公司某油库老罐区 $2.3 \times 10^4 m^3$ 原油储量的 5 号混凝土油罐爆炸起火，大火前后共燃烧 104h，10 辆消防车被烧毁，19 人牺牲，100 多人受伤，其中公安消防人员牺牲 14 人，负伤 85 人。烧掉原油逾 $4 \times 10^4 m^3$，占地 250 亩（1 亩 ≈

666.67m²）的老罐区和生产区的设施全部烧毁，造成直接经济损失 3540 万元。

黄岛位于青岛市区以西约 4.6km 处，与市区隔海相望。1974 年，石油部在此建起了储油区作为胜利油田的配套工程，青岛港务局也在此建起了储油区和外运码头。一期工程建成了 5 个万吨以上的大油田，总容积 $22.6 \times 10^4 m^3$，一期工程北面 103m 处，建有 6 个 $5 \times 10^4 m^3$ 的储罐；二期工程边缘还有一个 $15 \times 10^4 m^3$ 的地下油罐，储罐区总储量达 $50 \times 10^4 m^3$。二期工程北面仅一路之隔就是青岛港务局的成品油罐群，共 15 个油罐，其中最大的一只容积为 $1 \times 10^4 m^3$；紧靠这些油罐的是 2 个 $5 \times 10^4 t$ 级的泊位，不远处有耗资 3 亿正在建设中的 2 个 $20 \times 10^4 t$ 的泊位，以及正在建设中的前湾大港。

1989 年 8 月 12 日上午 9 时 55 分，正在进行作业的黄岛油库 5 号储油罐突然遭到雷击发生爆炸起火，形成了约 3500m² 的火场，14 时 36 分和 5 号罐相邻的 4 号罐也突然发生了爆炸，3000 多平方米的水泥罐顶被掀开，原油夹杂火焰、浓烟冲出的高度达到几十米。从 4 号罐顶飞出的混凝土碎块，将相邻 1 号、2 号和 3 号金属罐顶部震裂，造成油气外漏。14 时 37 分，5 号罐喷溅的油火又先后点燃了 1 号、2 号和 3 号油罐的外漏油气，引起爆燃，黄岛油库的老罐区均发生火情。

该起事故的直接原因是：黄岛油库储存有 $2.3 \times 10^4 m^3$ 原油的 5 号混凝土油罐由于本身存在缺陷，又遭受雷击，引起油气爆燃着火，导致附近储罐爆燃。随后火焰席卷了整个库区并波及了附近的其他单位，外溢的原油流入了胶州湾，造成了海洋污染。

【案例 3】过氧化苯甲酰爆炸事故

1993 年 6 月 26 日，郑州某厂发生特大爆炸事故，死亡 27 人，伤 33 人，直接经济损失 311.3 万元。该厂主要产品为面粉改良剂——稀释过氧化苯甲酰，主要用于面粉增白。其基本工艺流程为苯甲酰氯与双氧水、苛性钠在一定条件下合成过氧化苯甲酰，经离心机甩干分离出颗粒结晶过氧化苯甲酰湿品，将过氧化苯甲酰湿品烘干后，再与磷酸氢钙、碳酸钙、氧化镁按一定比例进行人工粗混，然后再经粉碎机进一步混合粉碎，并经风选得到稀释过氧化苯甲酰成品。

1993 年 6 月 26 日下午 3 点，生产科长李某让干燥车间工作人员将干燥车间存放的粉状过氧化苯甲酰运送到仓库存放，因仓库保管员外出，李某将仓库门锁打开后，由干燥车间工作人员用板车运送，每次拉 5 袋，每袋 30kg。当运送第三车时，李某离开库房去干燥车间组织修理电机，当第四车运至仓库门前时，离车稍远处跟车的工作人员发现仓库里往外冒烟，未等工作人员及时做出反应即爆炸起火。

事故现场存在三个爆炸点，第一爆炸点在仓库内，存放有粉末状过氧化苯甲酰 4.4t 多；第二爆炸点在干燥车间真空干燥箱，存放有干品过氧化苯甲酰 80kg；第三爆炸点在干燥车间西南墙角，存放有干品过氧化苯甲酰 1t 左右。

经认定，此次事故发生的直接原因是大量经过干燥的过氧化苯甲酰在仓库内长期堆放，使堆垛内部的过氧化苯甲酰产生分解、发热和升温。当堆垛内部温度升高到爆炸极限时，引起了自燃爆炸。由于第一炸点的冲击波及高能抛射物的强烈冲击和撞击，又引起了第二、第三炸点的相继燃烧爆炸。

课堂讨论

1. 谈谈你如何认识危险化学品安全管理的重要性？
2. 如何预防危险化学品事故？

3. 危险化学品安全储存、运输及包装的基本要求有哪些？

 知识巩固

1. 根据《危险货物分类和品名编号》（GB 6944—2012）危险化学品分为以下九类：
（　　　　）、（　　　　　）、（　　　　　　　）、（　　　　　　）、（　　　　　　），
（　　　　）、（　　　　　）、（　　　　　）。

2. 列举三种常见的易燃气体：（　　　　　）、（　　　　　）、（　　　　　）。

3. H_2、CO、CH_4 三种气体中火灾爆炸危险性最大的是（　　　　　　）。

4. 对于爆炸性物质、剧毒物质和放射性物质应采取（　　　　　　）、（　　　　　　）、
（　　　　）、（　　　　　）、（　　　　　　）"五双制"方法加以管理。

5. 液化石油气储罐与储罐组的四周可设置防火堤，两相邻防火堤外侧基角线之间的距离不应小于（　　　）m。

6. 储存气瓶的仓库库温不宜超过（　　　）℃。

7. 盛装易燃液体的容器应保留不少于（　　　）容积的空隙，夏季不可曝晒。

8. 易燃液体储罐高度超过（　　　）m 时，应设置固定的冷却和灭火设备。

9. 钾、钠等应储存于不含水的（　　　　　）或（　　　　　）中。

10. 储存遇水燃烧物质的库房相对湿度一般保持在（　　　）以下，最高不超过（　　　）。

📄 **能力训练**

如何利用危险化学品的物理化学性质分析其危险性？

💻 **实训项目5：危险化学品认识训练**

一、实训目的

了解危险化学品生产、储存、使用、运输等企业对于危险化学品的安全管理过程，可以识别其中存在的危险有害因素，并提出切实可行的安全防护措施。

二、实施内容

1. 学生按学号进行分组，每组进行具体的任务划分，填写任务卡。

2. 选择校内涉及危险化学品使用的实训室等有关场所，查询、了解涉及的危险化学品性质，搜集有关资料，完成实训报告。实训报告至少应该涵盖以下内容：

（1）危险化学品理化性质及危险特性表；

（2）可能存在的安全隐患；

（3）归纳、汇总主要安全防护措施。

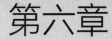
第六章

典型危险场所的防火防爆

知识目标：1. 熟悉溶解乙炔站工艺设备防火防爆措施。
　　　　　2. 熟悉加油加气站工艺设备防火防爆措施。
　　　　　3. 熟悉液化石油气储配站防火防爆措施。

能力目标：1. 初步掌握溶解乙炔站、加油加气站、液化石油气储配站隐患排查能力。
　　　　　2. 初步具有编制防火防爆整改措施的能力。

第一节　溶解乙炔站的防火防爆

一、乙炔的危险性与安全技术措施

　　乙炔是最简单的炔烃，为易燃气体，难溶于水，易溶于丙酮，15℃和总压力为 15atm（1atm＝101325Pa）时，在丙酮中的溶解度为 237g/L，溶液是稳定的。在液态和固态下或在气态和一定压力下有猛烈爆炸的危险，受热、震动、电火花等因素都可以引发爆炸，所以不能在加压液化后储存或运输。因此，工业上是在装满石棉等多孔物质的钢桶或钢罐中，使多孔物质吸收丙酮后将乙炔压入，以便储存和运输。乙炔的性质及危险性等内容见表 6-1。

表 6-1　乙炔的理化特性、危害信息、安全措施、应急处置原则

特别警示	极易燃气体；经压缩或加热可造成爆炸；火场温度下易发生危险的聚合反应
理化特性	无色无臭气体，工业品有使人不愉快的大蒜气味。微溶于水，溶于乙醇、丙酮、氯仿、苯。分子量 26.04，熔点－80.8℃，沸点－83.8℃，气体密度 1.17g/L，相对密度（水＝1）0.62，相对蒸气密度（空气＝1）0.91，临界压力 6.19MPa，临界温度 35.2℃，饱和蒸气压 4460kPa（20℃），爆炸极限 2.1%～80%（体积分数），自燃温度 305℃，最小点火能 0.02mJ 主要用途：主要是有机合成的重要原料之一；亦是合成橡胶、合成纤维和塑料的原料，也用于氧炔焊割

危害信息	**【燃烧和爆炸危险性】** 易燃烧爆炸。能与空气形成爆炸性混合物，爆炸范围非常宽，遇明火、高热和氧化剂有燃烧、爆炸危险 **【活性反应】** 与氧化剂接触猛烈反应。与氟、氯等接触会发生剧烈的化学反应。能与铜、银、汞等的化合物生成爆炸性物质 **【健康危害】** 具有弱麻醉作用，麻醉恢复快，无后作用，高浓度吸入可引起单纯窒息
安全措施	**【一般要求】** 操作人员必须经过专门培训，应具有防火、防爆、防静电事故和预防职业病的知识与操作能力，严格遵守操作规程 密闭操作，避免泄漏，全面通风，防止乙炔气体泄漏到工作场所空气中。远离火种、热源，工作场所严禁吸烟 在发生或合成、使用、储存乙炔的场所，设置可燃气体检测报警仪，并与应急通风联锁，使用防爆型的通风系统和设备。操作人员应穿防静电工作服，禁止穿戴易产生静电衣物和钉鞋 避免与氧化剂、酸类、卤素接触 生产、储存区域应设置安全警示标志。搬运时轻装轻卸，防止钢瓶及附件破损。配备相应品种和数量的消防器材及泄漏应急处理设备 **【特殊要求】** 操作安全： （1）在有乙炔存在或使用乙炔作业的人员，应配备便携式可燃气体检测报警仪。不能接触铜、银和汞。要避免使用含铜66%以上的黄铜、含铜银的焊接材料和含汞的压力表 （2）进入有乙炔存在或泄漏密闭有限空间前，应首先检测乙炔浓度，强制机械通风10min以上，直至乙炔浓度低于爆炸下限20%；作业过程中有人监护，每隔30min监测一次，可燃气体含量不得高于爆炸下限的20% （3）凡可能与易燃、易爆物相通的设备，管道等部位的动火均应加堵盲板与系统彻底隔离、切断，必要时应拆掉一段连接管道 （4）电石库禁止带水入内 （5）使用乙炔气瓶，应注意： ——注意固定，防止倾倒，严禁卧放使用，对已卧放的乙炔瓶，不准直接开气使用，使用前必须先立牢静止15min，再接减压器使用，否则危险。轻装轻卸气瓶，禁止敲击、碰撞等粗暴行为 ——同时使用乙炔瓶和氧气瓶时，两瓶之间的距离应超过10m。不得将瓶内的气体使用干净，必须留有0.05MPa以上的剩余压力气体 ——乙炔气瓶不得靠近热源和电气设备，夏季要有遮阳措施防止暴晒，与明火的距离要大于10m。气瓶的瓶阀冻结时，严禁用火烘烤，可用10℃以下温水解冻 ——乙炔气瓶在使用时必须设专用减压器、回火防止器，工作前必须检查是否好用，否则禁止使用。开启时，操作者应站在阀门的侧后方，动作要轻缓 （6）在乙炔站内应注意： ——站房内允许冬季取暖时，不得用电热明火，宜采用光管散热器，以免积尘及静电感应，并应离乙炔发生器1m以上；当气温在0℃以下时，可用氯化钠的水溶液代替发生器及回火防止器的用水，以防冰冻的发生。乙炔发生器管道冻结可用热水解冻。移动式乙炔发生器在夏季应遮阳，防高温和热辐射 ——乙炔发生器设备运行时，操作者应密切注意各部位压力和温度的变化。若发现压力表读数升或有气体从安全阀逸出，或者启动数分钟压力表的指针没有上升应停止作业，排除故障。严禁超出规定压力和温度 （7）乙炔设备、容器及管道在动火进行大、小修之前应作充氮吹扫。所用氮气的纯度应大于98%，吹扫口化验乙炔含量低于0.5%时，才能动火作业，并应事先得到有关部门批准，设专人监护和采取必要的防火、防爆措施

安全措施	储存安全： （1）乙炔瓶储存于阴凉、通风的易燃气体专用库房，远离火种、热源。库房温度不宜超过 30℃ （2）应与氧化剂、酸类、卤素分开存放，切忌混储。采用防爆型照明、通风设施，禁止使用易产生火花的机械设备和工具。储存区应备有泄漏应急处理设备。乙炔瓶储存时要保持直立，并有防倒措施，严禁与氧气、氯气瓶及易燃品同向储存。乙炔瓶严禁放在通风不良及有放射线的场所，不得放在橡胶等绝缘体上，瓶库或储存间应有专人管理，要有消防器材和醒目的防火标志 （3）储存室内必须通风良好，保证空气中乙炔最高含量不超过 1%（体积分数）。储存室建筑物顶部或外墙的上部设气窗或排气孔。排气孔应朝向安全地带，室内换气次数每小时不得少于 3 次，事故通风每小时换气次数不得少于 12 次 运输安全： （1）运输车辆应有危险货物运输标志，安装具有行驶记录功能的卫星定位装置。未经公安机关批准，运输车辆不得进入危险化学品运输车辆限制通行的区域 （2）槽车运输时要用专用槽车。槽车安装的阻火器（火星熄灭器）必须完好。槽车和运输卡车要有导静电拖线；槽车上要备有 2 只以上干粉或二氧化碳灭火器和防爆工具；要有遮阳措施，防止阳光直射 （3）车辆运输钢瓶时，瓶口一律朝向车辆行驶方向的右方，装车高度不得超过车厢高度，直立排放时，车厢高度不得低于瓶高的 2/3。不准同车混装有抵触性质的物品和让无关人员搭车。运输途中远离火种，不准在有明火地点或人多地段停车，停车时要有人看管。发生泄漏或火灾要开到安全地方进行灭火或堵漏 （4）输送乙炔的管道不应靠近热源敷设；管道采用地上敷设时，应在人员活动较多和易遭车辆、外来物撞击的地段，采取保护措施并设置明显的警示标志；乙炔管道架空敷设时，管道应敷设在非燃烧体的支架或栈桥上。在已敷设的乙炔管道下面，不得修建与乙炔管道无关的建筑物和堆放易燃物品；乙炔管道外壁颜色、标志应执行《工业管道的基本识别色、识别符号和安全标识》（GB 7231）的规定
应急处置原则	【急救措施】 吸入：迅速脱离现场至空气新鲜处，保持呼吸道通畅。如呼吸困难，给氧。如呼吸停止，立即进行人工呼吸，就医 【灭火方法】 切断气源。若不能切断气源，则不允许熄灭泄漏处的火焰。喷水冷却容器，尽可能将容器从火场移至空旷处 灭火剂：雾状水、泡沫、二氧化碳、干粉 【泄漏应急处置】 消除所有点火源。根据气体的影响区域划定警戒区，无关人员从侧风、上风向撤离至安全区。建议应急处理人员戴正压自给式空气呼吸器，穿防静电服。作业时使用的所有设备均应接地。禁止接触或跨越泄漏物。尽可能切断泄漏源。若可能翻转容器，使之逸出气体而非液体。喷雾状水抑制蒸气或改变蒸气云流向，避免水流接触泄漏物。如有可能，将残余气或漏出气用排风机送至水洗塔或与塔相连的通风橱内。禁止用水直接冲击泄漏物或泄漏源。防止气体通过下水道、通风系统和密闭性空间扩散。隔离泄漏区直至气体散尽 作为一项紧急预防措施，泄漏隔离距离至少为 100m。如果为大量泄漏，下风向的初始疏散距离应至少为 800m

二、乙炔的生产过程

工业上制取乙炔的方法很多，如电石法、甲烷裂解法、烃类裂解法等。

电石法生产乙炔能耗大，但工艺流程简单，容易操作，乙炔纯度高；甲烷或烃类裂解法等制得的乙炔纯度低、操作复杂。

我国目前主要采用电石法生产乙炔，电石法生产乙炔按照电石和水接触的方式分类，可分为电石入水式（又称为湿式）、水入电石式（又称为干式）和排水式三种。国内以电石入水式为主，本文重点介绍电石入水式制取溶解乙炔的工艺过程。

电石法生产溶解乙炔，其主要原料为电石和水，反应后经净化、冷却、压缩等工艺处理，再通过充灌瓶装溶解乙炔气。工艺流程叙述如下：

原料电石在投料前应对其质量进行检验（发气量，磷、硫粒度等），检验合格后经粉碎装入电石储斗，称重计量，通过输送皮带加入乙炔发生器投料；加料前先用氮气对发生器系统进行吹扫，检测合格后电石投料与水进行化学反应，电石在气体发生器中与水进行反应的比例为 1∶10（体积比）。

$$CaC_2 + 2H_2O \longrightarrow C_2H_2 + Ca(OH)_2 + Q(\ Q = 127kJ/mol)$$

该反应是典型的放热化学反应，为确保生产安全反应器温度应控制在 70℃ 以下，并保持较大加水量。尤其是在夏季生产，乙炔发生器每班排渣 1～3 次根据生产强度大小确定。

生成乙炔气经水封送入气柜，然后进入冷却塔，冷却出口气体温度应控制在 35℃ 以下；然后依次进入一清净塔和二清净塔，使用 0.08%～0.1% 的次氯酸钠溶液除去气体中的磷化氢与硫化氢杂质，通过用 10% $AgNO_3$ 试纸测试不变色，达到国家标准对乙炔质量的要求。反应后达标气体经中和塔，使用 NaOH 溶液进行中和反应，除去酸性物质再进入气水分离器和水封再进入乙炔气压缩机，压缩机入口温度 35℃ 以下，乙炔气含水量 $1g/m^3$；经乙炔压缩机三级压缩后，出口气体进入灌装线对溶解乙炔气瓶充灌，充灌速度不得超过 $0.6m^3/$（h·瓶），灌装过程中控制气瓶温度在 40℃ 以下。在气温高的季节可用喷淋水冷却降温，充装量不得超过 7kg/瓶，气压不得超过 2.5MPa，灌装后的气瓶静置，经检验合格后入库。

工艺流程如图 6-1 所示。

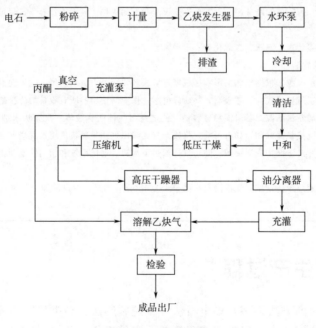

图 6-1　工艺流程图

三、溶解乙炔站防火防爆措施

1. 建筑的防火间距

在溶解乙炔站的选址与设计中，建筑物与相邻厂房或建构筑物之间应保持一定的防火间距，最大限度地减少火灾、爆炸的损失。

根据《建筑设计防火规范（2018年版）》的要求，在溶解乙炔站中，电石库、电石破碎间、制气站房、灌瓶站房、乙炔瓶库、丙酮库、气柜的火灾危险性类别均为甲类；乙炔站的甲类库房与民用建筑、明火或散发火花地点的防火间距必须满足30m的规定，与重要的公共建筑防火距离不小于50m；甲类生产厂房与民用建筑的防火间距必须满足25m的规定，与明火或散发火花地点的防火间距必须满足30m的规定，与重要的公共建筑距离不小于50m；甲类厂房之间的防火间距不应小于12m；电石库与甲类厂房之间的防火间距不应小于15m；储气柜与甲类物品库的防火间距不应小于25m；储气罐与甲类厂房之间的防火间距不应小于12m。

2. 总图布置与消防车道防火要求

首先，应当将乙炔生产装置和辅助生产设施分开布置；其次，为使火灾、爆炸的影响降到最低限度，要将生产装置分区设置，火灾危险性大的厂房应布置在全年主导风向的下风侧。

溶解乙炔站的主要出入口不应少于两个，尽量位于不同方位。

为了及时扑灭火灾，站区内须设消防车通道。

3. 厂房结构防火、 防爆要求

① 溶解乙炔中甲类生产厂房、库房均应采用一、二级耐火等级建筑，其主要承重构件必须使用非燃烧体材料，而且要有较大的结构厚度和截面尺寸。

② 乙炔站除电石库外，有爆炸危险的生产车间均应设置泄压设施。

防爆泄压设施必须有适当的位置、足够的泄压面积和可靠的泄压构件，这三者设计合理才能恰当地达到"泄压"的目的。

泄压设施采用轻质屋盖作为泄压面积，易于泄压的门、窗也可作为泄压面积，泄压面积与厂房体积的比值一般为 $0.05\sim0.22\mathrm{m^2/m^3}$，作为泄压面积的轻质屋盖重一般不超过 $120\mathrm{kg/m^2}$。泄压面积的设置宜靠近容易发生爆炸的部位，并且应避开人员集中的场所和主要交通道路。

③ 乙炔站中甲类场所的地面一般采用不发火花细石混凝土地面，防止地面因摩擦、撞击产生火花。

4. 工艺设备防火防爆措施

① 乙炔发生器

a. 设置温度、压力检测设施；

b. 乙炔发生器的高位水槽设置液位控制装置；

c. 乙炔发生器与气柜间应设置安全水封；

d. 多台乙炔发生器的汇气总管与每台发生器之间、接至厂区的乙炔管道上应设置安全水封或阻火器；

e. 乙炔发生器岗位应设置氮气置换装置和采取真空措施；

f. 乙炔发生器、气柜、管道等均应采取防冻措施。

② 乙炔压缩机前设置低压安全水封或安全器。

③ 乙炔气柜与乙炔压缩机设置低限报警联锁装置。

④ 乙炔压缩机应设置限压报警联锁装置，即当吸气压力低于最低允许压力，或排气压力高于最高允许压力时，乙炔压缩机应自动停车，并发出报警信号。

⑤ 乙炔压缩机出口管道应设置安全阀。

⑥ 净化岗位设置符合要求的冲洗和洗眼设施。

⑦ 乙炔充装排设置充装用冷却喷淋水和紧急喷淋装置。

⑧ 在乙炔高压干燥器出口管路、乙炔各充灌排的主截止阀前、乙炔充灌排的各分配截止阀后、乙炔放空管、高压乙炔回气管路等部位均应设置阻火器。

⑨ 乙炔的放散或排放应引至室外，引出管口应高出屋脊 1m。

⑩ 应按照《建筑物防雷设计规范》的要求，设置防雷、防静电设施，并在乙炔生产车间入口处设置消除人体静电设施。

⑪ 在乙炔发生器、乙炔压缩机、乙炔充装排、乙炔汇流排、实瓶库、电石库、净化装置等区域设置固定式可燃气体检测报警装置。当不具备设置固定式的条件时，应配置便携式检测报警仪。

⑫ 在乙炔生产装置内采用防爆级别和组别为 dⅡCT2 的防爆电气设备。

⑬ 乙炔发生、净化和充装工序通过加冷却水控制生产过程的反应热，防止乙炔分解爆炸；控制电石投料速度、配比、顺序及电石的纯度；加强紧急情况（停电、停水等）的应急处理，采取双回路电源，备用循环冷却水。

⑭ 乙炔流经的设备和管道应保持密闭，防止乙炔泄漏，而且要防止负压状态下外界空气渗入设备、管道的现象发生。

⑮ 保持厂房通风良好，开车、停车和检修期间均用氮气对设备和管道进行置换，且置换时间不得小于 2min。

⑯ 在生产区域设置明显的禁火标志，在电石库设置明显的禁止用水灭火标志，在厂内道路设置限速、限高、禁行等标志。

⑰ 设置消防通道、消火栓、消防泵和灭火器材。

⑱ 配备各类机动车辆使用的阻火帽。

第二节　加油加气站的防火防爆

一、物料的危险性与安全技术措施

1. 物料的危害信息与安全技术措施

加油加气站主要涉及汽油、天然气等危险物质，其危害信息及安全技术措施见表 6-2 和表 6-3。

表 6-2　汽油（含甲醇汽油、乙醇汽油）的危害信息及安全技术措施

特别警示	高度易燃液体；不得使用直流水扑救（用水灭火无效）
理化特性	无色到浅黄色的透明液体 依据《车用汽油》（GB 17930）生产的车用无铅汽油，按研究法辛烷值（RON）分为 90 号、93 号和 95 号三个牌号，相对密度（水＝1）0.70～0.80，相对蒸气密度（空气＝1）3～4，闪点－46℃，爆炸极限 1.4%～7.6%（体积分数），自燃温度 415～530℃，最大爆炸压力 0.813MPa；石脑油主要成分为 C_4～C_6 的烷烃，相对密度 0.78～0.97，闪点－2℃，爆炸极限 1.1%～8.7%（体积分数） 主要用途：汽油主要用作汽油机的燃料，可用于橡胶、制鞋、印刷、制革、颜料等行业，也可用作机械零件的去污剂；石脑油主要用作裂解、催化重整和制氨原料，也可作为化工原料或一般溶剂，在石油炼制方面是制作清洁汽油的主要原料
危害信息	【燃烧和爆炸危险性】 　高度易燃，蒸气与空气能形成爆炸性混合物，遇明火、高热能引起燃烧爆炸。高速冲击、流动、激荡后可因产生静电火花放电引起燃烧爆炸。蒸气比空气重，能在较低处扩散到相当远的地方，遇火源会着火回燃和爆炸 【健康危害】 　汽油为麻醉性毒物，高浓度吸入出现中毒性脑病，极高浓度吸入引起意识突然丧失、反射性呼吸停止。误将汽油吸入呼吸道可引起吸入性肺炎 　职业接触限值：PC-TWA（时间加权平均容许浓度）300mg/m³（汽油）
安全措施	【一般要求】 　操作人员必须经过专门培训，严格遵守操作规程，熟练掌握操作技能，具备应急处置知识 　密闭操作，防止泄漏，工作场所全面通风。远离火种、热源，工作场所严禁吸烟。配备易燃气体泄漏监测报警仪，使用防爆型通风系统和设备，配备两套以上重型防护服。操作人员穿防静电工作服，戴耐油橡胶手套 　储罐等容器和设备应设置液位计、温度计，并应装有带液位、温度远传记录和报警功能的安全装置 　避免与氧化剂接触 　生产、储存区域应设置安全警示标志。灌装时应控制流速，且有接地装置，防止静电积聚。搬运时要轻装轻卸，防止包装及容器损坏。配备相应品种和数量的消防器材及泄漏应急处理设备 【特殊要求】 　操作安全： 　（1）油罐及储存桶装汽油附近要严禁烟火。禁止将汽油与其他易燃物放在一起 　（2）往油罐或油罐汽车装油时，输油管要插入油面以下或接近罐的底部，以减少油料的冲击与空气的摩擦。沾油料的布、油棉纱头、油手套等不要放在油库、车库内，以免自燃。不要用铁器工具敲击汽油桶，特别是空汽油桶更危险。因为桶内充满汽油与空气的混合气，而且经常处于爆炸极限之内，一遇明火，就能引起爆炸 　（3）当进行灌装汽油时，邻近的汽车、拖拉机的排气管要戴上防火帽后才能发动，存汽油地点附近严禁检修车辆 　（4）汽油油罐和储存汽油区的上空，不应有电线通过。油罐、库房与电线的距离要为电杆长度的 1.5 倍以上 　（5）注意仓库及操作场所的通风，使油蒸气容易逸散 　储存安全： 　（1）储存于阴凉、通风的库房。远离火种、热源。库房温度不宜超过 30℃。炎热季节应采取喷淋、通风等降温措施 　（2）应与氧化剂分开存放，切忌混储。用储罐、铁桶等容器盛装，不要用塑料桶来存放汽油。盛装时，切不可充满，要留出必要的安全空间

安全措施	（3）采用防爆型照明、通风设施。禁止使用易产生火花的机械设备和工具。储存区应备有泄漏应急处理设备和合适的收容材料。罐储时要有防火防爆技术措施。对于1000m³及以上的储罐顶部应有泡沫灭火设施等 运输安全： （1）运输车辆应有危险货物运输标志，安装具有行驶记录功能的卫星定位装置。未经公安机关批准，运输车辆不得进入危险化学品运输车辆限制通行的区域 （2）汽油装于专用的槽车（船）内运输，槽车（船）应定期清理；用其他包装容器运输时，容器须用盖密封。运送汽油的油罐汽车，必须有导静电拖线。对有0.5m³/min以上的快速装卸油设备的油罐汽车，在装卸油时，除了保证铁链接地外，更要将车上油罐的接地线插入地下并不得浅于100mm。运输时运输车辆应配备相应品种和数量的消防器材。装运该物品的车辆排气管必须配备阻火装置，禁止使用易产生火花的机械设备和工具装卸。汽车槽罐内可设孔隔板以减少震荡产生静电 （3）严禁与氧化剂等混装混运。夏季最好早晚运输，运输途中应防曝晒、防雨淋、防高温。中途停留时应远离火种、热源、高温区及人口密集地段 （4）输送汽油的管道不应靠近热源敷设；管道采用地上敷设时，应在人员活动较多和易遭车辆、外来物撞击的地段，采取保护措施并设置明显的警示标志；汽油管道架空敷设时，管道应敷设在非燃烧体的支架或栈桥上。在已敷设的汽油管道下面，不得修建与汽油管道无关的建筑物和堆放易燃物品；汽油管道外壁颜色、标志应执行《工业管道的基本识别色、识别符号和安全标识》（GB 7231）的规定 （5）输油管道地下敷设时，沿线应设置里程桩、转角桩、标志桩和测试桩，并设警示标志。运行应符合有关法律法规规定
应急处置 原则	【急救措施】 吸入：迅速脱离现场至空气新鲜处，保持呼吸道通畅。如呼吸困难，给氧。如呼吸停止，立即进行人工呼吸，就医 食入：给饮牛奶或用植物油洗胃和灌肠。就医 皮肤接触：立即脱去污染的衣着，用肥皂水和清水彻底冲洗皮肤。就医 眼睛接触：立即提起眼睑，用大量流动清水或生理盐水彻底冲洗至少15min。就医 【灭火方法】 喷水冷却容器，尽可能将容器从火场移至空旷处 灭火剂：泡沫、干粉、二氧化碳。用水灭火无效 【泄漏应急处置】 消除所有点火源。根据液体流动和蒸气扩散的影响区域划定警戒区，无关人员从侧风、上风向撤离至安全区。建议应急处理人员戴正压自给式空气呼吸器，穿防毒、防静电服。作业时使用的所有设备均应接地。禁止接触或跨越泄漏物。尽可能切断泄漏源。防止泄漏物进入水体、下水道、地下室或密闭性空间。小量泄漏：用砂土或其他不燃材料吸收。使用洁净的无火花工具收集吸收材料。大量泄漏：构筑围堤或挖坑收容。用泡沫覆盖，减少蒸发。喷水雾能减少蒸发，但不能降低泄漏物在受限制空间内的易燃性。用防爆泵转移至槽车或专用收集器内 作为一项紧急预防措施，泄漏隔离距离至少为50m。如果为大量泄漏，下风向的初始疏散距离至少应为300m。

重型防护服的使用方法及注意事项见二维码M6-1。

M6-1　重型防护服的使用
方法及注意事项

表 6-3 天然气的理化性质

特别警示	极易燃气体
理化特性	无色、无臭、无味气体。微溶于水，溶于醇、乙醚等有机溶剂。分子量 16.04，熔点 −182.5℃，沸点 −161.5℃，气体密度 0.7163g/L，相对蒸气密度（空气 =1）0.6，相对密度（水 =1）0.42（−164℃），临界压力 4.59MPa，临界温度 −82.6℃，饱和蒸气压 53.32kPa（−168.8℃），爆炸极限 5.0%～16%（体积分数），自燃温度 537℃，最小点火能 0.28mJ，最大爆炸压力 0.717MPa 主要用途：主要用作燃料和用于炭黑、氢、乙炔、甲醛等的制造
危害信息	【燃烧和爆炸危险性】 极易燃，与空气混合能形成爆炸性混合物，遇热源和明火有燃烧爆炸危险 【活性反应】 与五氧化溴、氯气、次氯酸、三氟化氮、液氧、二氟化氧及其他强氧化剂剧烈反应 【健康危害】 纯甲烷对人基本无毒，只有在极高浓度时才成为单纯性窒息剂。皮肤接触液化气体可致冻伤。天然气主要组分为甲烷，其毒性因其他化学组成的不同而异
安全措施	【一般要求】 操作人员必须经过专门培训，严格遵守操作规程，熟练掌握操作技能，具备应急处置知识 密闭操作，严防泄漏，工作场所全面通风，远离火种、热源，工作场所严禁吸烟 在生产、使用、储存场所设置可燃气体监测报警仪，使用防爆型的通风系统和设备，配备两套以上重型防护服。穿防静电工作服，必要时戴防护手套，接触高浓度时应戴化学安全防护眼镜，佩戴供气式呼吸器。进入罐或其他高浓度区作业，须有人监护。储罐等压力容器和设备应设置安全阀、压力表、液位计、温度计，并应装有带压力、液位、温度远传记录和报警功能的安全装置，重点储罐需设置紧急切断装置 避免与氧化剂接触 生产、储存区域应设置安全警示标志。在传送过程中，钢瓶和容器必须接地和跨接，防止产生静电。搬运时轻装轻卸，防止钢瓶及附件破损。禁止使用电磁起重机和用链绳捆扎，或将瓶阀作为吊运着力点。配备相应品种和数量的消防器材及泄漏应急处理设备 【特殊要求】 操作安全： （1）天然气系统运行时，不准敲击，不准带压修理和紧固，不得超压，严禁负压 （2）生产区域内，严禁明火和可能产生明火、火花的作业（固定动火区必须距离生产区 30m 以上）。生产需要或检修期间需动火时，必须办理动火审批手续。配气站严禁烟火，严禁堆放易燃物，站内应有良好的自然通风并应有事故排风装置 （3）天然气配气站中，不准独立进行操作。非操作人员未经许可，不准进入配气站 （4）含硫化氢的天然气生产作业现场应安装硫化氢监测系统。进行硫化氢监测，应符合以下要求： ——含硫化氢作业环境应配备固定式和携带式硫化氢监测仪 ——重点监测区应设置醒目的标志 ——硫化氢监测仪报警值设定：阈限值为 1 级报警值；安全临界浓度为 2 级报警值；危险临界浓度为 3 级报警值 ——硫化氢监测仪应定期校验，并进行检定 （5）充装时，使用万向节管道充装系统，严防超装 储存安全： （1）储存于阴凉、通风的易燃气体专用库房。远离火种、热源。库房温度不宜超过 30℃ （2）应与氧化剂等分开存放，切忌混储。采用防爆型照明、通风设施，禁止使用易产生火花的机械设备和工具。储存区应备有泄漏应急处理设备

安全措施	（3）天然气储气站中： ——与相邻居民点、工矿企业和其他公用设施的安全距离及站场内的平面布置，应符合国家现行标准 ——天然气储气站内建（构）筑物应配置灭火器，其配置类型和数量应符合建筑灭火器配置的相关规定 ——注意防雷、防静电，应按《建筑物防雷设计规范》（GB 50057）的规定设置防雷设施，工艺管网、设备、自动控制仪表系统应按标准安装防雷、防静电接地设施，并定期进行检查和检测 运输安全： （1）运输车辆应有危险货物运输标志，安装具有行驶记录功能的卫星定位装置。未经公安机关批准，运输车辆不得进入危险化学品运输车辆限制通行的区域 （2）槽车和运输卡车要有导静电拖线；槽车上要备有 2 只以上干粉或二氧化碳灭火器和防爆工具 （3）车辆运输钢瓶时，瓶口一律朝向车辆行驶方向的右方，堆放高度不得超过车辆的防护栏板，并用三角木垫卡车，防止滚动。不准同车混装有抵触性质的物品和让无关人员搭车。运输途中远离火种，不准在有明火地点或人多地段停车，停车时要有人看管。发生泄漏或火灾时要把车开到安全地方进行灭火或堵漏 （4）采用管道输送时： ——输气管道不应通过城市水源地、飞机场、军事设施、车站、码头。因条件限制无法避开时，应采取保护措施并经国家有关部门批准 ——输气管道沿线应设置里程桩、转角桩、标志桩和测试桩 ——输气管道采用地上敷设时，应在人员活动较多和易遭车辆、外来物撞击的地段，采取保护措施并设置明显的警示标志 ——输气管道管理单位应设专人定期对管道进行巡线检查，及时处理输气管道沿线的异常情况，并依据天然气管道保护的有关法律法规保护管道
应急处置 原则	【急救措施】 吸入：迅速脱离现场至空气新鲜处，保持呼吸道通畅。如呼吸困难，给氧。如呼吸停止，立即进行人工呼吸，就医 皮肤接触：如果发生冻伤，将患部浸泡在 38～42℃ 的温水中复温，不要涂擦，不要使用热水或辐射热。使用清洁、干燥的敷料包扎。如有不适感，就医 【灭火方法】 切断气源。若不能切断气源，则不允许熄灭泄漏处的火焰。喷水冷却容器，尽可能将容器从火场移至空旷处 灭火剂：雾状水、泡沫、二氧化碳、干粉 【泄漏应急处置】 消除所有点火源。根据气体的影响区域划定警戒区，无关人员从侧风、上风向撤离至安全区。应急处理人员戴正压自给式空气呼吸器，穿防静电服。作业时使用的所有设备均应接地。禁止接触或跨越泄漏物。尽可能切断泄漏源。若可能翻转容器，使之逸出气体而非液体。喷雾状水抑制蒸气或改变蒸气云流向，避免水流接触泄漏物。禁止用水直接冲击泄漏物或泄漏源。防止气体通过下水道、通风系统和密闭性空间扩散。隔离泄漏区直至气体散尽 作为一项紧急预防措施，泄漏隔离距离至少为 100m。如果为大量泄漏，下风向的初始疏散距离至少应为 800m

2. 易燃性

在加油加气站内，其经营的柴油、汽油或者压缩天然气、液化天然气都属于典型的有机物，主要的组成元素是碳氢化合物或它的衍生物，具有较低的燃烧点，并且能够在短时间内相互引燃，这也从根本上导致加油加气站是火灾隐患的重要场所。

3. 易爆性

加油加气站经营的主要产品都能够在短时间内燃烧，当这些物质与空气相互混合之后，一旦达到一定的浓度，遇到外界的明火引燃后便会发生剧烈爆炸。理论上，将易燃物质能够在空气中引发爆炸的最小浓度和最大浓度，分别称作爆炸下限和爆炸上限。在加油加气站内，汽油的爆炸极限是 $1.4\% \sim 7.6\%$，甲烷的是 $5\% \sim 15\%$，丁烷的是 $1.8\% \sim 8.4\%$，丙烷的是 $2.37\% \sim 9.5\%$。

4. 检修作业风险

加油站设备和管道中有很多残存的易燃易爆、有毒有害物质，设备检修又离不开动火、进罐作业，稍有疏忽就会发生火灾爆炸、中毒等事故。统计资料表明，加油站发生的事故中，停车检修作业或在运行中抢修作业发生的事故占有相当大的比例。

二、装卸作业的防火防爆措施

装卸作业应根据输送介质的特点和工艺要求，采用合理的工艺流程，选用安全可靠的设备材料，做到防泄漏、防爆、防雷及防静电。操作人员进入库区应穿防静电工作服，杜绝携带任何火种进入库区。

1. 装卸作业的准备工作

① 驾驶人员应穿戴好防护用品。

② 罐车装卸作业时，装卸车辆进入装卸区行车速度不得超过 5km/h。车辆对位后要熄火，应按照指定位置停车，熄灭发动机，装卸过程中要保持车辆的门窗紧闭。

③ 应检查连接储罐管道接头、仪表、油气回收、泄压阀等安全装置的良好状况。

④ 易燃液体蒸气与空气能形成爆炸性混合气体，遇明火会发生燃烧爆炸，因此在运输作业现场必须严禁烟火。装卸作业现场应划定警戒区，一般在半径 30m 内不得有热源或明火。应先接好地线后再接输油管，接导除静电装置，静电接地要可靠。

⑤ 驾驶员不得随身携带火种（如火柴、打火机），应穿着不产生静电的工作服和不带铁钉的工作鞋。

2. 装卸作业的防火防爆措施

① 装卸人员要穿戴防静电服装、鞋子，上岗作业前要用手触摸人体静电消除装置，关闭通信设备。

② 油品装车时流量不得小于 $30m^3/h$，装卸车流速应不大于 4.5m/s。

③ 装车操作：

装车前要检查相关设备和管路，确认油品规格，检查无误后启动装油系统。付油过程中，司乘人员要监视罐口，防止意外冒油。

装车棚内设有固定气体灭火系统时，付油员要做好随时启动灭火设施的准备。

付油完毕后断开接地线，待油罐车静置 3～5min 后，才能启动车辆缓慢驶离。

④ 卸车操作：

卸油人员进入岗位后要检查油罐车的安全设施是否齐全有效,作业现场要准备至少一只 4kg 干粉灭火器、泡沫灭火器和一块灭火毯。

油罐车熄火并静置不少于 3min 后,卸油人员连好静电接地,按工艺流程连接卸油管,确认无误后,油罐车司机缓慢开启卸油阀,开启速度控制在 4r/min 以下。卸油过程中,卸油人员和油罐车司机不得远离现场。

易燃油品极易挥发,严禁采用明沟(槽)卸车系统卸车。雷雨天不得进行卸油作业。

三、加油加气作业的防火防爆措施

① 油罐车卸油工艺设计为密闭卸油方式,设置快速接头及密封盖。各卸油接头及油气回收接口,均设置明显的标识。

② 油罐设置带有高、低液位报警功能的液位监测仪。

③ 双层储罐需具备渗漏检测功能,其渗漏分检测率为 0.5L/h。

④ 采用平衡式密闭汽油卸油油气回收;汽油、柴油埋地油罐设置通气管,通气管直径为 $DN80$。

⑤ 加油机下出油管上设置剪切阀,在加油机被撞或起火时可自动关闭,停止油料供应。

⑥ 加油软管上设安全拉断阀,安全拉断阀在外力作用分开后两端可自行密封。

⑦ 加油机底部管沟用细沙填满、填实。

⑧ 控制静电:

a. 管沟或者地上敷设的液化石油气、天然气管道等油品的始端和末端以及分支处必须设置具有防静电的接地装置,接地电阻小于 30Ω。

b. 卸车场地中也必须安装能够防雷电的接地装置,并设置能够监视接地装置情况且能够检测跨接线的静电接地仪。

c. 卸载油品的时候应当科学控制流速,防止油品喷溅,引起静电,同时进油管的末端应该放入罐内靠近罐底,并保证没有弯曲。

d. 从业人员应当按照安全操作手册,穿戴具有防静电功能的服装。此外,所有的静电接地装置都应该定期保养。

⑨ 防雷措施:

a. 所有的油气储罐装备都必须有至少 2 处以上的防雷接地装置。通常,为了节约资源,防雷接地与防静电接地适合共用一套接地装置,防雷接地的电阻要小于 4Ω。

b. 埋地油罐应当与工艺管道之间相互连接,同时接地。

c. 站房以及罩棚也需要做防雷处理,一般采用进雷网保护。信息系统的电线或导线方面,必须按照要求全部采用穿钢管的方式配线。同时,配线电缆保护钢管的两端、金属外皮的两端都必须接地。

d. 雷雨天气来临时,加油加气站以及附近发生突发事件之后,应当立即停止作业。

e. 对所有的防雷设施要定期检查。

⑩ 卸油时采用了防止油品满溢的自动截止阀——机械式防满溢阀,防满溢阀安装在卸油管道中;油料达到油罐容量 90% 时,触动高液位报警仪(由液位监测系统设定),发出声光报警;油料达到油罐容量 95% 时,防满溢阀自动关闭,阻止油料继续进罐。

⑪ 防止爆炸性气体混合物形成。加油加气站挥发浪费的油气不仅造成资源浪费,污染

环境，还带来了火灾隐患，甚至有可能发生爆炸威胁周边群众的生命财产安全。因此，应当采取避免爆炸性气体混合物形成的措施，降低火灾爆炸的风险。主要措施相关文件有详细规定，在此就不再赘述。

⑫ 加油加气站应当根据国家有关规定和相关标准规范，建立健全各项内部安全管理制度，结合站内情况，制定每日巡视、定期检查等制度，并严格要求工作人员做好记录。

⑬ 加油加气站内的所有工作人员都应当接受由专业部门组织的安全知识培训，有岗位职责的人员应当熟练掌握岗位技能并达到相关操作的标准，并能够在事故突发时，及时予以处理，避免事态扩大。

⑭ 在站外醒目地点张贴相关规定，并对进入站内的车辆或人员提前警示，将"请熄火，关闭手机，不要吸烟"等词语作为加油前的必须提示语，从而保证有个良好的外部环境，避免外来的因素导致火灾事故发生。

四、设备检修作业的防火防爆措施

① 施工单位在检修前必须办理检修许可证、动火安全作业证等各种安全作业票证。

② 检修前必须对设备进行盲板抽堵、清洗置换、卸压、切断电源等安全技术处理，解除设备的危险因素。

③ 在对加油机器进行检修时，如果需要使用电焊，则应该首先办理审批手续，落实防火防爆措施，多方确认危险排除之后才能施工。在加油加气站内绝不允许检修车辆，防止因敲击铁器产生火花。

④ 检修中应经常清理现场，保持道路畅通，对于危险区域，应设置安全标识或防护栅栏。

⑤ 检修中要求各级人员分片包干，责任到人，经常进行巡回检查，加强现场安全管理。

⑥ 检修中必须对检修内容、作业方法等情况作详细记录，各种作业必须遵守有关安全制度。

⑦ 检修现场的十大禁令：

a. 不戴安全帽、不穿工作服者禁止进入现场；

b. 穿凉鞋、高跟鞋者禁止进入现场；

c. 上班前饮酒者禁止进入现场；

d. 在作业中禁止打闹或其他有碍作业的行为；

e. 检修现场禁止吸烟；

f. 禁止用汽油或其他化工溶剂清洗设备、机具和衣物；

g. 禁止随意泼洒油品、化学危险品、电石废渣等；

h. 禁止堵塞消防通道；

i. 禁止挪用或损坏消防工具和设备；

j. 严禁不办理动火手续在站区内动火作业。

第三节 液化石油气储配站的防火防爆

一、液化石油气的火灾爆炸危险性

(1) 液化石油气组成

民用液化石油气主要成分有丙烷、正丁烷及异丁烷，液化石油气为无色气体或黄柠色油状液体，有特殊臭味。

(2) 理化特性

液化石油气常压下为气态，具有气体的性质，经降温和加压处理后密度增大成为液态。闪点为 $-74℃$，引燃温度为 $426\sim537℃$，爆炸极限范围为 $2\%\sim10\%$，在浓度相当低的情况下就有发生爆炸的危险。液态的液化石油气挥发性较强，液态挥发成气态时，其体积扩大250 倍，同时吸收大量的热；其热值大，最高燃烧温度可达 $1900℃$；相对密度为空气的1.56 倍，低洼处集聚。

(3) 燃烧特点

气相燃烧时，呈明显的黄色火焰，当压力高、气流量大时，火焰高度可达 $50m$，并发出喷燃的哨声；液相燃烧时，呈鲜艳的橙黄包火焰，烟雾较浓；气液相混合区燃烧时，火焰高度呈周期性变化，颜色呈黄、橙、黄交替变化，火焰低时是灭火的良好时机；流散液化气燃烧时，火焰高度比燃烧面积直径大 $2\sim2.5$ 倍。

(4) 爆炸特点

液化气的爆炸极限范围为 $2\%\sim10\%$。1kg 液化气全部汽化后，体积近 $500L$，若以 2% 浓度计算，可组成 $25m^3$ 的爆炸性气体。液化气的爆炸威力大，爆速为 $2000\sim3000m/s$，1kg 液化气的爆炸威力约等于 $40kg$ TNT 炸药的当量。液化气爆炸易形成大面积燃烧，爆炸时形成的强大气浪不仅会使建筑物倒塌，而且瞬间形成大体积空间火焰，造成重大破坏和人员伤亡。

盛装液化石油气的钢瓶、储罐受热后，压力迅速增加，当超过其设计压力时，容器破裂使压力突然下降，液化石油气迅速沸腾汽化而爆沸，气体大量泄出，可形成二次爆炸并形成大面积燃烧。

液化石油气的危害信息与安全技术措施见表 6-4。

表 6-4 液化石油气的危害信息与安全技术措施

特别警示	极易燃气体
理化特性	由石油加工过程中得到的一种无色挥发性液体，主要组分为丙烷、丙烯、丁烷、丁烯，并含有少量戊烷、戊烯和微量硫化氢等杂质。不溶于水，熔点 $-160\sim-107℃$，沸点 $-12\sim4℃$，闪点 $-80\sim-60℃$，相对密度（水＝1）$0.5\sim0.6$，相对蒸气密度（空气＝1）$1.5\sim2.0$，爆炸极限 $5\%\sim33\%$（体积分数），自燃温度 $426\sim537℃$ 　　主要用途：主要用作民用燃料、发动机燃料、制氢原料、加热炉燃料以及打火机的气体燃料等，也可用作石油化工的原料

危害信息	**【燃烧和爆炸危险性】** 极易燃，与空气混合能形成爆炸性混合物，遇热源或明火有燃烧爆炸危险。比空气重，能在较低处扩散到相当远的地方，遇点火源会着火回燃 **【活性反应】** 与氟、氯等接触会发生剧烈的化学反应 **【健康危害】** 主要侵犯中枢神经系统。急性液化气轻度中毒主要表现为头昏、头痛、咳嗽、食欲减退、乏力、失眠等；重者失去知觉、小便失禁、呼吸变浅变慢 职业接触限值：PC-TWA（时间加权平均容许浓度）1000mg/m³；PC-STEL（短时间接触容许浓度）1500mg/m³
安全措施	**【一般要求】** 操作人员必须经过专门培训，严格遵守操作规程，熟练掌握操作技能，具备应急处置知识 密闭操作，避免泄漏，工作场所提供良好的自然通风条件。远离火种、热源，工作场所严禁吸烟 生产、储存、使用液化石油气的车间及场所应设置泄漏检测报警仪，使用防爆型的通风系统和设备，配备两套以上重型防护服。穿防静电工作服，工作场所浓度超标时，建议操作人员佩戴过滤式防毒面具。可能接触液体时，应防止冻伤。储罐等压力容器和设备应设置安全阀、压力表、液位计、温度计，并应装有带压力、液位、温度远传记录和报警功能的安全装置，设置整流装置与压力机、动力电源、管线压力、通风设施或相应的吸收装置的联锁装置。储罐等设置紧急切断装置 避免与氧化剂、卤素接触 生产、储存区域应设置安全警示标志。在传送过程中，钢瓶和容器必须接地和跨接，防止产生静电。搬运时轻装轻卸，防止钢瓶及附件破损。禁止使用电磁起重机和用链绳捆扎，或将瓶阀作为吊运着力点。配备相应品种和数量的消防器材及泄漏应急处理设备 **【特殊要求】** 操作安全： （1）充装液化石油气钢瓶，必须在充装站内按工艺流程进行。禁止槽车、储罐或大瓶向小瓶直接充装液化气。禁止漏气、超重等不合格的钢瓶运出充装站 （2）用户使用装有液化石油气钢瓶时，不准擅自更改钢瓶的颜色和标记；不准把钢瓶放在曝日下、卧室和办公室内及靠近热源的地方；不准用明火、蒸气、热水等热源对钢瓶加热或用明火检漏；不准倒卧或横卧使用钢瓶；不准摔碰、滚动液化气钢瓶；不准钢瓶之间互充液化气；不准自行处理液化气残液 （3）液化石油气的储罐在首次投入使用前，要求罐内含氧量小于 3%。首次灌装液化石油气时，应先开启气相阀门待两罐压力平衡后，进行缓慢灌装 （4）液化石油气槽车装卸作业时，凡有以下情况之一，槽车应立即停止装卸作业，并妥善处理： ——附近发生火灾 ——检测出液化气体泄漏 ——液压异常 ——其他不安全因素 （5）充装时，使用万向节管道充装系统，严防超装 储存安全： （1）储存于阴凉、通风的易燃气体专用库房。远离火种、热源。库房温度不宜超过 30℃ （2）应与氧化剂、卤素分开存放，切忌混储。照明线路、开关及灯具应符合防爆规范，地面应采用不产生火花的材料或防静电胶垫，管道法兰之间应用导电跨接。压力表必须有技术监督部门有效的检定合格证。储罐站必须加强安全管理。站内严禁烟火。进站人员不得穿易产生静电的服装和穿带钉鞋。入站机动车辆排气管出口应有消火装置，车速不得超过 5km/h。液化石油气供应单位和供气站点应设有符合消防安全要求的专用钢瓶库；建立液化石油气实瓶入库验收制度，不合格的钢瓶不得入库；空瓶和实瓶应分开放置，并应设置明显标志。储存区应备有泄漏应急处理设备

安全措施	（3）液化石油气储罐、槽车和钢瓶应定期检验 （4）注意防雷、防静电，厂（车间）内的液化石油气储罐应按《建筑物防雷设计规范》（GB 50057）的规定设置防雷、防静电设施 运输安全： （1）运输车辆应有危险货物运输标志，安装具有行驶记录功能的卫星定位装置。未经公安机关批准，运输车辆不得进入危险化学品运输车辆限制通行的区域 （2）槽车运输时要用专用槽车。槽车安装的阻火器（火星熄灭器）必须完好。槽车和运输卡车要有导静电拖线；槽车上要备有2只以上干粉或二氧化碳灭火器和防爆工具 （3）车辆运输钢瓶时，瓶口一律朝向车辆行驶方向的右方，堆放高度不得超过车辆的防护栏板，并用三角木垫卡牢，防止滚动。不准同车混装有抵触性质的物品和让无关人员搭车。运输途中远离火种，不准在有明火地点或人多地段停车，停车时要有人看管。发生泄漏或火灾要开到安全地方进行灭火或堵漏 （4）输送液化石油气的管道不应靠近热源敷设；管道采用地上敷设时，应在人员活动较多和易遭车辆、外来物撞击的地段，采取保护措施并设置明显的警示标志；液化石油气管道架空敷设时，管道应敷设在非燃烧体的支架或栈桥上。在已敷设的液化石油气管道下面，不得修建与液化石油气管道无关的建筑物和堆放易燃物品；液化石油气管道外壁颜色、标志应执行《工业管道的基本识别色、识别符号和安全标识》（GB 7231）的规定
应急处置原则	【急救措施】 吸入：迅速脱离现场至空气新鲜处，保持呼吸道通畅。如呼吸困难，立即输氧。如呼吸停止，立即进行人工呼吸并就医 皮肤接触：如果发生冻伤，将患部浸泡在38～42℃的温水中复温，不要涂擦，不要使用热水或辐射热。使用清洁、干燥的敷料包扎。如有不适感，就医 【灭火方法】 切断气源。若不能切断气源，则不允许熄灭泄漏处的火焰。喷水冷却容器，尽可能将容器从火场移至空旷处 灭火剂：泡沫、二氧化碳、雾状水 【泄漏应急处置】 消除所有点火源。根据气体的影响区域划定警戒区，无关人员从侧风、上风向撤离至安全区；静风泄漏时，液化石油气沉在底部并向低洼处流动，无关人员应向高处撤离。建议应急处理人员戴正压自给式空气呼吸器，穿防静电、防寒服。作业时使用的所有设备应接地。禁止接触或跨越泄漏物。尽可能切断泄漏源。若可能翻转容器，使之逸出气体而非液体。喷雾状水抑制蒸气或改变蒸气云流向，避免水流接触泄漏物。禁止用水直接冲击泄漏物或泄漏源。防止气体通过下水道、通风系统和密闭性空间扩散。隔离泄漏区直至气体散尽 作为一项紧急预防措施，泄漏隔离距离至少为100m。如果为大量泄漏，下风向的初始疏散距离至少应为800m

二、液化石油气储配站的防火防爆措施

储配站由生产区和辅助区两部分组成，生产区和辅助区之间以实体围墙隔开。

生产区是进行液化石油气操作的区域，包括接收设施、储气罐、泵和压缩机房、仪表间、灌瓶车间、瓶库、汽车槽车库和运瓶汽车装卸场地。辅助区由辅助的生产设施和生活设施组成，包括变电配电室、仪表间、空气压缩机房、消防水泵房、水池、修理间、锅炉房、汽车库以及办公、生活用房等。

1. 按规范进行站址选择和总平面布局

液化石油气储配站属于甲类火灾危险性场所，根据国家消防法规的规定，应设在城市边沿或相对独立的安全地带，不得建在人员密集区域，应选址在所在地区全年最小频率风向的上风侧，应是地势平坦、开阔、不易积存液化石油气的地段。站址与居民区、城镇、重要公共建筑及站外设施的防火间距应严格按照国家有关规定设置。

2. 防止形成爆炸性混合气体

当生产设备、储存容器或输送管道发生泄漏时，泄漏出来的液化石油气很快就能与空气混合，混合气体的浓度一旦达到爆炸极限，则随时都有发生火灾或爆炸的危险。因此，防止液化石油气发生泄漏是预防火灾和爆炸事故发生的最佳方法。在实际生产中，"跑、冒、滴、漏"现象难以彻底清除，在储配站中，排污、卸下灌瓶嘴及卸车等作业时产生的泄漏是不可避免的。可以采取措施限制泄漏量，使其尽可能少。如可以用气动灌瓶嘴代替手工灌瓶嘴；在卸车胶管与快装接头之间设置阀门；通风良好的情况下进行排污作业等，通过这些措施来减少泄漏量，降低泄漏出来的液化石油气在空气中的浓度。另外，在设备新建成或检修后投产时，也必须采取抽真空、水或惰性气体置换等方法，来降低设备内的氧含量，使形成的混合气体不具有爆炸性。如大修后的液化石油气钢瓶在第一次使用前必须进行抽空，真空度达到$-0.082MPa$以上时，才准许充装液化石油气。

3. 防止产生着火源

在液化石油气储配站，电火花是引起爆炸的一个主要着火源。电源开关或设备继电器接触点飞出的电火花，以及通信设备或漏电的电气设备工作时发出的电火花，都可能成为泄漏气体的着火源。为了消除电火花这个着火源，在可能形成爆炸性混合气体的区域，必须使用合格的防爆电气设备，工作人员也不应携带手机等通信设备进入生产区，杜绝电火花的产生。

储配站生产区内的动火管理也是防止着火源存在的一个重要环节。动火作业应严格执行动火制度，需要动火时，应预先由动火单位负责人会同有关人员，对现场认真检查，制订可靠防火措施，填写动火申请单，经上级安全技术部门检查确认，并批准实施后方可进行动火作业。动火前，必须清除有爆炸性的混合气体，用仪器检测安全后，方可开始动火作业。在动火过程中，仍应进行不断检测，以防发生意外，一旦出现不正常的情况，应立即停止动火作业，及时采取相应措施，避免事故发生。

另外，对于进入生产区的机动车辆在排气管上加装防火帽；在生产区维修作业时，使用不起火花的工具；防止静电火花的产生以及可靠的防雷电设施，都是防止着火源存在的必要措施。

4. 加强储配站消防器材配备

为保证发生火灾时能及时进行扑救，储配站必须配备足够的消防器材。扑救液化石油气火灾一般使用干粉灭火器，包括手提式和推车式干粉灭火器。为防止电气火灾，还应配备一定数量的二氧化碳灭火器。生产区还应设有消防供水系统，当发生火灾时既可以进行扑救，又可以对容器进行冷却，使其温度、压力下降，防止事态扩大。

为了做到液化石油气泄漏时，能够及时发现事故，并尽快切断气源，还应在罐区和生产区安装一定数量的可燃气体浓度检测器，并在储罐上安装紧急切断装置。一旦出现险情，检测器能够及时发出报警信号，值班人员不必进入危险区域，就能立即切断气源，这样也可以较大程度地防止火灾和爆炸事故的发生。

5. 重点部位的防火防爆

(1) 储罐区

① 储罐区宜布置在储配站常年最小频率风向的上风侧或侧风侧，选择透风良好的地段，四周应设防护墙，高度不应低于1m。

② 沿防护墙外围应有环形消防车道，并宜有直接通向储配站的安全出进口，出口宽度不应小于4m。储罐区的排水，应经水封井排出。

③ 地上储罐之间的净距不应小于相邻较大罐长度的1/2，地下直埋储罐之间的净距不宜小于相邻较大罐的半径，且不应小于1m。

④ 液化石油气储罐属常温压力储存，其设计、制造、安装和使用均应符合《压力容器安全监察规程》的规定。

⑤ 储罐上应有固定式消防喷淋装置，球形储罐宜采用喷雾头用于降温。同时，应设轻便消防器材，如手提式干粉灭火器和推车式干粉灭火器。

⑥ 储罐应设放散管，管口应高于操作平台2m以上且应高出地面5m以上。地下罐应高于操作台面2m以上。

⑦ 储罐应设置全启式安全阀。$100m^3$ 或 $100m^3$ 以上的储罐应设两个或两个以上安全阀，并应符合如下条件：

a. 安全阀的开启压力不得超过储罐的设计压力。

b. 安全阀应设放空管，其管径不应小于安全阀的出口管径。放空管应高出平台2m以上并应高于地面5m以上。

c. 安全阀与储罐之间应设阀门，在运行时此阀门应处于全开状态，应有明显的全开标志并加铅封。

(2) 站内甲类厂房与甲类库房

① 建筑物耐火等级应不低于二级，并采用不发火地面，门窗应向外开启，采用金属门窗时，应有防止产生火花的措施。车间内应有消防喷淋设施，并设干粉灭火器。车间与瓶库在同一建筑内时，应用防火墙隔开，并各自有出进口。

② 厂房、库房内应采用不发火花地面。如采用绝缘材料作整体面层时，应采取防静电措施。地下不得设地沟，如必须设置时，其盖板应严密或填砂充实，或采用强制通风措施。

③ 厂房、库房应采用混凝土柱、钢柱框架或排架结构，当采用钢柱时，应采用防火保护层。

④ 厂房、库房应有必要的泄压设施，泄压设施宜采用轻质屋盖作为泄压面积，易于泄压的门窗、轻质墙体也可作为泄压面积。作为泄压面积的轻质屋顶和轻质墙体每平方米重量不宜超过120kg。泄压面积与厂房（库房）的体积比宜为 $0.05\sim0.22m^2/m^3$。

⑤ 建筑面积（单层）超过 $100m^3$ 或同一时间生产人数超过5人的生产厂房至少应有两个安全出入口。

⑥ 封闭式灌瓶车间应有防爆泄压措施。在非采热地区可建开敞或半开敞式灌瓶车间。

⑦ 厂房或库房顶部应设避雷网并接地，其接地电阻应小于 10Ω。

⑧ 钢瓶灌装前应认真进行检查，凡有下列情况之一者，一律禁止灌装：a. 没有合格证的；b. 角阀残缺的；c. 瓶底座、手提护栏歪斜、松动的；d. 瓶的标记不全或标记不能识别的；e. 瓶体有缺陷、腐蚀严重、表面涂漆全部脱落的；f. 超过检验期限的、已充装的重瓶必须进行逐个检重和检漏。

(3) 气瓶库

实瓶和空瓶应分区堆码，并分组布置。容量为 15kg 以上的实瓶应单层堆码，空瓶和 15kg 以下的实瓶可双层堆码。库内应配置干粉灭火器。

6. 储配站安全管理措施

(1) 加强明火管理，严防火种进入

① 液化石油气站内应在醒目的位置设立"严禁烟火""禁火区"等警戒标语和标牌。禁止任何人携带火种（如打火机、火柴、烟头等）和易产生碰撞火花的钉鞋器具等进入站内。操作和维修设备时，应采用不发火的工具。

② 安全警戒标语应用红漆写在专门的标牌和墙上，用来注明液化石油气站是防火防爆重点区域，提醒人们提高警惕并认真遵守，并设在明显地域。在站的门卫处应设置进站要求和安全管理规定。进入厂（站）的人员要自觉接受警卫人员的安全检查，交出并熄灭火种。操作维修时必须认真遵守有关安全操作规程，严防金属撞击火花的产生。

③ 由于液化石油气的气态密度比空气大 1.5～2 倍，当其在装卸、充装，从容器、管道中泄漏出来后，不像密度小于空气的可燃性气体那样容易扩散挥发，而像水一样沿地面到处流动，积聚在低洼处的空气中，越积越多，逐步达到爆炸浓度。它还能扩散到操作人员的衣内靠皮肤处，甚至被吸入肺部，如遇明火，就会发生爆炸，不但人身表面和肺部呼吸道会被烧伤，严重的还会导致人员伤亡。

④ 生产区内，不准无阻火器车辆行驶，要严格限制外单位车辆进入灌装区。进入站内的汽车车速不得超过 5km/h。禁止拖拉机、电瓶车和畜力车等进入站内。无阻火器的机动车辆在生产区内行驶，是非常危险的，这就是为什么机动车辆在进入生产区前，必须在排气管口装设阻火器的原因。

(2) 站内动火，须履行审批程序

液化石油气站的扩建、改造和维修中，不可避免地要使用电气焊或其他维修火焰。由于原工艺装置存有液化石油气，动火点又与工艺系统有着一定的联系，稍有疏忽，便会酿成大祸。因此，对这类动火，必须认真落实好各项动火安全措施，必须经过气体取样分析合格。

(3) 搞好事故抢险演练，及时堵住泄漏点

为提高液化石油气站防范事故的能力，积累对应急事故抢险救援的经验，各液化石油气站应根据本站工艺特点、设备、法兰状况及站区布置等情况，设置专门的事故抢险抢修队伍，配备专业技术人员、防护用品、消防器材、车辆、通信工具等，制定出切实可行的事故预警方案，定期组织站内抢险队有针对性地进行事故抢险演练，使职工掌握处理事故的本领，以便站内出现突发事件时，能够做到准确判明险情、抢救措施得当、及时排除事故，将突发事件消除在初始阶段，避免酿成大的灾害。

(4) 防雷防静电措施

电气火花、雷电火花、静电火花均能引起液化石油气的燃烧和爆炸，液化石油气站除了

在设计选型、安装施工中按规定要求采取预防这类火源产生的措施外，在日常的管理中，还应做到以下几点。

定期对电气设备和设施进行检查、维护与保养。

雷雨季节前，应对避雷设备进行全面的检查，发现问题及时修复或更换，要保证避雷设施处于完好的状态。在雷雨时，要停止液化石油气的装卸和充灌作业。

所有的接地装置每年应校验一次，对接地电阻大于100Ω的接地，要及时予以处理，保证接地电阻在100Ω以下。

生产区内，要严禁穿戴化学纤维服装的人员进入，操作人员应穿规定的工作装上岗操作。

(5) 完善消防安全管理制度

① 定期组织员工学习消防法规和各项规章制度，开展安全教育培训。

② 落实逐级消防安全责任制和岗位消防安全责任制，落实巡查检查制度。

③ 应按规范设置符合国家规定的消防安全疏散指示标志和应急照明设施。

④ 应保持防火门、消防安全疏散指示标志、应急照明、机械排烟送风、火灾事故广播等设施处于正常状态，并定期组织检查、测试、维护和保养。

⑤ 保持疏散通道、安全出口畅通，严禁占用疏散通道，严禁在安全出口或疏散通道上安装栅栏等影响疏散的障碍物。

⑥ 各部门负责人应每日对消防设施进行安全检查，若发现本单位存在火灾隐患，应及时整改。

⑦ 对消防设施维护保养和使用人员应进行实地演示和培训。

第四节　油库及气瓶库的防火防爆

一、油库的防火防爆

1. 石油库的等级划分

石油库的等级划分见表 6-5。

表 6-5　石油库的等级划分

等级	石油库储罐计算总容量 TV/m³	等级	石油库储罐计算总容量 TV/m³
特级	1200000≤TV≤3600000	三级	10000≤TV<30000
一级	100000≤TV<1200000	四级	1000≤TV<10000
二级	30000≤TV<100000	五级	TV<1000

2. 石油库储存液化烃、易燃和可燃液体的火灾危险性分类

石油库储存液化烃、易燃和可燃液体的火灾危险性分类见表 6-6。

表 6-6　石油库储存液化烃、易燃和可燃液体的火灾危险性分类

类别		特征或液体闪点 $F/℃$
甲	A	15℃时蒸气压力大于 0.1MPa 的烃类液体或其他类似的液体
	B	甲 A 类以外，$F < 28$
乙	A	$28 \leqslant F < 45$
	B	$45 \leqslant F < 60$
丙	A	$60 \leqslant F < 120$
	B	$F > 120$

3. 爆炸危险区域划分

根据《石油库设计规范》（GB 50074—2014）附录 B 的划分要求，介质为乙醇（以乙醇为例）的油罐、汽车收发油亭、卸车台为爆炸危险区域，具体划分范围如下：

(1) 储存易燃液体的内浮顶储罐爆炸危险区域划分

① 浮盘上部空间及以通气口为中心、半径为 1.5m 范围内的球形空间划为 1 区；

② 距储罐外壁和顶部 3m 范围内及防火堤至储罐外壁，其高度为堤顶高的范围划为 2 区。

(2) 汽车罐车密闭灌装易燃液体时爆炸危险区域划分

① 罐车内部的液体表面以上空间划为 0 区；

② 以罐车灌装口为中心、半径为 1.5m 的球形空间和以通气口为中心、半径为 1.5m 的球形空间，划为 1 区；

③ 以罐车灌装口为中心、半径为 4.5m 的球形并延至地面的空间和以通气口为中心、半径为 3m 的球形空间，划为 2 区。

(3) 汽车罐车卸易燃液体时爆炸危险区域划分

① 罐车内的液体表面以上空间划为 0 区；

② 以卸油口为中心、半径 1.5m 的球形空间和以密闭卸油口为中心、半径为 0.5m 的球形空间，划为 1 区；

③ 以卸油口为中心、半径为 3m 的球形并延至地面的空间，以密闭卸油口为中心、半径为 1.5m 的球形并延至地面的空间，划为 2 区。

(4) 易燃液体的隔油池(油污水池)、漏油及事故污水收集池爆炸危险区域划分

① 有盖板的，池内液体表面以上的空间划为 0 区；

② 无盖板的，池内液体表面以上空间和距隔油池内壁 1.5m、高出池顶 1.5m 至地坪范围内的空间划为 1 区；

③ 距池内壁 4.5m、高出池顶 3m 至地坪范围内的空间划为 2 区。

4. 油库防火防爆

(1) 油库的火灾爆炸危险性

油库储存的石油产品如汽油、柴油和煤油等，具有易挥发、易燃烧、易爆炸、易流淌扩散、易受热膨胀、易产生静电以及易产生沸溢或喷溅的火险特性。有的油品如汽油的闪点很

低，为−39℃，在天寒地冻的严冬季节仍存在发生燃爆的危险，即低温火灾爆炸的危险性。

油库火灾主要是由各种明火源、静电放电、摩擦撞击以及雷击等原因引起的。例如我国东北某厂在春节前进行安全保卫检查，发现汽油库的铁门关闭不严，则让电焊工修理铁门，当时气温是−20℃，但汽油在此温度下仍具有着火爆炸危险。所以电焊工刚刚引弧，即听到一声巨响，汽油库发生爆炸，把库房炸成平地，紧接着在库房的废墟上爆炸转化为着火，顿时烈火熊熊，请来消防队才把火扑灭，造成三人死亡和严重财产损失。

油库发生着火爆炸的主要原因有：

① 油桶作业时，使用不防爆的灯具或其他明火照明；

② 利用钢卷尺量油、铁制工具撞击等碰撞产生火花；

③ 进出油品方法不当或流速过快，或穿着化纤衣服等，产生静电火花；

④ 室外飞火进入油桶或油蒸气集中的场所；

⑤ 油桶破裂，或装卸违章；

⑥ 维修前清理不合格而动火检修，或使用铁器工具撞击产生火花；

⑦ 灌装过量或日光曝晒；

⑧ 遭受雷击，或库内易燃物（油棉丝等）、油桶内沉积含硫残留物质的自燃，通风或空调器材不符安全要求出现火花等。

(2) 防火防爆措施

油气混合物发生火灾爆炸必须具备一定的引爆源（着火点）和在爆炸浓度极限范围的油气混合物（可燃物和氧气）。防火、防爆的基本措施就是使上述两个条件不能同时存在，即减少油品挥发，防止油气形成爆炸性油气混合物，或者控制和消除引爆源，避免引爆源作用油气混合物。

① 减少油品挥发措施。

降低油罐内外温差：储罐外壁选用浅色涂料，减少油罐吸收阳光的辐射热，降低油罐温度变化，起到降低储罐小呼吸作用，减少油气挥发；

采用内浮顶油罐：规范要求新建设的易燃液体储罐应为内浮顶罐，油品不直接与空气接触，自由面减少，与拱顶罐相比油品挥发量减少80％以上。

② 通风措施。储油罐和公路装卸设施等主要设备设施，储油罐采用地上露天布置，汽车发油亭采用棚式结构，自然通风，可有效降低油气聚集。

③ 控制与消除引爆源措施。油库引爆源主要分为电气引爆源和明火引爆源。对于明火引爆源，建设单位必须严格遵守明火管理制度，控制明火的使用范围及使用时间；动火场所必须进行动火分析后方能进行明火作业。

电气引爆源存在于油库各作业场所，设计中采取电气设备整体防爆措施，把危险限制在最低程度。根据《石油库设计规范》（GB 50074—2014）附录 B 中的规定，介质为易燃油品的油罐组为爆炸危险区域。根据《爆炸危险环境电力装置设计规范》（GB 50058—2014）第3.4.1条和第3.4.2条规定，爆炸危险区域内电气设备防爆等级的最低要求为ⅡAT3，在该区域内选用的用电设备防爆等级均为ⅡBT4，高于规范要求。

④ 工艺管道连接采用对焊方式，尽量减少法兰连接，减少泄漏点；特殊需要处进行法兰连接的，在法兰之间采用金属缠绕垫片。

⑤ 防雷、防静电接地设施。油罐的顶板厚度均不小于4mm，每座油罐的接地点至少设2处，接地点间距沿罐壁不大于30m，内浮盘与罐体进行防雷防静电软连接。所有储罐电缆

穿钢管配线，钢管上下 2 处应与罐体做电气连接并接地。油罐上安装的信息系统设施，其金属外壳与油罐体做电气连接。

地上或管沟敷设的输油管道，其始末端、分支处及直线段每隔 100～200m 处做防雷防静电接地。平行敷设的油管道，其净距小于 100mm 时应用金属线跨接，跨接点间距不大于 30m。管道交叉点净距小于 100mm 时，其交叉点应用金属线跨接。工艺设备及管线连接法兰螺栓少于 5 个时，用黄铜片跨接。

工艺管线独立接地时，接地电阻≤30Ω。

在油品装卸作业区的操作平台处等均设有消除人体静电装置。

供电电源端及信息系统配电线路首末端均装设电涌保护器。

所有电气设备的金属外壳及所有电气用金属构件、电缆外皮均应接地。

⑥ 紧急切断措施。每座汽车发油台设置 1 个急停按钮，急停按钮信号送入发油区配电间，与动力配电柜及仪表配电箱的总断路器联锁。紧急状态下，当人工按下任何一处急停按钮，都可以立即停止发油亭所有动力及仪表电源，以实现公路发油作业的紧急停车。另在控制室设 1 个总的急停按钮，出现紧急情况可通过按下急停按钮，实现油库所有电动阀门和油泵的 ESD 关闭。

⑦ 安全泄压措施。油库的储罐一般为常温常压的内浮顶罐，而公称直径大于 50mm 的工艺管道为压力管道。两端密闭的工艺管道在外界环境温度变化时可能会产生超压现象，在油罐进出口主管道上设胀油管，胀油管上设安全回流阀，安全回流阀定压 0.5MPa。另外在公路发油泵进出口之间的安全回流阀定压 0.5MPa。

⑧ 联锁保护措施。储罐上应设置全伺服或者雷达液位计，另设高高、低低液位音叉开关，其开关信号分别与油罐进、出口电动阀门及相应的装卸泵联锁。

油罐罐前电动阀门及高高、低低液位开关信号均送入油库控制系统，从而实现对电动阀门的监控和油罐高高、低低液位报警及联锁。当油罐高高液位报警时，联锁关闭油罐相关入口电动阀和卸油泵；当油罐低低液位报警时，联锁关闭油罐相关出口电动阀和发油泵。

⑨ 可燃气体检测报警系统。油库在可能发生油气泄漏的部位设置可燃气体检测报警系统，并将报警信号送入有人值守的现场控制室或 24h 有人值守的中心控制室进行声光报警，报警器输出总线在安检工作站集中显示报警。

⑩ 火灾报警系统。油库需设置火灾报警系统，现场设置火灾报警柱，内含报警按钮及消防电话分机，报警主机设置于消防值班室内进行监控。

⑪ 油库采用专职消防和岗位义务消防相结合的消防体制，设置必要的岗位、应急使用的消防设施。

设置消防泵房、泡沫站及消防水罐等消防设施，建立固定式泡沫灭火系统、消防冷却水系统。

二、气瓶库的防火防爆

气瓶属于压力容器的一种，由于它具有特殊性，国家专门制定法规《气瓶安全技术规程》进行监管。

1. 气瓶和气瓶的分类

气瓶是指在正常环境下（−40～60℃）可重复充气使用的，公称工作压力（表压）为 1.0～30MPa，公称容积为 0.4～1000L（常用的为 35～60L），用于储存和运输永久气体、液化气体或溶解气体的瓶式金属或非金属的密闭容器。

（1）按充装介质的性质分类

① 气瓶。永久气体（临界温度低于−10℃的各种气体）常温下呈气态，如氢、氧、氮、空气、煤气及氩、氦、氖、氪等。这类气瓶一般都以较高的压力充装气体，目的是增加气瓶的单位容积充气量，提高气瓶利用率和运输效率。常见的充装压力为 15MPa，有的充装压力可达到 20～30MPa。

② 液化气体气瓶。液化气体气瓶充装时都以低温液态灌装。有些液化气体的临界温度较低，装入瓶内后受环境温度的影响而全部汽化。有些液化气体的临界温度较高，装瓶后在瓶内始终保持气液平衡状态，因此可分为高压液化气体和低压液化气体。高压液化气体临界温度大于或等于−109℃，且小于或等于 70℃；常见的充装压力有 15MPa 和 12.5MPa 等。低压液化气体临界温度大于 70℃。《气瓶安全技术监察规程》规定，液化气体气瓶的最高工作温度为 60℃。低压液化气体在 60℃时的饱和蒸气压都在 10MPa 以下，所以这类气体的充装压力都不高于 10MPa。

③ 溶解气体气瓶。是专门用于盛装乙炔的气瓶。由于乙炔气体极不稳定，故必须把它溶解在溶剂（常见的为丙酮）中。气瓶内装满多孔性材料，以吸收溶剂。乙炔瓶充装乙炔气，一般要求分两次进行，第一次充气后静置 8h 以上再第二次充气。

（2）按制造方法分类

① 钢制无缝气瓶。以钢坯为原料，经冲压拉伸制造，或以无缝钢管为材料，经热旋压收口收底制造的钢瓶。瓶体材料为采用碱性平炉、电炉或吹氧碱性转炉冶炼的镇静钢，如优质碳钢、锰钢、铬钼钢或其他合金钢。这类气瓶用于盛装压缩气体和高压液化气体。

② 钢制焊接气瓶。以钢板为原料，经冲压卷焊制造的钢瓶。瓶体及受压元件材料为采用平炉、电炉或氧化转炉冶炼的镇静钢，要求有良好的冲压和焊接性能。这类气瓶用于盛装低压液化气体。

③ 缠绕玻璃纤维气瓶。以玻璃纤维加黏结剂缠绕或碳纤维制造的气瓶。一般有一个铝制内筒，其作用是保证气瓶的气密性，承压强度则依靠玻璃纤维缠绕的外筒。这类气瓶由于绝热性能好、重量轻，多用于盛装呼吸用压缩空气，供消防、毒区或缺氧区域作业人员随身背挎并配以面罩使用。

（3）按公称工作压力分类

气瓶按公称工作压力分为高压气瓶和低压气瓶。

2. 气瓶的颜色和标记

国家标准 GB/T 7144《气瓶颜色标志》对气瓶的颜色和标志作了明确的规定，主要规定如下：

① 气瓶的钢印标记是识别气瓶的依据。钢印标记必须准确、清晰、完整，以永久标记的形式打印在瓶肩或不可卸附件上。应尽量采用机械方法打印钢印标记。钢印的位置和内容，应符合《气瓶的钢印标记和检验色标》的规定。纤维缠绕气瓶、低温绝热气瓶和高强度

钢气瓶的制造钢印标记应符合相应国家标准的规定。特殊原因不能在规定位置上打钢印的，必须按锅炉压力容器安全监察局核准的方法和内容进行标注。

② 气瓶外表面的颜色、字样和色环，必须符合 GB/T 7144《气瓶颜色标志》的规定，并在瓶体上以明显字样注明产权单位和充装单位。盛装未列入国家标准规定的气体和混合气体的气瓶，其外表面的颜色、字样和色环均须符合锅炉压力容器安全监察局核准的方案。

③ 气瓶警示标签的字样、制作方法及应用应符合 GB 16804《气瓶警示标签》的规定。

④ 气瓶必须专用。只允许充装与钢印标记一致的介质，不得改装使用。

⑤ 进口气瓶检验合格后，由检验单位逐只打检验钢印，涂检验色标。气瓶表面的颜色、字样和色环应符合国家标准 GB/T 7144《气瓶颜色标记》的规定。

3. 气瓶的安全附件

(1) 安全泄压装置

气瓶的安全泄压装置，是为了防止气瓶在遇到火灾等高温时，瓶内气体受热膨胀而发生破裂爆炸设置的装置。气瓶常见的泄压附件有爆破片和易熔塞。爆破片装在瓶阀上，其爆破压力略高于瓶内气体的最高温升压力。爆破片多用在高压气瓶上，有的气瓶不装爆破片。《气瓶安全技术监察规程》对是否必须装设爆破片，未做明确规定。气瓶装设爆破片有利有弊，有些国家的气瓶就不采用爆破片这种安全泄压装置。易熔塞一般装在低压气瓶的瓶肩上，当周围环境温度超过气瓶的最高使用温度时，易熔塞的易熔合金熔化，瓶内气体排出，避免气瓶爆炸。注意剧毒气体的气瓶不得装易熔塞。

(2) 其他附件 (防振圈、瓶帽、瓶阀)

气瓶装有两个防振圈，是气瓶瓶体的保护装置。气瓶在充装、使用、搬运过程中，常常会因滚动、振动、碰撞而损伤瓶壁，以致发生脆性破坏。这是气瓶发生爆炸事故常见的一种直接原因。瓶帽是瓶阀的防护装置，它可避免气瓶在搬运过程中因碰撞而损坏瓶阀，保护出气口螺纹不被损坏，防止灰尘、水分或油脂等杂物落入阀内。瓶阀是控制气体出入的装置，一般采用黄铜或钢制造。充装可燃气体钢瓶的瓶阀，其出气口螺纹为左旋；盛装助燃气体气瓶的瓶阀，其出气口螺纹为右旋。瓶阀的这种结构可有效地防止可燃气体与非可燃气体的错装。

4. 气瓶的防火防爆

(1) 充装安全

为了保证气瓶在使用或充装过程中不因环境温度升高而处于超压状态，必须对气瓶的充装量严格控制。确定压缩气体及高压液化气体气瓶的充装量时，要求瓶内气体在最高使用温度（60℃）下的压力，不超过气瓶的最高许用压力。对低压液化气体气瓶，则要求瓶内液体在最高使用温度下，不会膨胀至瓶内满液，即要求瓶内始终保留有一定气相空间。

① 气瓶充装过量。这是气瓶破裂爆炸的常见原因之一，因此必须加强管理，严格执行《气瓶安全技术监察规程》的安全要求，防止充装过量。充装压缩气体的气瓶，要按不同温度下的最高允许充装压力进行充装，防止气瓶在最高使用温度下的压力超过气瓶的最高许用压力。充装液化气体的气瓶，必须严格按规定的充装系数充装，不得超量，如发现超装时，应设法将超装量卸出。

② 防止不同性质气体混装。气体混装是指在同一气瓶内灌装两种气体（或液体）。如果

这两种介质在瓶内发生化学反应，将会造成气瓶爆炸事故。如原来装过可燃气体（如氢气等）的气瓶，未经置换、清洗等处理，甚至瓶内还有一定量余气，又灌装氧气，结果瓶内氢气与氧气发生化学反应，产生大量反应热，瓶内压力急剧升高，气瓶爆炸，酿成严重事故。

属于下列情况之一的，应先进行处理，否则严禁充装：

a. 钢印标记、颜色标记不符合规定及无法判定瓶内气体的；

b. 气瓶外观不符合规定或用户自行改装的；

c. 附件不全、损坏或不符合规定的；

d. 瓶内无剩余压力的；

e. 超过检验期的；

f. 外观检查存在明显损伤，需进一步进行检查的；

g. 氧化或强氧化性气体气瓶沾有油脂的；

h. 易燃气体气瓶的首次充装，事先未经置换和抽空的。

(2) 储存安全

① 气瓶的储存应有专人负责管理。管理人员、操作人员、消防人员应经安全技术培训，了解气瓶、气体的安全知识。

② 气瓶的储存，空瓶、实瓶应分开（分室储存）。如氧气瓶、液化石油气瓶、乙炔瓶与氧气瓶、氯气瓶不能同储一室。

③ 气瓶库（储存间）应符合《建筑设计防火规范》，应采用二级以上防火建筑。与明火或其他建筑物应有符合规定的安全距离。易燃、易爆、有毒、腐蚀性气体气瓶库的安全距离不得小于15m。

④ 气瓶库应通风、干燥，防止雨（雪）淋、水浸，避免阳光直射，要有便于装卸、运输的设施。库内不得有暖气、水、煤气等管道通过，也不准有地下管道或暗沟。照明灯具及电气设备应是防爆的。

⑤ 地下室或半地下室不能储存气瓶。

⑥ 瓶库有明显的"禁止烟火""当心爆炸"等各类必要的安全标志。

⑦ 瓶库应有运输和消防通道，设置消防栓和消防水池。在固定地点备有专用灭火器、灭火工具和防毒用具。

⑧ 储气的气瓶应戴好瓶帽，最好戴固定瓶帽。

⑨ 实瓶一般应立放储存。卧放时，应防止滚动，瓶头（有阀端）应朝向一方。垛放不得超过5层，并妥善固定。气瓶排放应整齐，固定牢靠。数量、号位的标志要明显。要留有通道。

⑩ 实瓶的储存数量应有限制，在满足当天使用量和周转量的情况下，应尽量减少储存量。容易起聚合反应气体的气瓶，必须规定储存期限。

⑪ 瓶库账目清楚，数量准确，按时盘点，账物相符。

⑫ 建立并执行气瓶进出库制度。

(3) 使用安全

① 使用气瓶者应学习气体与气瓶的安全技术知识，在技术熟练人员的指导监督下进行操作练习，合格后才能独立使用。

② 使用前应对气瓶进行检查，确认气瓶和瓶内气体质量完好，方可使用。如发现气瓶颜色、钢印等辨别不清，检验超期，气瓶损伤（变形、划伤、腐蚀），气体质量与标准规定

不符等现象，应拒绝使用并做妥善处理。

③ 按照规定，正确、可靠地连接调压器、回火防止器、输气橡胶软管、缓冲器、汽化器、焊割炬等，检查、确认没有漏气现象。连接上述器具前，应微开瓶阀吹除瓶阀出口的灰尘、杂物。

④ 气瓶使用时，一般应立放（乙炔瓶严禁卧放使用），不得靠近热源。与明火、可燃与助燃气体气瓶之间的距离不得小于 10m。

⑤ 使用易起聚合反应气体的气瓶，应远离射线、电磁波、振动源。

⑥ 防止日光暴晒、雨淋、水浸。

⑦ 移动气瓶应手搬瓶肩转动瓶底，移动距离较远时可用轻便小车运送，严禁抛、滚、滑、翻和肩扛、脚踹。

⑧ 禁止敲击、碰撞气瓶。绝对禁止在气瓶上焊接、引弧。不准用气瓶做支架和铁砧。

⑨ 注意操作顺序。开启瓶阀应轻缓，操作者应站在阀出口的侧后；关闭瓶阀应轻而严，不能用力过大，避免关得太紧、太死；

⑩ 瓶阀冻结时，不准用火烤。可把瓶移入室内或温度较高的地方或用 40℃ 以下的温水浇淋解冻。注意保持气瓶及附件清洁、干燥，禁止沾染油脂、腐蚀性介质、灰尘等。

⑪ 瓶内气体不得用尽，应留有剩余压力（余压）。余压不应低于 0.05MPa。

⑫ 保护瓶外油漆防护层，既可防止瓶体腐蚀，也是识别标记，可以防止误用和混装。瓶帽、防振圈、瓶阀等附件都要妥善维护、合理使用。气瓶使用完毕，要送回瓶库或妥善保管。

(4) 定期检验

气瓶的定期检验，应由取得检验资格的专门单位负责进行。未取得资格的单位和个人，不得从事气瓶的定期检验。各类气瓶的检验周期如下：盛装腐蚀性气体的气瓶，每 2 年检验 1 次。盛装一般气体的气瓶，每 3 年检验 1 次。液化石油气气瓶，使用未超过 20 年的，每 5 年检验 1 次；超过 20 年的，每 2 年检验 1 次。盛装惰性气体的气瓶，每 5 年检验 1 次。气瓶在使用过程中，发现有严重腐蚀、损伤或对其安全可靠性有怀疑时，应提前进行检验。库存和使用时间超过一个检验周期的气瓶，启用前应进行检验。气瓶检验单位，对要检验的气瓶逐只进行检验，并按规定出具检验报告。

未经检验和检验不合格的气瓶不得使用。

 事故案例

【案例 1】

D 企业为汽油、柴油、煤油生产经营企业，2013 年实际用工 1000 人，其中有 200 人为劳务派遣人员，实行 8h 工作制。对外经营的油库为独立设置的库区，设有防火墙。库区出入口和墙外设置了相应的安全标志。

D 企业 2013 年度发生事故 1 起，死亡 1 人，重伤 2 人。该起事故的情况如下：

2013 年 10 月 24 日 8 时 40 分，E 企业司机甲驾驶一辆重型油罐车到油库加装汽油，油库消防员乙在检查了车载灭火器、防火帽等主要安全设施的有效性后，在运货单上签字放行。9 时 5 分，甲驾驶油罐车进入库区，用自带的铁丝将油罐车接地端子与自动装载系统的接地端子连接起来，随后打开油罐车人孔盖，放下加油鹤管。自动加载系统操作员丙开始给油罐车加油。为使加油鹤管保持在工作位置，甲将人孔盖关小。

9 时 30 分，甲办完相关手续后返回，在观察油罐车液位时将手放在正在加油的鹤管外壁上。由于甲穿着化纤服装和橡胶鞋，手接触加油鹤管外壁时产生静电火花，引燃了人孔盖口挥发的汽油，进而引燃了人孔盖周围的油污，甲手部烧伤。听到异常声响，丙立即切断油料输送管道的阀门；乙将加油鹤管从油罐车取下，用干粉灭火器将加油鹤管上的火扑灭。

甲欲关闭油罐车人孔盖时，火焰已延烧到人孔盖附近。乙和丙设法灭火，但火势较大，无法扑灭。甲急忙进入驾驶室将油罐车驶出库区，开出 25m 左右，油罐车发生爆炸。事故造成甲死亡，乙和丙重伤。

【案例 2】

某厂供应处因怀疑油库 1 号卧式地下汽油罐（9950mm×2600mm）有漏油现象，决定对汽油罐进行清理检查。供应处领导带领几个人到现场，并指挥两个民工清理罐底残余油品。一民工戴好防毒面具后，沿梯子下罐作业，到罐底后，上面的人把梯子抽出，民工在罐底向罐口处上面的监护人摇手。罐口处上面的人认为，民工要油桶和手电，于是把手电放在小桶内，用绳子挂好放下罐底。民工见状急忙卸下防毒面具，向罐口喊"不行了"，紧接着就倒在罐底。供应处领导急忙指挥验收员下去救人，验收员下到罐底用绳子拴好民工后，上面人把民工拉上罐，而验收员却倒在罐底。供应处领导情急之下，自己拴好绳子去救验收员，刚到罐底就倒在下面，众人立刻将他拉上来。工厂消防队接到报警后，赶到现场。消防员下到罐底将验收员救起，自己也中毒受伤。验收员因窒息时间较长，经抢救无效死亡。

📁 **课堂讨论**

B 企业为禽类加工企业，厂房占地 15000m²，有员工 415 人，有一车间、二车间、冷冻库、冷藏库、液氨车间、配电室等生产单元和办公区。液氨车间为独立厂房，其余生产单元位于一个连体厂房内。连体厂房顶距地面 12m，采用彩钢板内喷聚氨酯泡沫材料；吊顶距房顶 2.7m，采用聚苯乙烯材料；吊顶内的同一桥架上平行架设液氨管道和电线；厂房墙体为砖混结构，厂房内车间之间、车间与办公区之间用聚苯乙烯板隔断；厂房内的电气设备均为非防爆电气设备。

一车间为屠宰和粗加工车间，主要工艺有：宰杀禽类、低温褪毛、去内脏、水冲洗。半成品送二车间。

二车间为精加工车间，主要工艺有：用刀分割禽类、真空包装。成品送冷冻库或冷藏库。

B 企业采用液氨制冷，液氨车间制冷压缩机为螺杆式压缩机，液氨储量 150t。

B 企业建有 1000m³ 消防水池，在厂区设置消防栓 22 个，但从未按规定检测。

B 企业自 2002 年投产以来，企业负责人重生产、轻安全，从未组织过员工安全培训和应急演练，没有制定应急救援预案。连体厂房有 10 个出入口，其中 7 个常年封闭、2 个为货物进出通道、1 个为员工出入通道。

根据以上场景，回答下列问题（1～3 题为单选题，4～7 题为多选题）。

1. 根据《火灾分类》（GB/T 4968），如果 B 企业配电室内的配电柜发生火灾，该火灾的类别为（　　）。

    A. A 类火灾　　　　B. B 类火灾　　　　C. C 类火灾　　　　D. D 类火灾　　　　E. E 类火灾

  2. 根据《建筑设计防火规范（2018 年版）》（GB 50016），B 企业液氨车间的生产火灾危险性类别应为（　　）。

    A. 甲级　　　　　　B. 乙级　　　　　　C. 丙级　　　　　　D. 丁级　　　　　　E. 戊级

  3. 根据《企业职工伤亡事故分类》（GB 6441），如果冷冻库内液氨泄漏导致人员伤亡，则该事故类别为（　　）。

    A. 中毒和窒息　　B. 物体打击　　　　C. 冲击　　　　　　D. 机械伤害　　　　E. 淹溺

  4. B 企业存在的违规违章行为有（　　）。

    A. 未对员工进行相应的安全培训

    B. 连体厂房内的电气设备均为非防爆电气设备

    C. 厂区设置的消防栓未按规定检测

    D. 连体厂房的 7 个出入口常年封闭

    E. 吊顶内的同一桥架上平行架设液氨管道和电线

  5. 液氨车间可能发生的爆炸有（　　）。

    A. 氨气爆炸　　　　B. 氢气爆炸　　　　C. 压缩机爆炸　　　D. 液氨管道爆炸

    E. 液氨罐爆炸

  6. 在配电室内应采取的安全防护措施包括（　　）。

    A. 高压区与低压区分设　　　　　　B. 保持检查通道有足够的宽度和高度

    C. 辐射防护　　　　　　　　　　　　D. 设置应急照明

    E. 设置消防栓

  7. 当液氨车间发生液氨泄漏事故时，应采取的应急措施包括（　　）

    A. 影响区域内所有人员向安全区域转移　　B. 紧急放空液氨储罐

    C. 关闭所有液氨管道的阀门　　　　　　　D. 喷水稀释泄漏出的液氨

    E. 用生石灰吸附泄漏出的液氨

能力训练

  1. 根据事故案例 1 的事故场景，回答下列问题：

  （1）分析该起事故的原因。

  （2）根据《企业职工伤亡事故分类》（GB 6441—86），辨识加油作业现场存在的主要事故类型。

  （3）提出 D 企业为防止此类事故再次发生应采取的安全技术措施。

  2. 根据事故案例 2 的事故场景，回答下列问题：

  （1）本事故案例涉及哪些安全管理环节？

  （2）本事故案例中存在哪些不符合安全规范要求的情形（如人的不安全行为、制度缺陷）？

  （3）应采取哪些事故防范措施？

参考文献

[1] 刘景良. 化工安全技术 [M]. 4版. 北京：化学工业出版社，2019.

[2] 朱建芳，马辉. 防火防爆技术 [M]. 北京：中国劳动社会保障出版社，2016.

[3] 康青春，贾立军. 防火防爆技术 [M]. 北京：化学工业出版社，2011.

[4] 张艳艳，孙辉，陈晨. 防火防爆技术 [M]. 成都：西南交通大学出版社，2019.

[5] 杨泗霖. 防火防爆技术 [M]. 北京：中国劳动社会保障出版社，2008.

[6] 潘旭海. 燃烧爆炸理论及应用 [M]. 北京：化学工业出版社，2015.

[7] 蒋军成. 危险化学品安全技术与管理 [M]. 北京：化学工业出版社，2015.

[8] 邬长城. 燃烧爆炸理论基础与应用 [M]. 北京：化学工业出版社，2016.

[9] 刘景良. 化工安全技术与环境保护 [M]. 北京：化学工业出版社，2012.

[10] 刘景良. 安全管理 [M]. 3版. 北京：化学工业出版社，2018.

[11] 中国安全生产科学研究院. 安全生产管理 [M]. 北京：应急管理出版社，2019.

[12] 中国安全生产科学研究院. 安全生产专业实务（化工安全）[M]. 北京：应急管理出版社，2019.

[13] 纽英建. 电气安全工程 [M]. 北京：中国劳动社会保障出版社，2009.

[14] 栗继祖，赵耀江. 安全法学 [M]. 北京：机械工业出版社，2016.

[15] 中国消防协会. 消防安全技术实务 [M]. 北京：中国人事出版社，2019.

[16] 中华人民共和国公安部消防局. 中国消防手册：第六卷 [M]. 上海：上海科学技术出版社，2006.

[17] 杨永强. 试论自动喷水灭火系统在控制群死群伤火灾事故中的关键作用 [J]. 武警学院学报，2008（12）：32-34.

[18] 周忠元. 化工安全技术管理 [M]. 北京：化学工业出版社，2002.

[19] 杨旸，王绍民，吕亮功. 安全技术与管理 [M]. 北京：中国石化出版社，2014.

[20] 中华人民共和国消防法.

[21] GB 50016—2014 建筑设计防火规范（2018年版）.

[22] GB 50140—2005 建筑灭火器配置设计规范.

[23] GB 50058—2014 爆炸危险环境电力装置设计规范.

[24] GB 50160—2008 石油化工企业设计防火标准（2018年版）.

[25] GB 51142—2015 液化石油气供应工程设计规范.

[26] GB 51102—2016 压缩天然气供应站设计规范.

[27] GB 51156—2015 液化天然气接收站工程设计规范.

[28] GB 50351—2014 储罐区防火堤设计规范.

[29] GB 50074—2014 石油库设计规范.

[30] GB 17914—2013 易燃易爆性商品储存养护技术条件.

[31] AQ 3039—2010 溶解乙炔生产企业安全生产标准化实施指南.

[32] GB/T 50493—2019 石油化工可燃气体和有毒气体检测报警设计标准.

[33] AQ 3009—2007 危险场所电气防爆安全规范.

[34] GB 50257—2014 电气装置安装工程 爆炸和火灾危险环境电气装置施工及验收规范.

[35] GB 13591—2009 溶解乙炔气瓶充装规定.

[36] GB/T 34525—2017 气瓶搬运、装卸、储存和使用安全规定.

[37] GB 15603—2022 危险化学品仓库储存通则.

[38] GB 50156—2021 汽车加油加氢技术标准.

[39] GB 50019—2015 工业建筑供暖通风与空气调节设计规范.